幸福的哲学

周国平

著

长江出版传媒

长江文艺出版社

周国平人文讲演录Ⅲ

图书在版编目（ＣＩＰ）数据

幸福的哲学 / 周国平著.-- 武汉：长江文艺出版
社，2019.12
（周国平人文讲演录）
ISBN 978-7-5702-1217-0

Ⅰ. ①幸… Ⅱ. ①周… Ⅲ. ①人生哲学－通俗读物
Ⅳ. ①B821-49

中国版本图书馆 CIP 数据核字(2019)第 206364 号

责任编辑：秦文苑　周　聪　　　　　　　责任校对：毛　娟
封面设计：白砚川　　　　　　　　　　　责任印制：邱　莉　　王光兴

出版：长江出版传媒　长江文艺出版社
地址：武汉市雄楚大街 268 号　　　　　邮编：430070
发行：长江文艺出版社
http://www.cjlap.com
印刷：武汉珞珈山学苑印刷有限公司

开本：640 毫米×970 毫米　　　1/16　　印张：21.25　插页：1 页
版次：2019 年 12 月第 1 版　　　　　　2019 年 12 月第 1 次印刷
字数：187 千字

定价：42.00 元

出版说明

在周国平的哲学普及和思想传播工作中，讲演是一个重要组成部分。作者花费大量的工夫，根据各次讲演的提纲和现场录音，整理出主要的文字稿，结集为"周国平人文讲演录"系列出版。综合考虑讲演的时间顺序和主题，本系列分为四册，即：一、《人身上最宝贵的东西》；二、《人生和性爱的难题》；三、《幸福的哲学》；四、《阅读，作为信仰》。

目　录

第一辑　谈幸福

青年与幸福

主持人：尊敬的各位领导，亲爱的同学们，大家晚上好！欢迎光临第五届学术文化节精品讲座现场。有这样一位写作者，他的写作速度很慢，每四年磨一剑，但连续二十年却出版了数百本书籍，几乎每一本都名列畅销榜的最前列。有这样一位哲人，他喜欢活得更明白一些，从童年就开始了对生与死的冥想，甚至为不能和释迦牟尼同一时代相识相知而憾恨，甚至流下了眼泪。有这样一位师长，他将大魄力和人情味融为一身，哪怕在一个恶人身上发现了一个优点，也愿意原谅他的一千件恶行。今天我们的校党委书记邱东教授专门为我们中财学子将这位作家、哲人、师长请到了我们学术文化节的现场。同时邱书记和侯慧君副书记也将和我们一起在现场相约这位大师。下面让我们用更为热烈的掌声请出忧郁、敏感、怕羞、拙于言谈、疏于功名、不通世故、不善社交的小王子——周国平先生。

周国平：刚才对我的介绍太离谱了啊。（笑声）首先第一条就不对，四年磨一剑是事实，我写作速度很慢，四年出一本，原创性著作差不多是这样，但这样下来如果出了数百本书，那我算了一下，我应该是一千多岁了。我出的书比较多，但很多其实是各个出版社选编的，真正原创性的大概也就十几本，并不多。我非常高兴能够来到中央财大和同学们进行交流。我们今天在这里相会，我觉得首先要感谢邱东书记。邱书记亲自出马打电话，想办法找到我，然后电话打到了我家里。同学们，这个不简单，近几年我在全国各地包括一些学校作讲座，做了大概有几十场了，但是第一次是学校的第一把手亲自来跟我联系，来邀请我。当时是我太太接的电话，她跟我说了以后，我马上说当然要去。我为邱书记这种礼贤下士的风度、这种人情味儿所感动，非常感动。我要在这里对邱书记表示我的一份敬意。（掌声）

前言：幸福是多层次、可持续的快乐

这么隆重地邀请我，第一把手亲自出马，我讲什么好呢？最后我决定就讲"青年与幸福"。为什么讲这个题目呢？并不是说我很懂幸福，但是我想对于青年人来说，对于你们财大的学生来说，什么是幸福，怎么理解幸福，是很重要的问题。用拜伦的话来说，在你们的天空中还有许多彩虹，你们还对未来充满着各种各样的憧憬、幻想、期待，所有这些对未来的向往，概括成一个词，就是"幸福"。

人人都向往幸福，希望有一个幸福的人生。那么，到底什么是幸福？我想可能很多人并不清楚。我也不很清楚，但是我比你们年纪大得多，你们的人生道路刚开始，我已经走了大部分。所以我可以回过头去想一想，这一辈子，这个人生中间，究竟什么东西是真正值得去追求的，是值得去珍惜的，这里面就有我对幸福的理解。经过这么多事情，从自己的经历里边，我还是有所体会的。我比你们可能会清楚一些，当然这也不是什么好事情，你们还有很多想法，我就想得比较简单了，这也许意味着我的人生中的可能性少了许多。我自己想明白了的东西，我到底要什么，要到了以后觉得我的生活是踏实的，我的心灵是充实的，我就谈谈这方面的体会。所以今天是和大家谈心，没有多少理论上的东西。

现在我们这个时代跟我年轻的时候很不一样了，现在这个时代大家比较看重的东西是金钱和成功，我觉得可以理解。其实我也觉得金钱和成功是好东西，因为以前很长时间我是很不成功的，现在好像取得了一点小小的成功，比如写作得到相当一些读者的认可，书比较好卖，这也算成功吧。我在社会上得到了更多读者以后，我的生活好过多了，书好卖了，收入比以前多得多了，这样我就可以比较超脱了，这是我感觉到的最大好处。譬如说，单位里面往往会为了一点小利益争夺，我可以不在乎，你们去争吧，我都不要。有了超脱的本钱，这当然是好事。但是我要说，金钱和成功不是最好的东西，它们本身还不能成其为幸福，还有比成功和金钱更好的东西，幸福的源泉是在那里。是什么呢？第一是生命，生命本身的快乐比金钱好得多。第二是精神，内在的精神充实比外在的成功好得多。

对幸福的理解，西方哲学史上主要分两大派。一派认为幸福就是快乐，这派被称为快乐主义，比如古希腊的伊壁鸠鲁，一直到近代英国的经验论者休谟、约翰·穆勒、亚当·斯密这些人，他们基本上认为幸福就是快乐。还有一派认为幸福就是精神上的完善，或者道德上的完善，在古希腊以苏格拉底、柏拉图为代表，后来主要是德国的一些哲学家，最典型的是康德。不管这两派有什么不同的意见，我觉得有一点是共同的，就是他们都更重视精神，包括快乐主义那一派，也是更重视精神上的快乐，认为这是幸福更重要的方面，而完善论者也都承认完善本身伴随着精神上的快乐。那么，也许可以简单地把幸福归结为快乐，不过对这个快乐要进行分析。

快乐要成其为幸福，我认为必须符合两个条件。第一，这个快乐必须是丰富的、多层次的，其中包含了高层次的快乐。如果只是单一的、低层次的快乐，例如只是肉体欲望的满足，就不能称作幸福。第二，这个快乐还必须是长久的、可持续的，它有生长的能力，快乐本身能生成更多的快乐。如果只图眼前的快乐，实际上埋下了今后痛苦的种子，当然也不能称作幸福。那么，什么快乐符合这两个条件呢？我觉得有两种快乐，一个是生命的快乐，一个是精神的快乐。我们想一想，老天把我们造就为人，我们身上最宝贵的东西是什么？无非就是这两样东西。首先是生命，这是最基本的价值，没有生命其他就谈不上。其次，人比其他生命高的地方，就在于人是有精神的。要说快乐，生命的快乐就是深层次的快乐，精神的快乐就是高层次的快乐。所以，快乐的源泉其实就在人自己身上，你真正感到幸福的时候，其实是把人身上这两样最宝贵的东西开发出来了，实现出来了，你去享受它们了。你真正具备了健康的生命和优秀的精神，你自己身上就有了用之不竭的快乐的源泉，你的快乐是可以不断生长的，你的幸福是有保障的。我今天讲幸福的问题，主要就从这两个方面来讲。

一、生命的快乐

先说生命的快乐。我们每一个人，上帝给了我们这一个生命，我们只有这一次机会，我认为我们应该享受生命。苦行主义把生命的快乐看作低级的快乐，我认为是大错特错的。但是我发现，真正懂得享受生命的人并不多，人们往往把满足生命本身的需要和满足物质欲望等同起来了，其实这是两回事。现在社会上把金钱看得很重要，好多人把全部精力用来挣钱，挣了钱就花钱，全部生活由挣钱和花钱组成，以为这就是快乐。其实，物质的欲望是社会刺激出来的，并不是生命本身带来的。一个人的生存当然需要有物质条件，要有钱，在这个社会里你没有钱就会很可怜，所以不妨让自己有钱一些。但是，生命有它本身的一些需要，它们的满足给人带来的快乐是最大的，而这其实并不需要有很多的物质、很多的钱。

有一些需要，可以说是生命骨子里的东西，是生命古老又永恒的需要。比如健康，享受生命最基本的一个方面是享受健康。你看那个古希腊哲学家伊壁鸠鲁，他讲幸福就是快乐，他给快乐下的定义是什么？他说快乐就是身体的无痛苦和灵魂的无纷扰，也就是说，你有一个健康的身体，一颗宁静的灵魂，你就是快乐的，你就是一个幸福的人。我特别欣赏托尔斯泰的一句话，他说真正的物质幸福不是金钱，从物质角度来看什么是幸福，那也不是金钱，是什么呢？他说对个人来说是健康，对人类来说是和平。这个道理其实很简单，如果没有健康，你金钱再多有什么用。现在有些人为了挣钱，累出一身病，英年早逝，值得吗？

人是自然之子，和自然交融，享受大自然，享受阳光、空气，这也是满足生命本身的需要，给人以莫大的快乐。关于这一点，我就不多说了。

生命的快乐还有一个方面，就是所谓天伦之乐，爱情、亲情、家庭，这是人生非常重要的价值。我这个人是很看重家庭的，我觉得这是人生太重要的一个内容了。回想起来，我这一辈子幸福感最强烈的时候是什么时候？有两段时光。一段是刚上大学时，我是十七岁进的北大，正值青春期，整个人在发生变化，我眼中的整个世界也在发生变化，我突然发现天下有这么多漂亮的姑娘，真觉得这个世界太美好了，人生太美好了。（笑声）那个时候，实际上我并没有谈恋爱，你们现在很幸福，你们在大学里是可以自由谈恋爱的，我二十世纪六十年代上大学的时候，大学生是不允许谈恋爱的，尤其是如果被发现了发生关系或怀孕，那是要受处分甚至开除的。但是你挡不住青春啊，这个感觉在啊。我记得海涅有一句诗："在每一顶草帽下面，都有一个漂亮的脸蛋。"那个时代的时尚吧，女士、小姐戴一顶精致的草帽。我当时的感觉就是，好像有一件未知的、还不太清楚的、但是非常美好的事情在等待着我，这是一种非常强烈的幸福感。

我确实觉得恋爱是非常美好的。现在有些人说，大学生谈恋爱不好，是早恋。大学生都十七八岁了，还说早恋啊？这正是恋爱的季节！（掌声）大学生谈恋爱，天经地义。我们这一代人已经被压抑了，不应该再压抑新的一代，是吧？我对大学生恋爱是这样看的：

第一，我觉得特别正常；第二，我觉得你也不要当作一个任务去完成。我知道有些同学是当作任务完成的，别人有女朋友、男朋友了，别人在谈恋爱了，好像我不谈恋爱就没面子似的，这个就不必要了，应该顺其自然嘛，你的日子长得很，不用勉强去谈，不要攀比，是吧？第三，我希望是这样的，要高质量地谈恋爱。恋爱是有质量的区别的，质量取决于谈恋爱的当事人的质量，境界不同，素质不同，恋爱的质量是有差别的。如果你光是沉溺在卿卿我我这种关系里，别的什么都不要了，我觉得挺可悲的。我刚才强调，快乐应该是可持续的，有生长能力的。你们这个年纪可以说是为一生的幸福打基础的时候，应该是通过恋爱互相促进，互相激励，激励精神的向上、求知的努力和创造的冲动。恋爱是可以有极大的激励作用的。我真正谈恋爱是比较晚的，但我那时候的状态非常好（笑声），写了很多诗啊，很多爱情诗、哲学诗，还写了很多哲学的随感。因为当时我的女朋友啊，她是一个爱文学的人，特别看重你的文学才华，我就想表现自己，就使劲写啊，能够博美人一笑就特别满足，特别有成就感。我当时写这些东西，根本没有想到要出版，许多年后出版了，现在来看，仍然是我自己最满意的作品之一。我是想说，我是支持大学生谈恋爱的，但是你这个状态应该是一个更好的状态，一个能够开花结果的状态。这是一段时间，就是青春期、谈恋爱，幸福感特别强烈。

还有一段时间，我也觉得幸福感特别强烈，就是自己刚当了爸爸，初为人父的时候，第一次迎来了一个小生命。你们现在没有孩子，你们是不知道的，将来你们就会知道，现在跟你们说了也没用。

我自己没有孩子的时候，人家跟我说孩子多么可爱，我是没感觉的，原来没有孩子的时候，我对要不要孩子的问题就是顺其自然，有也可以，没有也可以，我觉得没有也不是什么缺陷。但是有了孩子以后，真是不一样，你生命里面的一些东西，有些你不知道的本能被打开了。那是我又一次感觉到世界非常美好，有某种未知的非常美好的事情在等待着我，那个感觉就是每一天都是新的。当然我的第一次经历是很不幸的，你们可能看过我写的《妞妞——一个父亲的札记》，我的第一个孩子刚满月的时候，就发现患有先天癌症，一岁半就去世了，我为她写了一本书。后来我又有了一个女儿，我觉得每次孩子来到的时候，那种心底里的快乐都无比强烈，我愿意什么也不干，整天陪着她，跟她玩，给她记录。尤其孩子快到一岁的时候，开始学说话，到两岁、三岁，话语的那种美妙啊，大人是想象不出来的。我为我现在的女儿写了很多日记，那几年里面，我的日记大部分是写她的，是她的话语的记录。我准备把这些东西好好整理，作为一个礼物送给她，这是给孩子的最好的礼物。我们自己小时候的事情，我们都忘了，这是很可惜的，所以我不能让我的孩子的童年也是空白。我写过一篇文章叫《我为女儿当秘书》，我那时候真是给她当秘书，认真记录她的言行。当时她也习惯了，说出一句妙语，我夸她，她马上说，爸爸你给我记下来（笑声）。

这种感觉不光是我有，我看很多人，无论是大人物、小人物，这个感觉是共同的。比尔·盖茨，全球首富，现在不是了，好像是老二了吧，他有一张照片，是他抱着当时两岁的女儿照的，下面有一句题词："只有在这个时候我才感到最幸福。"他有五百亿美元的家产，但是财产带给他的快乐，那种打动人心的深度，远不如这个小生命给他带来的。凭我自己的体验，我相信他讲的完全是真话。财富带来的名利欲、权力感、雄心的满足，是另一种性质的快乐，在深度上无法与生命根底里的快乐相比。还有美国现代舞的创始人邓肯，她是一个天性非常健康的女人，一生谈了无数次恋爱，她的自传写得非常真实。在刚有小孩的时候，她这样喊道：上帝啊，在这个小生命面前，我的那些艺术算得了什么呀，所有的一切算得了什么呀！其实普通人也一样。有一次我在北京坐出租车，从我上车开始，那个司机就跟我说他的孩子，他有了一个一个月大的孩子，一直说到我下车。在我临下车前，他跟我说：你知道吗，我以前最讨厌的就是人家跟我说他的孩子，婆婆妈妈的，琐琐碎碎的，有什么意思，现在我自己有了孩子，我忍不住要说啊。这个东西真是人性根底里的东西，生命核心里的东西。

后来我就分析了，我说人的性本能实际上有两个层次，一个层次是快乐本能，就是男女之间的事情，当然这也是很大的快乐，不过还是比较低的层次。它的更深的层次是什么？是种属本能，所谓的传宗接代。大自然把这个本能安在人的身体里面，我们平时是不知道的，没有孩子的时候，这个本能是沉睡着的，一旦有了孩子，这个本能就苏醒了，会给你一种更强的快乐。当然，我现在跟你们说也是白说，以后你们自己体会吧。我只有一条建议，不要做丁克族，应该要孩子，没有的时候，你不知道孩子会给你带来多大的快乐，也就不知道不要孩子是多大的损失了。

我就强调一点，就是要把生命本身的需要和物质的欲望区分开来，这是两回事。其实，中国的道家是很懂这个道理的，主张保护好生命的真实的、完整的本性，不可用物质欲望去戕害它。古希腊的哲学家也认为，生命的快乐基本上是不依赖于物质的。这可以说是哲学家们的共识。我们现在太看重物质的东西了，所以我说，你应该静下心来，听一听你生命的声音，听一听它真正需要的是什么。

二、精神的快乐

下面我讲幸福的第二个方面：精神的快乐。人不但应该享受生命，而且人还有一个更高的层次，就是人是有精神属性的，人应该享受自己的精神属性，满足自己的精神需要。精神需要的满足，精神能力的生长和发展，是人生幸福更加重要的源泉和方面。

那么，人有哪些精神需要，有些什么样的精神能力呢？我套用柏拉图的一个分类，不过可能跟他的原义不太一样。我们可以把人的精神能力、精神属性分为三个方面：一个是智，智力，理性，人有思考的能力；第二是情，情感，人有感受的能力；第三是意，意志，人有实践的能力，能够支配自己的行为，这实际上是指人有道德和信仰上的追求。和三种能力相对应，智追求的是真，情追求的是美，意追求的是善。

1. 智力活动的快乐

我先讲第一点。人的精神快乐很重要的一个方面，是智力活动的快乐，通俗地说，就是动脑筋的快乐。这一点对学生来说特别重要，因为在学校里智育是主要任务，占据了最多的时间。智力活动的主要因素是什么？我认为有两个。一个是好奇心，人有理性，面对外部世界的时候，理性一旦发动，就会产生好奇心。另一个是独立思考的能力，你对事物感到好奇，发生了兴趣，就要用自己的头脑去思考，探究它的谜底。一个人对事物充满好奇心，又善于独立思考，他就能充分地享受智力活动的快乐。

大科学家就是如此。爱因斯坦是怎么走上科学道路的？他自己回忆，他最早对科学发生兴趣是在五岁的时候，他爸爸送给他一个指南针，他看见里面的针自己会转，总是指向同一个方向，就觉得非常神奇。当时他的感觉是：事物内部藏着一个秘密，等着我去把它找出来。这正是一种科学探索的心情。事物内部藏着一个秘密——这是怎样的诱惑！把它找出来——这是怎样的成就感！前者是好奇心，后者是独立思考，这两者都给人以莫大的快乐。一个人始终保持这样一种心情，他不成为一个科学家才怪呢。爱因斯坦说过一句话：神圣的好奇心是一棵非常脆弱的嫩苗，很容易被扼杀掉。科学家是什么人？就是好奇心没有被扼杀掉的人，他们是幸存者。

好奇心之所以容易被扼杀掉，最大的敌人是功利心。我觉得在中国这个问题挺严重的，我们总是把精神价值看得很空，好像必须落实到物质的价值，否则就不承认它有价值。智力活动本身就是快乐，探索世界的秘密本身就有价值，我们对这样的观点是陌生的。实际上这涉及一个根本问题，就是怎么看精神和肉体的关系。精神和肉体，哪个是目的，哪个是手段？人的精神能力，在这里是理性、智力，它的价值仅仅是为肉体服务吗？当然，无论个人还是人类，肉体的生存是前提，在这个问题解决之前，我们不得不把主要精力用在满足生存的需要上，智力好像更是肉体生存的手段。但是，一旦生存的需要得到了满足，智力活动仍然只是手段吗？精神需要的满足是否应该逐渐上升到主要地位，我们是否应该逐渐把主要精力用在精神需要的满足上了呢？因为从人之为人的本质属性看，应该说肉体只是手段，精神才是目的。我们动脑筋，不是为了填饱肚子，只是因为动脑筋本身让我们感到快乐，智力的运用和真理的探究本身让我们感到快乐，在这样的一种状态中，我们岂不更像是万物之灵？事实上，人类也好，个人也好，越是能够从精神活动本身中获得快乐，就的确是处在人性的一个更高的阶段上。

好奇心和独立思考能力具体到学习上，作为一个学生来说，看一个学生在智育上是不是过关，智力素质好不好，我就看两条。第一条，你有没有快乐学习的能力。学习是好奇心和求知欲的满足，本来应该是一件快乐的事情。第二条，你有没有自主学习的能力。尤其是大学生，你一个是要对知识有兴趣，另一个是你要知道自己的兴趣在什么地方，对什么东西最有兴趣，然后你就根据你的兴趣来安排自己的学习。大学生不应该是跟着老师走的人，要具备自己安排自己的学习的能力。所以，我觉得大学期间的学习有两个目标，一个是爱上学习，另一个是学会自学。有了这两条，你就获得了一笔终身的财富。因为大学期间的学习，学生阶段的学习，仅仅是学习的一个开端，你要真正在知识上大有作为，做出成就，那你是一辈子要学习的，以后就靠你自己了。我认为一个人在受过大学教育以后，应该成为一个知识分子。什么是知识分子？就是热爱智力生活的人，养成了智力活动习惯的人。你品尝到了智力活动的快乐，养成了智力活动的习惯，一辈子也改不掉了，不让你从事智力活动你就难受，这就叫知识分子。如果你离开学校后就仅仅是去谋生了，你对智力活动再也不感兴趣了，那你就真的是白受了教育，你没有成为知识分子。

当然，从我们现在这种应试教育的体制来看，要让孩子们、学生们成为热爱智力活动的人，实在是太困难了。基本上这个体制起了相反的作用，让你讨厌智力活动。其实也不是讨厌智力活动，因为你还没有真正品尝过智力活动的快乐，你从事的很多活动根本不是智力活动，那些为考试做的死记硬背不是智力活动，你跟智力活动还没有沾边，还没有把你引入到智力活动里面去，问题在这里。结果你就这样从大学毕业了，由于在学校里就没有品尝到智力活动的快乐，走上社会以后，在择业的时候，你也就不会有真正属于自己的兴趣和志向，只有薪金之类的外在标准，这真是很可悲的。一个人没有自己的真兴趣，是永远不可能活得有意思的。

在我看来，学习不快乐，把学习变成折磨，仅此一点，就已经是教育的最大失败。从小学开始，孩子们就受这个折磨，上了一天学，回家还必须做大量枯燥的作业，天天上床时都筋疲力尽，其用途只是应付考试，对真正的智力开发毫无益处。到了初中，尤其高中，折磨越来越甚，简直是虐待了。我认识一个中学校长，他任职的学校是当地最好的中学，所谓高考名校吧，升学率最高，反正高官大款都把自己的子女送到那里去。那次我去那个城市做一个讲座，他听说了，就一定要请我吃饭。在饭店，他见我的第一面就说：周老师，我们这些人都是历史的罪人，我们将来是要受审判的。据他说，他这个学校考上清华、北大的多了，考上北师大算差的。怎么做到的？全封闭管理，两周休息一天。在应试体制下，不这样做，他的学校就会出局。他自己的孩子也在这个学校上高中，毕业那一天，他请孩子吃饭，流着泪说：你的生活从今天才真正开始。是啊，原来过的不是生活，不是人的生活！

你们也都受过这种苦，中国的教育，你们都是直接受害者，从初中、高中过来，就好像从炼狱里过来。现在过了高考关，进了大学，好像进到了天堂，可以松一口气了。大学比中学好得多，多少有一点自由了，但还是很可怜的，是吧？在大学做讲座时，有些学生让我题词，我就题两句话：做学习的主人，向教育争自由。现在大学的问题是急功近利，你要清醒，把弊端对你的损害减小到最低限度。几年的时间一晃就过去了，你要珍惜，自己好好想一想，这几年怎么学，自己有一个计划，真正做学习的主人。

这是我讲的精神快乐的第一点：智力活动的快乐。其实，幸福观和人生观是统一的，从幸福观的角度讲，是智力活动的快乐，从怎么做人的角度讲，就是要有一个自由的头脑，把上帝赋予你的理性能力的价值实现出来。

2.情感体验的快乐

第二点讲一讲情感体验的快乐。我这里讲的情感是广义的，指人的感受能力。人不光有智力，也就是认识能力，还有感受能力。如果说认识能力主要是面向世界的，那么，感受能力主要是面向人生的。当然，这只是相对而言，实际上两者难以分开，我们在认识世界时也在感受，我们在感受人生时也在认识。你在这个世界上生活，无论是在认识外部事物的过程中，还是在和人打交道的过程中，你的感情是参与的，你有顺心的时候，也有不顺心的时候，有些人你喜欢，有些人你讨厌，你会快乐或者痛苦。人带着感情生活，有好恶，有喜怒哀乐，在我看来这都是财富。不是说只有快乐才是财富，你遇到了讨厌的人，倒霉的事，就完全是损失了。如果说心灵是一本账簿，那么，对于这本账簿来说，没有支出，全是收入。

在生活中，我也跟大家一样，常有情感的波动。我会遇到我特别讨厌的人，那时候真是很愤怒，世界上怎么有这样的人，干这样的事，觉得无法忍受。可是，世界上有不义的人，这是一个客观事实，你改变不了这个事实，你也很难靠你个人的力量改变这种人，而你又不屑和他在同一个层面上较量。怎么办呢？我就翻开日记，把这种人的嘴脸描绘一通，作一番分析，这样心里就好过多了（笑声）。当我这样做的时候，我是从使我纠结的具体事情中跳出来了，我的心就平静了，我比他站得高许多，是在他的上面观察他、分析他。我把自己当作一个认识者，把他当作认识的对象，当作一个标本，来解剖人性，认识社会，这样就把一个不快的经历变成了我的财富。

我很早就有这样一种意识，就是要把我的外部经历转化成内在的财富。怎么转化呢？主要就通过写日记。纯粹外部的经历，你是留不住的，但是你是带着感情去经历的，内心会有感受，你要珍惜这种内心的感受，不让它轻易流逝，这样也就是以某种方式留住了你的经历。很多人生活一天天过下来，从小到大，过一天少一天，什么也没留住，我就说，你是把你的日子都消费掉了，这太可惜了。

经常有人问我：周老师，你是从什么时候开始写作的？我说惭愧，比韩寒、郭敬明差远了。我的第一本所谓成名之作是《尼采：在世界的转折点上》，那是 1986 年出版的，那个时候我已经四十一岁了。（骚动）我现在多大了，你们知道吗？（笑声）我 1945 年生，现在六十三岁。不像吧？我自己也觉得不像。（掌声）我写过一段话，意思是一想到我的年龄，我就觉得这是岁月加在我身上的一个污点。我不该是这么大岁数啊。言归正传，别人问我从什么时候开始写作，我总说是从五岁开始的。我五岁上小学一年级，会写字了，就自发地开始写日记了。一开始挺幼稚的，我爸爸经常带我到他的同事、朋友家玩，主人就会拿一点好吃的东西给我吃，无非是饼干、点心之类，那时候困难，吃到这些东西不容易。我就想：今天吃了，明天忘了，不就白吃了吗？（笑声）不行，我要把它记下来。我自己做了一个小本子，哪天吃了什么，就记下来，然后翻开来看看，心里放心了，觉得没有白吃，都留下了。后来回顾，我发现是这样的：我已经意识到我的外部生活是会流逝的，我一定要用某种方式把它留住。通过写日记，我的确留住了我生活中很多好的滋味，当然这好的滋味就不仅仅是点心了，而是人生中的许多感受。从小学到中学，尤其上了高中以后，我非常认真地写日记，每一天都要写好几页，这个习惯一直坚持到大学四年级。四年级的时候，"文革"爆发了，不敢写了，抄家成风，好些学生的日记被抄出来，写成大字报公布，把学生揪到大字报前面斗，北大当时经常出现这样的情景。不但不敢写，我还把以前的日记都烧掉了，到二十一岁为止，满满的一箱啊。另一个重要原因是好友郭世英的去世，我仿佛要用我的全部过去为他殉葬。后来我无数次为此痛哭，觉得我的童年和青春岁月永远丢失了，那些日子白过了。当然，其实没有白过，日记也没有白写，因为养成了写日记的习惯，我和没有这个习惯的人的生活状态是不一样的。在生活的过程中，我的灵魂是醒着的，我在品味哪些经历对我是有意义的。我觉得自己好像有了一双内在的眼睛，我不但在用外在的眼睛看，我灵魂中的眼睛也是睁着的。

通过写日记，我真的受益无穷。主要收获倒不在于提高了写作能力，后来成了一个作家，虽然我的写作能力的确是写日记打下的基础，但这不是最重要的。最重要的是，通过写日记，我的内心生活从来没有中断过。一个人有了持续的内心生活，你就会感到你在这个世界上生活的时候是有灵魂的，不是一具行尸走肉，你活得很充实，这是特别大的快乐。其实，我后来成为作家完全是偶然的，即使永远没有成为作家，我仍然会写，为自己写。现在我也是把为自己写的东西放在第一位，那些发表的东西是第二位的。我建议你们都养成写日记的习惯，这对一个人内在的深化特别有好处。

怎么样让自己的内心丰富起来，从而能够享受情感体验的快乐，写日记是一个方面，另外一个方面是阅读。在阅读上，我强调一点，就是要读好书，尤其是那些经典名著。人类创造了很多物质财富，我们都很在乎去享受这些物质财富，但是人类还创造和积累了那么多精神财富，它们主要的存在形式就是经典书籍，如果不去享受，我觉得实在太可惜了。不要只读专业书、财经书，阅读面宽一些，其实人文和社会科学各科是相通的，基础不深厚，专业上也不会有大出息。做学问的根本是做人，人不优秀，学问肯定好不到哪里去。优秀的一个重要方面，就是心灵的丰富。有一种误解，好像写作只是作家的事情，读书只是学者的事情。其实，本来意义上的写作和阅读是属于每一个关心精神生活的人的，你只要看重你的灵魂，你就会不由自主地要留住自己的内心感受，不由自主地要读那些精神含量高的书，这样来使你的灵魂变得越来越丰富。

这是第二点，从幸福的角度讲，是情感体验的快乐，从做人的角度讲，就是人要有丰富的心灵。

3. 精神追求的快乐

第三点是精神追求的快乐，涉及道德和信仰的问题。人不但有理性，即认识能力，有情感，即感受能力，而且有意志，即实践能力。哲学上讲实践能力，比如康德的《实践理性批判》，讲的就是道德和信仰问题，实践能力指人能够用道德和信仰来指导自己的行为。

关于道德，我想强调的是，对德育的理解不应该表面化，流于规范的教育，比如爱国主义、集体主义之类。这些东西也可以谈，但是没有抓住道德的根本。道德的根本是什么？哲学家们主要讲两条。一条是同情心，做一个善良的人。所谓同情心就是说，自己是生命，别人也是生命，人和人之间要以生命和生命互相对待。按照亚当·斯密的说法，在同情心的基础上，形成了社会的两种基本道德，一个是正义，一个是仁慈。一个人是否善良，就表现在这两个方面。他是一个有正义感的人，看见别的生命受到伤害，他会挺身而出，见义勇为。他是一个有仁慈心的人，看见别的生命遭受痛苦，他会倾力相助，解忧排难。在精神的快乐中，道德感的满足处于很高的位置，做一个善良的人是极大的快乐。你看西方的那些富豪，到了最后，财富本身很难再给他带来快乐了，只有做慈善事业，才能得到更大的快乐，更大的成就感。

讲道德的根本，另一条是做人要有尊严。关于人身上的这个尊严，哲学家们有各种解释，归结起来，其实都是说人是有神性的，人的灵魂是高贵的，它有着神圣的来源。因此，人和人之间不只要作为生命和生命互相对待，而且要作为灵魂和灵魂互相对待，自尊并且尊重他人。到了这个层次，道德也就是信仰了。一个人有没有信仰，倒不在于他是否相信某种宗教，最重要的是相信人身上是有不可亵渎的东西的，不管把这个东西称作神性、灵魂还是别的什么，都忠实于它，守护着它，在一切行为中体现出做人的尊严。在一定意义上可以说，信仰的快乐是做人的最高快乐。历史上有一些圣徒式的人物，他们在信仰的激励下为人类工作，即使在最艰难困苦的境遇中，内心仍充满着巨大的难以形容的欢乐。作为普通人，当我们在自己待人处世的行为中坚持了做人的原则，体现了做人的尊严，这时候所感到的快乐也是别的快乐不能相比的。

归纳一下我对幸福的理解，就是两条，一条是享受生命，一条是享受人的精神属性。展开来说，作为一个生命，要有健康的生命态度，作为一个精神性的存在，要有自由的头脑，丰富的心灵，善良、高贵的灵魂，我认为这样的人就是幸福的人。

讲了这么多，最后我想说，其实现在我对幸福的理解是很朴实的。有人要我用最简略的语言归纳一下我对幸福的理解，我说就两条。第一条，和自己喜欢的人在一起，并且让她（他）们感到快乐。这实际上是生命的快乐中的一个重要内容——爱情、亲情和家庭。第二条，做自己喜欢做的事情，并且能够靠这个养活自己。这实际上是精神的快乐在我身上的落实，我的工作是读书和写作，我的职业和我的精神享受是一致的，这的确是莫大的幸运。我觉得我基本上做到了这两条。

中央财经大学现场互动

主持人：精彩的演讲不多，但这一场最为真诚。真诚的演讲不多，但这一场最为精彩。周先生用他最为实在的人生感悟梳理出了我们青年学子的幸福感知，也用他最为深邃的思想引领了我们探索和学习的方向。让我们再次用热烈的掌声对周先生的人生分享表示感谢。（掌声）下面是我们的提问环节。

问：周老师您好，我有两个问题想问您。第一个问题是，您觉得我们现在这个社会从根本上说是缺钱还是缺德。第二个问题是，您刚才也说过，强烈建议大家阅读，我想问您，您在阅读经典的过程中，有没有感到痛苦的时候？谢谢。

答：到底一个社会有多少钱才算够，一个人有多少钱才算够，这个标准是相对的。古希腊的人，或者我们中国春秋战国时期的人，孔子、庄子那个时代的人，他们能有多少钱，如果把他们的物质生活水平折换成钱的话，肯定比我们少。和他们比，我们一点儿不缺钱。但是我们太缺德了，这个德是广义的德，指精神上的高度、精神上的丰富，我觉得我们比他们差得多。所以，我们未必比古人幸福。至于读经典，我没有觉得痛苦。当然，有些经典著作你会觉得比较难读，比如康德的《纯粹理性批判》，一开始像读天书一样，不过这个坎儿是可以过去的。连王国维这样的大才子，读了三遍都没有读懂，后来读了叔本华的解说，再回过头去读，读第四遍的时候读懂了。我不建议你们一开始就读这样深奥的书，其实经典著作里有很多是非常好读的。反正我的体会是，读经典比读那种第二手、第三手的解说性的东西要快乐得多，大师毕竟是大师，转了一手以后，最精彩的东西往往就弄丢了。

问：在我看来，幸福可能有两种。一种是经过了思考，在建立了一套比较完整的认识以后，那时候对幸福的感知。另一种来自本来的无知，比如在我们年幼的时候，或者在我们生活水平很低的时候，没有更多的思考，那时候感受到的一种快乐。在您的定义中，您认为这种无知的快乐可以算作幸福吗？

答：我认为是幸福。我的定义是，幸福包括两个方面，生命本身的快乐和精神的快乐。在无知状态中，其实恰恰可能是生命本来的需要没有被扭曲，能够得到比较好的满足，不过我想那个精神方面的快乐可能会比较欠缺。在你说的第一种情况下，精神层次的快乐可能会比较多一些。但是，思考得多了，也可能把你引错了方向，损害了生命的快乐，反而不如无知状态中那样原汁原味。所以，幸福是一个复杂的问题。我希望两个都要，一个也不能少。所以，在追求精神快乐的时候，我还是警诫自己，不要放弃生命的快乐，那也是人生非常重要的价值。有些哲学家是放弃了，比如一辈子不恋爱、不结婚，我反正不愿意这样。

问：听了您的讲座很感谢，更为激动的是我们敬爱的邱东书记今天也在现场，我想接着您再烧一把火。邱东书记作为一个有一万多人学校的一把手，他有能力去做一些很直接的事情，而这个责任太重大了。我的问题是，中财的老师和领导如何更主动地监控我们这些产品的质量。

答：现在的教育体制不是某一个学校负责人能改变的，我觉得做得最好的就是说，能够在比较糟糕的大环境里面为学生创造稍微好的小环境，这已经很不容易了。（掌声）

问：我想请您谈一下马克思的唯物论和辩证法，您认为是不是完全正确？如果您认为不是完全正确，请您指出不正确的地方，列举一下。

答：你这个问题提得比较极端，比较武断。我觉得问题不在于马克思的辩证法和唯物论是不是正确，而在于我们把马克思的哲学归结为唯物论和辩证法，这样归结对不对。然后，我们的哲学教学仅仅从这个角度来进行，这样的教学对不对。我自己经过这么长时间哲学方面的学习以后，深感当年我们在大学里学的哲学其实离哲学很远。把哲学归结为唯物主义和唯心主义两个阵营，辩证法和形而上学两种思想方法，这样一种归结是非常简单化的，基本上是斯大林的版本。斯大林的《联共（布）党史》里有一节，题目就是《辩证唯物主义历史唯物主义》，按照这个大纲来编写的这样的一个马克思主义哲学，我认为和真正的马克思的哲学思想、马克思哲学的精华相距甚远。所以我自己觉得现在哲学公共课的教学很有改革的必要，应该让学生真正领略哲学思考的魅力，而不是让学生感觉哲学不过是教条而已，不过是投票而已，你赞成唯物论还是唯心论，赞成唯物论就是好人，赞成唯心论就是坏蛋。我们迄今为止的哲学教学基本上是这样的。

问：最近网上流传这样一个帖子，90后已经入学了，很多人批判他们军训的时候，涂指甲油，染头发，连我们曾经被批的80后也加入批判90后的队伍中。您觉得老一辈以及社会对我们这些青年一代应该更宽容一些，还是更严厉一些，您觉得我们这一代存在的哪些问题对我们以后的发展是不利的？

答：我当然主张宽容。老一代对年轻一代的看法不一定对，我们往往有一些比较固定的观念。但是老一代有他的权利，他也有发言的权利，批评的权利，他从自己的观点出发来提看法，可以给青年一代一种参考。我与90后、80后的接触不是特别多，但我有一个感觉，这不是你们的问题，这是这个社会造成的，就是社会给你们压力太大，现在的年轻人一走出学校就面临生存的压力，所以比较实际。另外，你们大多是独生子女，加上中学期间的应试教育，因此比较单面，不够丰厚。不过总的来说，我认为每一个人自己成为什么样的人，这和属于哪一代关系不大，不能用代的标签来概括。我希望每一个年轻人，不要管是哪一代的，都应该成为善良、丰富、高贵的人，都要往这个方向努力。

问：有这样一种说法：伟大的领导人首先是一个哲学家。我想他们不一定都读过哲学方面的书，这是我的推测，我觉得哲学应该存在于生活中，您对这个怎么看？另外，我自己认为现在是中国文化发展最不好的时候，中国多少年一直崇尚文化，但现在发展最不好，您怎么看？

答：当然哲学不一定是书本上的，哲学的本义是爱智慧，就是跳出经验的范围、具体知识的范围，站在比较高的位置上看问题。那么，各行各业都会有比较智慧的人，不是局限在他所做的事情里面，而是经常跳出来，看人生的全局，社会的全局，然后回过头来看事情应该怎么做，这样的人都是有哲学的智慧的。但是，如果你要达到很高的高度，有更加自觉的哲学智慧，就有必要读一些哲学的书。当然，有些人读哲学书也不一定有智慧，这是两回事。至于你说现在是中国文化发展最不好的时候，我同意说"不好"，不同意说"最"，现在至少比文化专制的时代好吧。

山东省团委"齐鲁青年讲坛"开场白

主持人：欢迎走进齐鲁青年讲坛，我是山东电视台的节目主持人周诺。今天是我们齐鲁青年讲坛首次面向社会开讲，为我们做客讲坛的学者是中国社会科学院哲学研究所的周国平教授，大家非常熟悉，他善于用文学的笔调来阐述哲学的思想，用哲学的思考来贯穿文学写作，为我们呈现了精致、丰厚的思想大餐。今天我们有幸一起聆听周教授的讲解——青年与幸福。关于什么是幸福，可能不同的人有不同的想法，我昨天突发奇想给我的三十几位朋友发手机短信，问在你心目中什么是幸福，他们给我回短信，有的说幸福就是能够和相爱的人厮守一生，有的说幸福就是每一个小小的心愿都慢慢地实现，还有一位刚做母亲的朋友说，我感觉最幸福的事情就是看着我的儿子一天天地长大。有一个朋友当时没有回短信，后来打来电话，给我讲了一件事情。他说刚接触了一个在山区放羊的孩子，他问难道你就不想去上学，小羊倌说我觉得现在放羊挺好的，他问为什么，小羊倌说放羊可以挣钱然后盖新房子娶媳妇生孩子，他问你就不想让你的孩子出去看看吗，小羊倌说我就想让我的孩子还放羊。在小羊倌的心目中，放羊就很幸福，但是我的朋友觉得挺同情这个小羊倌的。我想说的是，对幸福的理解是人各有志的，周教授，在您正式开讲前能不能回答我一个小问题，您觉得您现在的生活比我刚才讲到的小羊倌幸福吗？

周：我觉得他挺幸福的，但是让我把我的生活和他换我不干，我觉得我也挺幸福的。

主持人：跟他的这种幸福没有可比性吗？

周：每个人的幸福感受的确是不一样的，很难比较。自己跟自己就好比较，譬如说，如果我是这个小羊倌，没有走出山区看见广大的世界，我也一定会很满足，但是一旦走了出来，有了更多的经历，就回不去了。

主持人：好，现在请周教授开讲。

（举行此讲座的时间地点：2007 年 10 月 27 日南京工业大学；2007 年 12 月 9 日山东省团委齐鲁青年讲坛；2008 年 4 月 25 日中国工商银行团委；2008 年 11 月 14 日中央财经大学。根据中央财经大学录音和速记稿、参考齐鲁青年讲坛录音以及各次讲课提纲整理。）

幸福的哲学

借这个题目和大家谈谈心。哲学就是谈心，最早的哲学家，比如孔子、苏格拉底，都不开课也不写书，从事哲学的主要方式就是和青年人谈心。一个人要和别人谈心，首先必须先和自己谈心，哲学首先是一种和自己谈心的活动。今天我来和你们谈心，其实是说一说我和自己谈心的一些体会罢了。

人都是缺啥说啥，现在幸福成为一个热门话题，正说明大家感到不幸福。为什么会这样呢？我认为问题出在心态，心态不好，怎么可能幸福呢？这个时候就应该去找哲学。我搞了一辈子哲学，到头来发现，哲学的真正用处是什么？就是让你有一个好的心态。我们平时都过着具体的日子，做着具体的事情，有顺心的时候，也有不顺心的时候，有快乐，也有苦恼、困惑、纠结。哲学就是让你从这个局部中跳出来，看一看人生的全景，想一想人生的大问题、大道理，人生中究竟什么是重要的，什么是不重要的。这就是价值观，哲学对于人生的最大意义就是帮助你建立正确的价值观，一个人有了正确的价值观，就会有好的心态。你再回过头去看局部，对于重要的东西，你就能看得准、抓得住，对于不重要的东西，你就会看得开、放得下了。你仍然在过具体的日子，做具体的事情，但心态不一样了，境界也不一样了。

前言：幸福与价值观

1. 幸福是主观感受，还是客观状态？

亚里士多德说：幸福是人的一切行为的终极目的，正是为了它，人们才做所有其他的事情。这话说了等于没说。他的意思无非是，人人都想要幸福，每个人无论做什么事，最后的目的都是要生活得幸福。譬如说，有的人想发财，想做官，但发财和做官本身不是目的，他是想通过发财和做官过上他心目中的幸福生活。有的人不想发财和做官，但并不是不想要幸福，他是认为发财和做官不能使他幸福，能使他幸福的是别的事情，比如搞艺术或做学问。由此可见，虽然人人都想要幸福，但人们对幸福的理解是很不同的，而重要的就在于这个不同。

幸福这个概念，一般是用来指一种令人非常满意的生活。然而，什么样的生活是令人满意的呢？衡量的标准到底是什么？有的人说，这完全是个人感觉的问题，自己满意就行。这当然也有道理，一个人对自己的生活不满意，觉得自己不幸福，你当然不能说他是幸福的。但是，自己觉得幸福，就是幸福的吗？有一种狂喜型的精神病人，大约谁也不会认为他是幸福的人吧。可见主观上的满意度是必要条件，但不是充分条件。

人们往往在想象中把自己最强烈愿望的实现视为幸福，可是，愿望实现了就真的幸福吗？怕未必。情况往往是，没到手的时候想得要命，到了手不过如此，预期中的幸福感会大打折扣。如果愿望只是停留在肉体欲望和物质欲望的层面上，情况就一定是这样。德国哲学家叔本华说：人受欲望支配，欲望不满足就痛苦，满足了就无聊，人生如同钟摆在痛苦和无聊之间摇摆。（笑声）他的结论是：根本就不存在幸福这回事。如果只在欲望的层面上找幸福，他说的就是对的。肉体的欲望，食欲、性欲，不满足是痛苦，满足的时候顶多有短暂的快乐，然后就是无聊。物质的欲望，比如对金钱的欲望，如果你把幸福寄托在钱越多越快乐上面，一定也会落空。钱少了你痛苦，钱多了，你没有更高的目标，就会无聊。然后你就要去赚更多的钱，但钱再多也填补不了内心的空虚，即使你富裕得成了一个金钟摆，仍逃脱不了在痛苦和无聊之间摇摆的命运。

问题出在哪里？就出在停留在欲望的层面上。这也是叔本华的说法的毛病之所在，超越欲望的层面，他的说法就不成立了。精神性质的愿望，就完全不存在这个不满足就痛苦、满足就无聊的悖论。比如说，你渴望知识，喜欢读书，你会因此而痛苦吗？当然不会，这类愿望本身就是令人快乐的。然后，你去满足你的愿望，你读了一本好书，读了许多好书，你会因此而无聊吗？当然也不会，你只会感到充实。所以，一个精神愿望强烈的人其实是充满幸福感的，正是在这个意义上，英国哲学家约翰·穆勒说：不满足的人比满足的猪幸福，不满足的苏格拉底比满足的傻瓜幸福。所谓不满足的人和不满足的苏格拉底，就是不停留在肉体欲望的满足上，他有更高的、更丰富的需要，有精神需要，精神上的追求是无止境的，不会有彻底满足的时刻，但他比光有肉体欲望的傻瓜和猪幸福。所以，对愿望要做分析，愿望因人而异，而每个人的总体愿望归根到底是由他的价值观支配的，价值观不同的人对幸福的期望是不一样的。

还有的人认为，幸福应该是一种客观状态，为了使这种客观状态有一个衡量的标准，现在兴起了幸福指数的研究。他们的方法大同小异，大致上是列出一些关键项，比如个人幸福指数包括收入、工作、家庭、健康、交往、休闲等项，国民幸福指数包括公平性、福利、文明、生态等项，然后按照重要程度给每一项规定一个分值，统计出来的总分就代表个人或国民的幸福状况。这作为一种尝试，当然是可以的，不过，我认为有两个问题要注意。第一，幸福不是纯粹的客观状态，毕竟包含个人感受的因素，因此难以数据化，幸福指数只具有非常相对的意义。第二，哪些因素被列为关键项，每一项的分值是多少，价值观起决定的作用，价值观不同，幸福指数的编制就不同。

综上所述，我们可以看到，不管是把幸福看作主观感受，还是客观状态，抑或是二者的统一，价值观都起了决定的作用。所以，说到最后，从哲学上来说，对幸福问题的探讨要立足于价值观。

2. 哲学史上的幸福观

在西方哲学史上，幸福问题是讨论得很多的一个问题，大致分两派。一派叫快乐主义，认为幸福就是快乐，快乐本身就是好的，是人生的目的。这一派的创始人是古希腊哲学家伊壁鸠鲁，到了近代，代表人物是英国的经验论者，比如休谟、亚当·斯密、约翰·穆勒。谈到什么是快乐，这一派强调的是生命本身的快乐和精神的快乐，比如伊壁鸠鲁说：快乐就是身体的无痛苦和灵魂的无烦恼。你身体健康，灵魂安宁，这就是快乐，就是幸福。约翰·穆勒更加强调精神的快乐，认为它是比身体的快乐层次更高的快乐。

另一派叫完善主义，认为人身上最高贵部分的满足才是幸福，那就是精神上或道德上的完善。不过，他们一般并不排斥快乐，承认完善亦伴随着精神上的快乐。这一派的创始人是苏格拉底，他的学生柏拉图和柏拉图的学生亚里士多德继承了他的观点，在他之后还有犬儒学派和斯多葛派，近代以来主要是德国理性论者为代表，尤其是康德。苏格拉底提出一个公式：智慧＝美德＝幸福。在他看来，一个人如果想明白了人生的道理，懂得灵魂远比肉体重要，好好照料灵魂，做一个有道德的人，他就是一个幸福的人。

从中国哲学史来说，幸福这个词是现代汉语词汇，古代汉语里幸和福这两个字是单独使用的，没有幸福这个词，要了解中国哲学家对幸福的看法，主要依据他们谈论人生境界的那些内容。我觉得道家比较接近快乐主义，认为人生的理想境界是保护好生命的本真状态，庄子在这同时还强调精神的自由，崇尚那种与造物者游、与天地精神相往来的境界。儒家比较接近完善主义，认为人生的理想境界是道德上的自我完善，安贫乐道就是幸福。在精神生活上是乐道，在物质生活上就是安贫。孔子说：一箪食，一瓢饮，在陋巷，人不堪其忧，回也不改其乐。又说：饭疏食，饮水，曲肱而枕之，乐亦在其中矣。你看他也很强调简朴状态中生命的快乐。

所以，比较两派的观点，我们会发现它们的差异其实并不大，两派的共同点是重生命、轻功利，重精神、轻物质。完善主义重视精神生活，快乐主义也认为精神的快乐更有品位。快乐主义重视享受生命的本真状态，完善主义也认为简朴生活才能使人真正享受生命。历史上没有一个哲学家主张物质欲望的无穷尽满足就是快乐，不会有的，否则怎么叫哲学家呢。快乐主义者约翰·穆勒说，幸福就是快乐，但快乐是有质的区别的，有层次的高低的，一个人只有品尝过不同的快乐，做过比较，才能判断哪一种快乐是质量更高的。所有品尝过不同快乐的人最后得出的结论是一样的，就是精神的快乐要远远高于肉体的、物质的快乐，是更强烈、更丰富、更持久的快乐。有的人只品尝过低层次的快乐，他陷在里面出不来，从来没有品尝过高层次的快乐，所以才会以为那是世界上最大的甚至是唯一的快乐。如果他以后提升自己，有了更高的追求，就会发现以前的那个状态并不是真正的幸福。这也说明了为什么不能只从主观感受来判断幸福，因为主观感受的优劣也必须用价值观来判断。

综上所述，我们可以看到，哲学史上谈幸福，就是从价值观出发的。

3. 立足于价值观看幸福

谈幸福问题，价值观是绕不过去的，不从价值观出发，幸福问题就没法说清楚。人生在世，价值观是最重要的，决定了人生的境界，对幸福的不同理解实际上就导致了不同的人生境界。有人可能会说，价值观也是因人而异的，没法讨论。我说可以讨论，评价不同的价值观是有一个标准的，这个标准就是人性。

我们来看一看，人身上什么东西是最宝贵的，是最值得珍惜的，我们让它们处在一种好的状态，让它们的价值得到实现，人生就是幸福的。我认为人身上有两样东西是最宝贵的，其实这也是多数哲学家的看法，哪两样东西呢？一是生命，二是精神。生命是最基本的价值，没有生命什么也谈不上。同时，人不只是生命，还是精神性的存在，这是人和其他生命的区别之所在。我写过这样的一段话：老天给了每个人一条命，一颗心，把命照看好，把心安顿好，人生即是圆满。那么，怎么算是把命照看好呢？我认为生命应该是单纯的，把命照看好，就是要保护好生命的单纯，珍惜平凡生活。怎么算是把心安顿好呢？我认为精神应该是丰富的，把心安顿好，就是要积聚心灵的财富，注重内在生活。人有两个最主要的身份，一个是自然之子，一个是万物之灵，尽好老天赋予人的这两个主要职责，好好当自然之子，好好当万物之灵，人就幸福了。

所以，幸福就在于生命的单纯和精神的丰富。这两条是最重要的，没有这两条，物质的东西再多也不会真正幸福，有了这两条，物质的东西少一点也是幸福的。从主观上说，生命的单纯和精神的丰富是好的品质，具备这两种品质，也就具备了幸福的能力。从客观上说，是好的状态，如果你二者的状态是好的，那么从客观上评价你就是幸福的。立足于价值观看幸福，幸福问题就变得清楚简单了，你是可以支配自己的幸福的，因为你可以支配自己的价值观。

用这两条衡量，我觉得我们时代的重大迷误是过分地从外在方面去寻求幸福，把金钱、财富、物质的东西、外在的成功看得太重，大家一窝蜂都在追求这些东西。当然，你可以追求，但不要忘了最重要的东西，就是让你的生命和精神有一个好的状态，那才是真正能使你幸福的东西。如果你为了追求外在的东西把生命和精神的状态弄得不好了、混乱了，你就是因小失大，很划不来，结果一定不幸福。现在的情况就是这样，大家活得很忙很累，但并不幸福，毛病就出在价值观上。所以，你一定不要随大流，到底什么能让你真正感到幸福，你要去问自己的生命，问自己的灵魂。

幸福在于生命的单纯

1. 区分生命本身的需要与物欲

生命本来应该是单纯的，为什么会变得复杂？一个重要原因是把生命本身的需要和物质的欲望混为一谈了。当然，生命需要一定的物质条件，但所需的物质是有限的，因而是容易满足的。大自然既然把你产生了出来，就已经给了你一个使你能够生存的物质环境，你要生存下来并不难。超出自然需要的物欲不是生命本身带来的，而是社会刺激出来的，是人比人比出来的，看见别人有了我也要有，没有就好像低人一等，这个东西是社会的竞争造成的。其实，物欲带来的快乐比生命本身的快乐浅和窄，比精神的快乐低。生命本身的快乐是生命根底里的快乐，又是自然广阔天地里的快乐，既深刻又宽广，可是，物欲不但把生命的单纯状态破坏了，而且遮蔽了生命本身的需要和快乐。

中外哲学家都强调，生命本身的需要和物欲是两回事。伊壁鸠鲁说：超出自然需要以上的欲望是造成痛苦的根源。自然需要本身是有限的，容易满足的，可是，如果你超出自然的需要去追求物质，那是没有尽头的，你就走上了一条痛苦的不归路。

在中国哲学里，道家最强调生命本身的需要和物欲的区别。《淮南王书》里有一句话："全性保真，不以物累形。""全"就是完全、完整，"性"就是天性、本性，"保"就是保护，"真"就是真实，你要保护好你的完整的真实的生命状态，不要用物质去损害它。这也就是庄子经常说的"保其性命之情""不失其性命之情"，他还说："丧己于物，失性于俗者，谓之倒置之民。"意思是说，如果你把你的自我丧失在物质里面了，把你的本性丧失在世俗里面了，你就是一个颠倒的人。什么颠倒？就是价值观颠倒了嘛。

那么，生命本身有些什么样的需要呢？人是自然之子，作为一个生命需要什么，是由大自然规定的。在我看来，那其实是一些平凡而又永恒的需要，但它们构成了生命的核心。大致说来，在和自然的关系上，人要有良好的自然环境，要与自然和谐相处；在人自身，有对安全、健康、闲暇的需要；在人与人的关系上，我特别强调要珍惜和享受那些自然性质的情感，就是爱情、亲情、家庭。所有这些需要都是生命本身的需要，为物欲忽视它们，牺牲它们，就是价值的颠倒。下面我着重谈其中的两项。

2. 与自然和谐相处

人是自然之子，在合宜的自然界环境中才能生存和发展，这是一条永远的规定。所以，有一个好的自然环境，与自然和谐相处，永远是生命最根本的需要，是人类幸福的永恒前提。这个道理丝毫也不复杂，但常常被我们忘记了。

从个人来说，我们要亲近自然，亲近土地。人类的技术日新月异，给我们带来了许多便利，但也使我们离自然越来越远，反正我自己并不觉得我们比古人幸福。李白当年"一生好入名山游"，走了许多崎岖的路，留下了许多不朽的诗。我们现在乘飞机往返景区，乘缆车上山下山，倒是便捷了，但看到、感受到的东西可有李白的万分之一，我们比李白幸福吗？苏东坡当年夜游承天寺，对朋友感叹道："何夜无月，何处无竹柏，但少闲人如吾二人耳。"我们现在更少这样的闲人，而最可悲的是，从前无处不有的明月和竹柏也已经成了稀罕之物，我们比苏东坡幸福吗？

在自然环境中，对于人类来说最重要的因素是大气、水、土地。可是现在，我们看到，这三个因素都遭到了破坏，大气污染，水污染，水资源枯竭，土地和森林大面积消失，这些问题都非常严重。我们应该认真地反省一下我们现在的发展方式。德国哲学家海德格尔曾经批判现代人对待自然的态度，他称之为技术的方式，就是把自然万物都看作能源。相反的方式，他称之为诗意的方式，就是承认自然万物都有自身的存在、自身的价值、自身的权利，人类应该尊重。现在我们也经常引用海德格尔的名言"诗意地栖居"，可是这句话从我们口中说出来几乎成了一个讽刺。在全国性的开发热潮中，我们眼中已经没有自然界，只看见资源、能源，只想着用它们赚钱，结果也就真的没有自然界了，我们周围的自然已经面目全非了。为了开发而破坏自然，这真正是本末倒置，是在毁掉我们生命的根本。

现在讲低碳，有的人就说低碳的目标是低碳高增长，去年经济危机，强调的也是怎么样保住高增长。我就想不通，为什么一定要高增长？高增长就是幸福吗？发展慢一点有什么关系？你真正比较起来，到底高增长重要还是人与自然的和谐、社会的和谐重要？所以我觉得，我们的确要好好反省，对于人类的幸福，对于我们民族的幸福，到底什么东西是最重要的。

3. 自然情感的享受

我一直认为，在人生幸福中，自然情感的享受占据很大的比重。我自己回忆我这一辈子，幸福感最强烈的时候是什么时候？无非是两段时光。一段就是青春期，我十七岁上北大，有一天突然发现世界上有这么多漂亮的姑娘（笑声），心里喜悦啊，觉得世界真是太美好了，人生真是太美好了，一定有一件我还不太清楚的、非常美好的事情在等待着我。一等就等了好多年（笑声），因为那个时候大学生是不准谈恋爱的。即使让谈也轮不上我，我上学早，进了大学还在长个子，女生都比我大，看不上我（笑声）。不过，我觉得，谈没谈恋爱不重要，那一种恋爱的心情是最宝贵、最幸福的（笑声，掌声）。看世界、看人生都是一种恋爱的心情，包括看书也是这样，那么单纯，那么痴迷和陶醉。我的体会是，青春期真的是在和整个世界、整个人生谈恋爱。

另一段时间就是当上了爸爸的时候，又一次觉得世界太美好了，人生太美好了，又一次感觉有一件还不太清楚的、非常美好的事情在眼前慢慢展现出来。亲自迎来一个小生命，这的确是人生中无比幸福的时光，每一天都有惊喜，都充满了幸福感。我这个人真的很喜欢当父亲，其乐无穷。经常有人问我，说周老师，在哲学家、作家和学者这三个身份中，你最看重哪个。我说都不看重，都无所谓，我只看重一个身份，就是父亲。别的都可有可无，都可以不当，但是我一定要当父亲（掌声），不当父亲，我真是不甘心，死不瞑目。

大家知道，我第一次当父亲的经历是很不幸的，我的第一个女儿妞妞患有一种先天性的癌症，双眼视网膜母细胞瘤，她只活了一岁半。我为她写过一本书，叫《妞妞——一个父亲的札记》，相信在座会有人读过。妞妞离我而去以后，我觉得内心空落落的，人生没有意思了。好在老天没有抛弃我，看我喜欢当爸爸，当得还不错，又给了我一个女儿。不久前，我为我的第二个女儿啾啾也写了一本书，叫《宝贝，宝贝》，我在里面写了当父亲的心情。

一个小生命刚来到的时候，其实就是一个小动物，是个幼兽，那时候我们大人也就变成了成年兽，整天照料这个小动物，给她擦屎擦尿，洗澡喂奶，非常忙碌，忙的都是一些很琐碎的事，基本过的是一种动物的生活。但是，我觉得当成年兽的滋味好极了，我们平时生活得太复杂了，当人当得太累了，面对一个小生命，我们又回到了一种自然状态，生活重新变得简单了。我喜欢伺候孩子的小身体，包括给她喂奶。有时候，她妈妈看我给孩子喂奶喂得那么陶醉，就说你不要以为你在给孩子喂奶，这个奶水就是从你的身上出来的（笑声）。我当时就回了她一句，说我真的感觉我整个人变成一个大奶瓶了（笑声）。不过，我和孩子毕竟隔了一层。看妈妈给孩子哺乳，孩子在她怀里那么陶醉地吮吸乳头，我真的很羡慕。我羡慕女人能怀孕和哺乳（笑声），那种母婴生命交融一体的感觉，我们男人是永远体会不到的，只能在旁边猜想。我觉得这是男人的一个缺陷（掌声），不能怀孕和哺乳。大自然把这个最神秘、最伟大的过程放在女性的身体里，这是对女性的厚爱。其实这不是我说的，是老子说的，老子把女性比作道，道是他的哲学里的最高概念，世界的本质，还说女性的生殖系统是天地的根，他是世界历史上第一个女性主义哲学家。

等到孩子慢慢大了，我的身份就由成年兽转变成了她的秘书。一个小孩在两三岁会说话以后真是妙语连珠，经常会说出让你意外和惊喜的话，我就想，这么精彩的话怎么能让它随风飘走呢，于是随时给她记下来。我女儿两岁就知道了，她说了一句话，我说宝贝你说得真棒，她就马上说，爸爸你给我记下来（笑声）。她很认我这个秘书，而我当秘书也当得有滋有味，当得很称职。其实我的写作任务挺多的，有很多计划，但是我对自己说，那些计划都可以靠边站，可以慢一点完成，以后可以补，可是和孩子在一起的时光是弥补不了的，过去了就过去了。听到孩子的妙语，当时你非常惊喜，但是不要说过了一两天，可能一晃你就忘记了。记忆力再好的父母，孩子小时候的情况能回忆起来的也是很有限的，是支离破碎的。所以，我当时就有一个明确的意识，就是要把它留下来，这不但是我生命中的珍宝，也是孩子生命中的珍宝，等她长大了，我就把为她写的日记加以整理，送给她作为她的成年礼物。一个父母给孩子的礼物能够有比这个更好的吗？肯定没有了。当然，我已经把它写成了书，不过，哪怕不写书我也一定会记，以后自己做成一本小书送给她。其实那本书不小，我写的书一般都比较薄，都是二十万字以内的，这本书二十八万字。我当时给她记录的日记有六十万字，从她出生一直记到她上小学六年级，以后就让她自己记了，那应该是她自己的事情了（笑声）。

其实，我说的这些都是人之常情，但你必须有亲身体验，否则我跟你说了也白说。有一年我在北京坐出租车，司机是个小伙子，从上车开始，就和我讲他的小孩，他刚有了一个一个月大的女儿，讲啊讲，一直讲到我下车。临下车时，他跟我说：你知道吗，我以前最讨厌的就是别人跟我说他的小孩，婆婆妈妈的，琐琐碎碎的，有什么意思？现在我自己有了小孩，我忍不住要说啊（笑声）。我说：这就对了，这说明你是一个人，是一个活生生的生命。

后来我就分析，为什么孩子会给人带来这么强烈的幸福感？可能是这样的：性本能其实分两个层次，浅层次是快乐本能，就是男女之间的事儿。孩子来了，一直潜伏着的深层次才显现出来，那就是种属本能，它以势不可挡的力量觉醒了。这是大自然的狡计，让你男欢女爱，让你贪图快乐，结果弄出来了一个孩子，接着就让你辛苦，还让你感到这辛苦是更大的快乐。不过，我觉得挺好，就算中了大自然的狡计，那快乐是实实在在的，是生命根底里的快乐，而做一回大自然的工具也不是耻辱，从生命的角度看，世上有什么事业比种属延续更伟大？为人父母恰恰让我们体会到，生命既是巨大的喜悦，也是伟大的事业。

亲情是人生幸福的重要方面，其实在我看来，不但亲子之情是亲情，爱情最后也要落脚到亲情。什么是爱情？就是在人世间寻找那个最亲的亲人，两个人相依为命，共度此生。年轻的时候，我们对爱情的看法很浪漫，好像爱情必须是两个人一见钟情，如痴如醉，要死要活，但这样一种激情状态肯定长久不了。因为热恋而结婚，然后激情慢慢转变成亲情，这是最好的结果了。如果两个人之间最后真的是最亲的亲人这种感觉，爱情就是圆满的。

4. 回归生命的单纯

美国哲学家爱默生说："婴儿期是永生的救主，为了诱使堕落的人类重返天国，它不断地重新来到人类的怀抱。"亲自迎来一个小生命，这的确给了我们一个特别好的反省的机会，使我们的生命得以净化。我们平时生活得太复杂了，做的许多事情和生命本身没有什么关系。当然，既然在社会上生活，这是没有办法的，但是我们应该经常寻找机会，让自己回归生命的单纯，体会一下生命本真的状态。在婴儿身上，我们看到了这个状态，我们自己刚来到这个世界上的时候，也是这样一个单纯的生命。虽然后来变得复杂是不可避免的，但是我们要清醒，要尽量保护好生命的单纯。

很多年前，我收到过一个读者的来信，是一个女孩子写给我的，信写得非常好，我看了非常感动。她在信中说，周老师，我读你的书的时候，从来没有把你当成一个散文家，一个学者，我的感觉是，你是一个生命在那里静静地诉说，我也是一个生命在这里静静地聆听。最后的落款，她没有写自己的名字，而是写了一句话：生命本来没有名字，我是，你是……我很想给她回信，但是没法回，信封上也没有地址，只有一个邮戳是河北怀来。（听众：她是天使。）是啊，我就写了一篇文章，标题就用她最后的那句话：生命本来没有名字。这句话说得太好了。我们大家想一下，每一个人来到这个世界上的时候，就是一个生命，没有名字，也没有身份、地位、财产、权力、名声等等，这些都是后来才有的，是在社会上混的过程中慢慢堆积到生命上去的，不是生命本身带来的，我把它们称作生命上的堆积物。可是，时间久了，我们就把这些堆积物看得比生命本身更重要了，忘记生命本身的需要是什么了。这就是本末倒置。当然，我们在社会上生活，离不开这些堆积物，但是你内心要清醒，不能总是为这些堆积物而活，至少要分一点时间给生命本身，满足生命本身的需要，比如亲近自然，享受亲情。你不能永远生活在一个功利的世界上，你要不时地抽身出来，回到生命的世界来。否则的话，你生命上的堆积物再多，比如说财富再多，地位再高，名声再大，生命本身却是荒芜的，你就仍然是一个不幸的人。

人在世界上生活，应该力求两个简单，一个是物质生活的简单，一个是人际关系的简单。有了这两个简单，你的心就会是宁静的。人为什么会烦恼？就是因为在这两个方面都太复杂了，物质生活上是财富的无穷追逐，人际关系上是利益的不尽纠葛，结果烦恼不断。

生命的单纯，体现在人际关系上，就是人与人之间彼此以生命相待，这就是同情心，就是善良。今天的社会之所以道德缺失，一个重要原因是不单纯，活得太复杂，把堆积物看得太重要。我相信，如果一个社会的成员普遍保持生命的单纯，人际关系就一定简单，社会就一定和谐。

两性之间也是这样，应该单纯一点，真正作为生命互相对待，才会有真爱。如果复杂，掺进许多利益的计算，爱就一定变质。在这一点上，我们不妨把人和动物做一个比较。动物的两性关系是很单纯的，诚然也会有争夺配偶的斗争，但绝对不会有金钱、财产、地位、权力等因素夹杂在其中，只有人才会这样。结果怎么样？我揣测人的性快乐很可能不如动物，因为不纯粹。当然，在两性关系中，人可以也应该有高于动物的方面，就是精神上的互相吸引和欣赏，我们把这叫作爱情。可是，如果没有生命单纯的前提，利益至上，这个更高的方面就无从谈起。所以，我认为，好的性爱有两个要素，一个是纯粹身体的吸引和快乐，一个是纯粹心灵的共鸣和愉悦，而利益的介入对两者都是破坏。

在生命的单纯这一点上，人真应该学一学动物。人有理性，因此而高于动物，但理性起的作用并不都是好的。古希腊哲学家德谟克利特说：动物如果需要某样东西，它知道自己需要的程度和数量，而人却不然。许多时候，人的理性反而是起了坏作用的，使人在自己生命需要的问题上变得复杂而无知，这是其一。还有其二，动物的凶猛仅限于本能，只是为了生存，人残暴起来可不得了，可以做出对生存毫无必要的坏事，以酷刑本身为乐。自然界里找不到一种动物，会像人这样虐待和屠杀自己的同类。经常有人说，人堕落了会沦为禽兽，我说这是对动物的诬蔑，事实是人堕落起来比禽兽坏无数倍。

5. 珍惜平凡生活

生儿育女，亲情，家庭，这些东西的确很平凡，人类千百万年以来一直是这样过的。但是，正是这种平凡的生活对于人类来说是最重要的，有了这个东西，人类就能世世代代延续下去，没有这个东西，人去做其他各种各样的事情还有什么意义？所以，我认为，我们应该有一个觉悟，就是珍惜平凡生活的价值。我们往往有很多的野心或者说雄心，要在这个世界上轰轰烈烈地干一番事业，要铸造辉煌、卓越等等，我说你可以那样去干，但是你千万别忘记了，平凡生活仍然是你生活中最重要的部分，是人类生活中最重要的部分，它们组成了人类生命的永恒的核心和基础。说到底，一切的不平凡最后都要回归到平凡，都要用对平凡生活做出的贡献来衡量它们的价值。如果平凡生活过不好，你再不平凡，再精彩，我觉得那都是空的，其价值都很有限。

法国哲学家蒙田说：一个人能够和家人和睦相处，这是人生的重大成就。我觉得他说得很对。一个人事业再辉煌，在社会上成就再大，如果不能和家人和睦相处，甚至完全没有时间和家人相处，家不成其为一个家，我认为你的人生就是有根本缺陷的。英国哲学家霍布斯说：怀有野心的人是不会把时间浪费在妻子和朋友身上的，他不得不把全部时间奉献给他的敌人。说得真好，的确有这样的人，把全部时间用来争权夺利，勾心斗角，却舍不得花一点时间来陪家人，还自吹是为了事业而牺牲家庭生活。

在生活中，每当有亲人去世的时候，我们往往会追悔，谴责自己没有好好珍惜相处的时光。可是，事实上，相遇是缘，分离却是命，再亲的亲人也是时时刻刻在走向分离，因为总会有人先走，只能陪一程。所以，不要事后追悔，现在就要珍惜。杨绛几年前写过一本书叫《我们仨》，她在书里说，这辈子最大的成就是"我们仨"，就是她、钱锺书以及女儿钱瑗这三个灵魂在这个世界上相遇了。她和钱先生都是大学者、大作家，但她并不认为这算多大的成就，最大的成就是有这一个好家。那么，钱先生和钱瑗在同一年去世，这就是最大的痛苦，她在书中不断地叹息，我们仨失散了，永远地失散了。我很理解她的感受。如果你有一个好家，最悲哀的事情是什么？就是总有一天会失散，而且再也没有另一个世界让你们重逢了。所以，一定要珍惜现在的每时每刻。人很容易被日常生活消磨得麻木，对生命不敏感，有必要经常提醒自己，不要忽略和错过了人生中那些最珍贵的价值。

一个人活在世界上，一定要有相爱的伴侣、和睦的家庭、知心的朋友。你再忙也一定要和自己的家人一起吃晚饭，餐桌上一定要有欢声笑语，这比有钱、有车、有房重要得多。你钱再多，车再名贵，房再豪华，可是没有这些，和谁之间都没有真爱，那你其实是非常可怜的，你在这个世界上是一个孤魂野鬼。相反，即使穷一点儿，但是有这些，你就是在过一个活人的正常生活。

其实，对社会来说，对一个国家、一个民族来说，也是一样。你说一个时代、一个国家，我们用什么标准评判它好不好？中国的老百姓有一个很朴素的标准，他们把历史上的时代分为治世和乱世，治世就是老百姓能够安居乐业，大家都能好好过平凡生活，乱世就是兵荒马乱，或者贪官污吏横行，老百姓不能安居乐业，平凡生活遭到了破坏。我觉得老百姓的标准是对的，如果不能安居乐业的话，你 GDP 再高，国势再强盛，有什么用？所以，安居乐业是最低标准，也是一个最基本的标准。

幸福在于精神的丰富

1. 享受人的高级属性

人有两个身份。一个是自然之子，人应该遵循自然之道，活得单纯一点，这是幸福的一个重要方面。人还有一个身份，就是万物之灵。中西哲学里都有这个说法。在中国，最早说"万物之灵"这个词的是宋代哲学家邵雍。在他之前，荀子已经说过，人因为有道德属性也就是"义""故最为天下贵也"。在西方，苏格拉底、柏拉图都强调人是精神性的存在，这是人与万物的根本区别。作为万物之灵，人要对得起老天所赋予的精神属性。亚里士多德说，精神属性是人身上最高贵、最神圣的部分，是人身上的神性，享受精神属性就是在过神的生活，是人的最高幸福。事实上，满足精神需要，享受人的高级属性，的确是幸福的更主要方面，是幸福的更重要源泉。在物质生活有了保障之后，幸福主要取决于精神生活的品质。在一定的意义上，享受生命仍是做动物的快乐，享受精神属性，人真正作为人生活，才是严格意义上的做人的幸福。

把精神需要的满足、精神能力的实现本身看作幸福，看作价值和目的，这在欧洲是一个传统。这也是马克思的思想，马克思是属于欧洲文明传统的伟大思想家，我们以前把他割裂开来看，其实是很走样的。马克思心目中的理想社会、共产主义社会是怎样的？我们往往只强调他关于消灭私有制和阶级的论述，这是片面的。《资本论》第三卷里有一段话，表达了马克思心目中共产主义社会的最重要特征。他说：自由王国只是在由必需和外在目的规定要做的劳动终止的地方才开始，它存在于物质生产领域的彼岸，那就是作为目的本身的人的能力的发展。这段话好像比较拗口，我来解释一下。

马克思的共产主义理想，其实是建立在他对人的本质、人性的看法的基础之上的。他认为，人最重要的本质、人和动物的最根本区别，就在于人有自由活动，而动物没有。动物是不自由的，它受必然性的逼迫，仅仅为了维持生存而从事活动，它所有的活动都只是为了活命。人不一样，因为人有精神能力，可以超出生存的需要活动，这叫作自由活动。可是，如果人仍然仅仅为了生存、为了物质生活的满足在那里活动，人就和动物没有根本的区别了，就没有真正从动物界脱离出来，就仍然生活在必然王国里。只有当人从物质生产领域里解放出来了，活动的目的不再是生产物质资料，而是什么呢？就是马克思说的：人的能力的发展本身就是目的。整个社会只需要用很少的时间去生产物质资料，身体和物质方面的需要就能够满足了，那么，绝大部分的时间，大家在那里活动，就完全是为了发展自己的能力，享受自己的精神禀赋，满足自己的兴趣爱好，比如说，喜欢艺术的就搞艺术，喜欢科学的就搞科学，一点实用的目的也没有，在马克思看来，这才是自由王国，才是理想社会。

马克思认为，资本主义社会生产力已经很高了，应该可以让大家过上这样的生活、从事这样的自由活动了。可是，因为物质生产资料掌握在少数资本家手里，大多数人仍然不得不为了谋生而工作，人的活动被贬低成了维持肉体生存的手段，这就是他所说的异化。

所以，必须消灭私有制，消灭阶级，建立共产主义社会。他的思路是这样的，消灭私有制和阶级、搞共产是手段，目的是实现自由王国，让所有人都能充分享受人的精神属性，过上符合人的最高贵本性的生活。

马克思的理想究竟能否实现，会以怎样的方式实现，这些都可以讨论。我觉得重要的是要领会他的出发点，就是人应该享受精神属性，过一种符合人的最高贵本性的生活。个人也好，人类也好，在一定时期内不得不为生存去做很多事情，把主要精力用于谋生，这是没有办法的。但是，我们要清醒地看到，这是一个低级阶段，应该创造条件超越它。无论个人，还是人类，如果谋求物质不是为了摆脱物质束缚而获得精神的自由，人算什么万物之灵呢？

从一个国家、一个民族来说，你现在不可能让大家都从事马克思所说的自由活动，但你至少可以做到在法律上保护人们有必要的自由时间，有一个满足个人爱好的空间。最近发生的富士康十二连跳，我觉得原因就在那些工人过的不是人的生活，每天加班加点，分工又那么细，一天十几个小时做同一个简单的动作，工作毫无意义，生活毫无意义，没有一点做人的快乐和尊严，那么在高楼上从窗口一看，还是外面的世界美好，跳下去吧，就此解脱。这个企业这么富，完全可以让工人生活得有尊严一些，在这件事上，资本家有责任，政府也有责任，你本来应该用法律来管束资本家，保护工人，但你没有尽到这个责任。

从个人来说，应该记住，人生在世，如果生存问题基本解决了，精神价值就应该成为主要目标。一个人穷的时候，肚子最重要，脑子不得不为肚子工作。不穷了，能吃饱了，肚子是最不重要的，脑子就应该为心灵工作了。现在的青年人生存压力很大，我很同情，不过我想，你不妨把物质上的目标定得低一点，这样就可以早一点开始精神目标的追求。我相信人是有精神本能的，而人和人之间精神本能强度的差别非常大，精神本能强的人，比较低的物质水平他就会满足，他会压抑不住地要去满足自己的精神本能。我研究生毕业的时候，住的是6平方米的地下室，出门骑的是一辆破自行车，但那时候我真不觉得有多苦，天天在地下室里读书写作，自得其乐，回过头看，当时写的东西在我的全部作品中属于质量最高的。无论如何，我不觉得物质生活的清苦会成为精神生活的障碍。

人应该享受自己的精神属性，这是幸福的主要方面。那么，人有些什么精神属性呢？可以相对地区分为三个东西。一个是理性，人有思考能力，有智力生活。一个是情感，人有感受能力，有心灵生活。一个是道德，人有精神追求，有灵魂生活。我着重讲前两个方面，智力生活和心灵生活，二者构成精神的丰富。道德属于精神的高贵，当然也是幸福的重要源泉，甚至可以说是做人的最高幸福，但是，这个问题很大，需要专门花时间谈。

2. 拥有真正的事业

享受精神属性，其中很重要的一条是享受智力生活。老天给了你理性的能力，你要用它，享受它。怎么享受？在我看来，最主要的享受方式，一是学习，二是工作。

先说学习。人的智力、理性能力，主要因素是好奇心和独立思考能力。好奇心，就是对世界、对事物、对知识充满兴趣，要把未知变成知，求知本身就是快乐。一个人如果对什么都没有兴趣，他的生活一定是无趣的、不快乐的。独立思考能力，就是对自己感兴趣的事物，要用自己的头脑去探究真相，寻找答案。这两个因素，通俗地说，就是喜欢动脑筋，善于动脑筋。我认为，在学生阶段，智育的主要目标就是要养成这样一种智力活动的兴趣和习惯，而不是某些具体的知识，表现在学习上，就是喜欢学习，并且善于根据自己的兴趣来安排自己的学习。一个学生做到了这一点，他的智力品质就是好的，他的智力教育就是合格的。人是要一辈子学习的，学生阶段的学习只是为一辈子的学习打基础，打什么基础？就是快乐学习和自主学习的能力，有了这两种能力，你喜欢学习，善于自学，你一辈子的学习就有了良好的开头，就是可持续的。

再说工作。我说的工作，其实是和你的一辈子的学习分不开的，就是你找到了一个最适合于你的领域，在那里面深造，去发展和实现你的能力，享受智力活动的快乐。这个意义上的工作，是人生幸福的特别重要的领域，你拥有了这个意义上的工作，也就是拥有了真正属于你的事业。什么叫事业？在我看来，就是你找到了一个领域，在那个领域里，你的最好的能力能够得到最好的运用和发展，那个领域就是你的事业。但是，要拥有这样的事业，前提是你的智力品质是好的，你确实养成了智力活动的兴趣和习惯。

仔细分析起来，一个人的能力可以分为两个层次。一个层次是一般的智力品质，就是养成了智力活动的兴趣和习惯，爱学习，善于思考。另一个更深的层次是每个人的独特禀赋。我相信老天让我们每一个人来到这个世界上，一定是把他造得和别人有所不同的，一定是给了他一点独特的东西的，所以，在这个世界上，一定有一个特别适合于他的领域，有一种他能做得特别好的事情。当然，在很长时间里，他可能不知道自己的那一点独特的东西是什么，不知道最适合于他的领域在哪里。其实，我在很长时间里也是不知道的，大学毕业很久了还不知道。不过，只要一般智力品质是生长得好的，你迟早会找到这个领域。一般智力品质生长得好不好，这一点非常重要，会有很不同的结果。首先，我相信，一般智力品质好的人，他无论从事什么职业，哪怕这个职业不是他喜欢的，他的智力品质仍然会表现出来，做同样的事情，他和智力品质差的人是不一样的，会有很不一样的质量。其次，一般智力品质好是一个前提，在这个前提下，一个人的独特禀赋才可能慢慢地显现出来。如果一般智力品质差，你是一个不爱学习、不爱思考的人，那么，上天给你的那一点独特的东西就永远不会显现出来，就会永远被埋没了。

你做的事情是不是你的真正的事业，可以用两个标准来判断，一个是真兴趣，一个是意义感。真兴趣，就是你在做你真正喜欢做的事情，你做得非常愉快，哪怕不给你报酬，哪怕得不到别人的认可，你还是要做。你是对事情本身感兴趣，而不是对它可能带来的利益感兴趣，这就证明这件事情是和你的天赋、性情相适合的，它确实是属于你的。意义感，就是通过做这件事情，你觉得你的价值真正得到了实现，你的人生因此是有意义的。

我相信，无论哪个领域，凡是做出了巨大贡献的人物，都是热爱自己的工作的，这种热爱的源泉绝不只是外来的责任，主要是真心地喜欢，是通过创造性的工作享受自己的能力，实现自我的价值，从中获得莫大的快乐。人的能力有大小，但有一点是共同的，就是一个人有自己真正喜欢做的事，才会活得有意思。

当然，在现实生活中，职业和事业可能发生分离，你不喜欢你所从事的工作，但又不能靠做你喜欢做的事来养活自己。我说，这没关系，只要你确实有自己真正喜欢做的事情，你不要放弃，哪怕业余做也行，慢慢寻找机会把你的兴趣和职业统一起来。如果你在这个事情上的确有才能，我相信一定会有机会的。即使始终没有机会，你的生活质量和那些没有自己的爱好的人也是不一样的，你的爱好还是给你的生活增添了色彩和意义。我看到有一些人，是在退休以后才开始做自己喜欢做的事的，他们有很充实的退休生活，真好像是开始了第二个人生。可是，你看那些没有自己的真兴趣的人，一旦退休了，真的很可悲，他的空虚就暴露无遗了，那个日子真是没法过下去。很多人退休以后很快就蔫了，老得不成样子了，这是重要原因。兴趣能使人年轻，保持活力，对养生也大有好处。学者中多寿星，多百岁老人，就是这个道理。

3. 积聚心灵的财富

精神的丰富包括两个方面，一个是智力生活，落实到拥有自己喜欢做的事，自己真正的事业，另一个就是情感生活。这里说的情感是广义的，不只是爱情、亲情、友情这些具体的情感形态，而是对于世界和人生的情感体验。智力是认识和思考能力，情感是感受能力。作为一个人，你不但要运用你的思考能力去做事，还要运用你的感受能力去体验世界的美和人生的意义，那样才是作为一个完整的人在生活。

人人都在这个世界上生活，但是，每个人眼中的世界其实是很不一样的，你的心灵状态决定了你所看到的世界的面貌。一个心灵贫乏的人，他看到的世界也必定是贫乏的，如果他只关心物质和利益，他在世界上也就只能看到物质和利益。只有内心世界丰富的人，才可能发现和欣赏世界的丰富的美。同样去巴黎，有的人只知道逛那些奢侈品商店，对于他们来说，这个艺术之都展出的无数伟大艺术品等于不存在，卢浮宫、奥赛、罗丹博物馆等于不存在。所以，心灵状态不同的人，实际上也就是生活在不同的世界里。

丰富的心灵是自己身上的快乐源泉。心灵的快乐是自足的，如果你的心灵足够丰富，即使身处最单调的环境，你也不会太寂寞。本来每个人都可以有这个源泉的，可惜的是有些人从来不去关照自己的心灵，任其荒芜，使人生幸福的一个重要源泉枯竭了。

那么，怎样才能使自己的心灵丰富呢？当然，可以有各种途径，比如到大自然中去体验，到有文化积淀和特色的地方去游历，欣赏艺术作品，等等。根据我自己的经验，我说两个比较有普遍性的和比较容易采用的途径，一是阅读好书，二是养成写日记的习惯。我们要积聚心灵的财富，财富从哪里来？有两个重要的来源，一个就是人类所创造的精神财富，它们主要是以书籍的形式存在的，阅读就是把这些财富占为己有的过程。另一个就是你自己的经历，应该通过某种方式把你的外在的生命经历转变成你的内在的心灵财富，我觉得写日记是一个很好的方式。我想重点说一下这后一个方面。

一个人最宝贵、最可靠的财富是什么？就是你的经历，以及你在经历中的感受和思考。真正说来，金钱是最不可靠的财富，无忠诚可言，它无名无姓，今天在你这里，明天会到别人那里去，后天又可能回到你这里。物质的东西都是这样，可以得而复失，失而复得。唯有你的经历，你在经历中的感受和思考，是仅仅属于你的，如果你珍惜，谁也夺不走，可是，如果你自己不珍惜的话，丢了就到哪里都找不回来了。怎么珍惜？写日记是一个好办法。

　　我自己感觉我从写日记得到的好处太大了。一个养成了写日记习惯的人，他是用心在生活，他会留心生活中那些有意义的经历，他不但在用肉体的眼睛看，他的灵魂的眼睛也是睁开着的，因此他是生活得更加积极、更加投入的。相反，有的人可能就是日子一天天过去了，什么也没有留下，把有限生命中的每一个宝贵的日子随时都消费掉了。写日记的另一个好处是让人生活得更加清醒、更加超脱。人有两个自我，一个是肉体的自我，这个自我在社会上打拼，有快乐也有痛苦，有顺利也有挫折，会遇到喜欢的人也会遇到讨厌的人。人还有另一个自我，那是一个更高的自我，哲学把它叫作理性，宗教把它叫作灵魂，在写日记的时候，这个更高的自我觉醒了，是它在审视和反思那个肉体自我的经历，在替它分析，在指导它。这实际上就是在和自己的灵魂进行交谈，这样做的时候，你是站在你的外部经历之上，所有经历包括那些看似负面的经历都成了你的认识材料，都可以转变为你的财富。我一直建议，凡是会写字的人都要养成写日记的习惯，重要的不是留下文字，而是通过这个方式经常和自己的灵魂交谈，把这变成一种日课。如果只是自己坐在那里想，不写下来，这个交谈就难以经常化，难以坚持。

人在世上生活，常常要和他人交谈，但不能缺少两种最重要的交谈，一种是和活在书籍中的伟大灵魂交谈，一种是和自己的灵魂交谈。换句话说，人不能缺少两个最重要的朋友，一个是好书，一个是自己。朋友遍天下，但是没有这两个朋友，不爱读书，害怕独处，这种人活得很热闹也很空虚。大家千万不要以为读人文经典只是学者的事情，写作只是作家的事情，这是天大的误会。在我看来，本真意义上的阅读和写作都是非职业的，属于每一个重视心灵生活的人，只要你想过精神生活，你就一定会觉得这两样都是缺不了的，你就不由自主地要读好书，就不由自主地要拿起笔来写你的感受。这是没有专业之分的，不管你是理工科还是文科，都应该是这样的，都一定是这样的。

山东大学开场白

[开讲前的场面令人感动。预定下午二时开始讲座，中午，三百多座的会场已人满为患。这次是发票的，有票的学生大多还没到场，使得主办者感到为难。在座的校团委书记王君松说，在山大没敢发布讲座消息，一定是学生口口相传的。公安处出动了警察，试图清场，不成功。我到时，会场外聚集了两百多人，是被挡在门外的，看见了我，一张张年轻的脸上并无怨恨，而是朝我欢笑。进会场，所有空隙都站满了人，我被护送着从临时让出的窄道走过，人群中响起欢呼声和尖叫声。在台上坐下，面前全是年轻的笑脸。

席地坐在台下的一个女生向我高喊：周老师，我要让您知道，我爱您！响起一片笑声。应王君松书记要求，我向全场宣告：王书记让我关照大家一定要注意安全，同学们配合我，如果今天发生了安全的事故，我就成天下第一罪人了，担当不起啊，一定要注意安全。]

主持人：各位同学各位老师，大家下午好，欢迎光临山东大学人文纵横学术报告会，本报告会是由中国移动济南分公司和山东大学团委共同举办，由北京中文在线数字出版股份有限公司和山东大学哲学与社会发展学院协办。今天我们非常荣幸地邀请到了著名学者、作家周国平先生为我们作报告。（掌声）对周老师大家已经非常熟悉，很多同学甚至在脑海里面已经把周老师的模样魂牵梦绕了千百回（笑声），期盼能够近距离聆听周老师的人生感悟，面对面和周老师交流岁月与性情，这个梦想今天终于实现了。（掌声）在这里我想用我自己的视角用三个词来概括我对周老师的印象。第一个词是丰富，周老师从研究尼采进入哲学，又以哲学为梭穿越散文、诗歌和记事文学，织就了一幅多彩的思想画卷。周老师的作品能引领我们去领略各种不同的生命形态，包括男性和女性，情感和理性，喜悦和悲伤，高贵和卑微，善良与残酷，富有和贫穷。第二个词是慈悲，我觉得周老师是用慈悲之心进行包容，把上述的生命形态进行提升，把它们都作为尊重的对象，当作可以欣赏的美。慈悲其实是一种非常深远的智慧，是看过生命的脆弱和苦难之后真正生长出来的同情和觉悟。第三个关键词是守望，作为一位身具人文情怀的哲学研究者，周国平老师一直用诗人的眼光来探寻形而上学，用哲学的情感来透视心灵与人生，用文学笔触感悟善良、丰富和高贵。

在这样一个思想贫乏的时代，他始终没有放弃思想，在这样一个价值多元甚至逝去的时代，他把淡定和执着结合得恰到好处，他用学者的智慧、文人的细腻和正常的良知写作，守望着我们的精神家园。（掌声）周老师今天的讲座题目是《成功与幸福的人生哲学》，这是很多人都关注的话题，让我们倾听周国平先生的讲座。（热烈掌声）

周国平：这个场面让我很感动。（听众：其实我们很想告诉您我爱您。）（掌声）谢谢你们。其实我觉得你们看我的书就行了，听我的讲座你们会失望的，我这个人不太会讲话。（听众：我们喜欢您的一切样子。）（笑声，掌声）那你是盲目的呀。不过，我还是很高兴，山大的学子真可爱，今天的场面会永远留在我心中。你们这么热情地来听一个人讲话，只因为他写过几本书，对人生问题做了一点思考。这说明你们也在思考这些问题，我们是为了一个共同目的聚集在这里的，就是寻求一个幸福而有意义的人生。

山东大学现场互动

问：我想请周老师说一下男人和女人的关系？（笑声）

答：这个从何谈起啊？男人和女人是可以有各种关系的啊。（笑声）

问：我的困惑是渗透在生活的细缝里，人都希望得到真正的生活和爱，但是也都希望得到自由，实现理想，这样就会和父母有一些冲突。我想问的是，真正想做自己的事情，又和父母有冲突，怎么办？

答：孩子和父母之间的沟通是双方的问题，你父母也有责任，孩子小的时候，父母的责任更大一点，长大了以后，你自己可以积极主动一点。我不知道你们沟通的问题具体出在什么地方？这是中国父母和孩子之间的普遍问题，沟通太少，缺乏平等讨论问题的风气。我想你可以尝试着主动和他们谈心，求同存异，在家里慢慢地形成这样一种风气，好吗？

问：周老师您上网吗？

答：我上网主要是收发邮件和查资料，我的博客、微博基本上由助手打理，让她把我提供的内容贴上去，然后把网友的评论摘录给我看。我也建议同学们少上一点网，虽然今天是中国移动请我来的（笑声），但是我不主张你们花很多时间在手机阅读上（笑声，掌声）。这种阅读毕竟是碎片化的，我知道许多孩子喜欢在手机上读悬疑小说之类，据说很吸引人，但那些东西毕竟精神含量太少，算总账是得不偿失的。

问：首先我想对学弟学妹们说一句，课外阅读真的挺重要的。我是周国平老师的忠实粉丝，在《人与永恒》中周老师说过一句话：无所追求和寻觅的人们不会有迷惘和失落感，他们活得明智而充实。请问这句话该如何解释，我们应该有追求还是无所追求？

答：那句话你没有听出来是讽刺吗？（笑声，掌声）

问：从生命的单纯到精神的丰富，我认为您说的是灵与肉的和谐，就是灵魂不能超越生命本态的欲望去驱使肉体，肉体也不能为本身的享受而倦怠灵魂，您也提到人要追求现世的幸福，那么您怎么看待宗教中追求永世幸福而所引发的某些灵与肉的冲突呢？还是我错误地理解了您说的话，谢谢您替我解开这个困惑。

答：问题很好。今天我讲的是世俗层面上对人生意义的追求，人生意义的追求可以分为两个层面，一个是世俗的层面，世俗层面上的生活意义可以用幸福这个词代表，还有一个是超越的层面，就是信仰。宗教和幸福并非没有关系，其实它归根到底是要解决人在追求幸福时必定会面临的两大威胁。一个是肉对灵的威胁，如果人沉湎于肉体的、物质的快乐，就会堕落，从而无缘于精神的幸福。另一个是死对生的威胁，如果现世的幸福会被死亡一笔勾销，就没有什么价值了。宗教的主题是灵与肉、生与死的关系，就是要解除这两大威胁。但是，如果宗教推到极端，用灵否定肉，用死后的永生否定现世的生，就反而会更加损害现世的幸福了。所以，我主张中道、中庸，两方面达到比较好的平衡，我觉得这是可以做到的。

问：您谈到优秀和成功的关系，我很认同您的观点，但是我有个问题，就是怎么样来区分成功和优秀。优秀是自己对自己的定义，成功往往是外界对你的定义，当你没有得到外界认可的时候，你说你很优秀，是不是一种盲目的自信？

答：我们一般所讲的成功，的确是指外界的认可，标准很明确，无非是名和利。优秀的标准应该是内在的，就是智、情、德各方面的素质，但是这个衡量起来比较复杂，不是主观的，不是自己说优秀就是优秀，也不是外在的，不取决于社会是否认可你。我的意思是，你要把优秀作为主要目标，在这上面下功夫，至于优秀到了什么程度，那是相对的，也是无止境的，没必要做界定。更没必要让别人都承认你优秀，那样的话，你追求的其实仍然是外在的成功。

问：您知道我们当代的青年人压力特别大，我们现在没有钱，所以要为了钱而考研、考博、出国，在我们现在的年龄，应该怎么处理努力奋斗和享受感情的关系？举例来说，有的人认为谈恋爱是在享受最纯真的感情，有的人会认为你在浪费青春的时间，因为这个时间你应该去奋斗，有了钱之后才回归自己纯真的感情。我们青年人应该怎么做呢？

答：我很难想象，两个人相爱了，然后说我们停一停吧，先去挣钱吧（笑声），以后再恋爱吧，这可能吗？真的恋爱是自然发生的过程，而且是不可阻挡的，如果可以用一个计划把它阻挡住，那就不是真的，起码在程度上是很有限的。所以我想，如果你很幸运，遭遇了真的爱情，就没什么可犹豫的，而且为什么不能两个人一起去争取世俗的更好的前途呢？谈恋爱完全是浪费时间吗？我觉得恋爱是动力，可以让你做事更有热情，更有效率。（掌声）

问：老师刚才您说社会给了生命很多的堆积物，我们要追求生命的单纯和内心的清静，要抖落这些堆积物，但是当我们抖落这些堆积物的时候，是不是对社会的一种不负责任啊，应该如何处理生命和社会的协调关系呢？（掌声）

答：我说的堆积物是指那些功利性的东西，名声、地位、权力、财富、身份之类，我把它们称为堆积物，用了个贬义词，并不是指我们的社会责任。而且我相信，一个人如果能够保护好生命的单纯，没有很多功利的考虑，就更能尽社会责任，恰恰是现在很多人太功利了，所以才会对社会不负责任。

问：我们这么久以来都是接受的应试教育，好不容易考上大学，但是会发现很多人找不到自己的兴趣，找不到自己想要什么，我觉得这样的话精神生活就无从谈起。我想问老师，作为一个迷茫的大学生，如何找到自己的兴趣？（掌声）

答：这是个很要害的问题，也很难回答。什么东西都不可能突然无中生有，兴趣更是这样，这有一个酝酿和积累的过程，如果这个过程缺失，你硬要去找自己的兴趣，到哪里都不可能找到。你说的其实是一个很普遍的现象，因为整个中学时期是应试教育，真正的智力兴趣没有培养起来，更谈不上发现自己的禀赋在哪里了。不过我想，永远都来得及，需要的是醒悟，你已经看到这个问题了，进了大学以后，以前应试教育的后果显示出来了，那么，你在大学里可以自己补这个课，真正在提高智力素质上用功，去读那些能够点燃你的兴趣的好书，去寻找自己的兴趣方向。但是，具体怎么做很难说，没有捷径可走。

湖州师范学院现场互动

主持人：周老师，我首先有一个问题想问您，是中国移动在很多用户中征集的一个问题。您曾经说过，成功是优秀的必然，将来您的女儿要是嫁人的话，他一定是个优秀的并且非常爱您女儿的人，所以我想问您，在您的心目中优秀这两个字是怎么定义的？

答：其实我刚才已经表达过了，说起来好像很抽象，就是人的精神属性生长得比较好，有活泼、智慧的头脑，丰富的心灵，高贵的灵魂。当然，具体判断一个人是不是优秀，就要凭感觉了。如果将来我的女儿找了一个男朋友，带到我面前，问我这个人是不是优秀，我肯定不会死板地拿这些标准来测量他，这很可笑，反正看着舒服就行。（笑声，掌声）

主持人：原来看着舒服的人就是优秀的人啊。好，现在请我们在场的朋友们提问。

问：周老师您好，刚刚您提到我们应该回归本然，感受平凡生活的幸福。什么是平凡？我曾经查过现代汉语词典，它的解释只有五个字，就是平常、不稀奇。看了这个解释，字面上好像是理解了，但是我还是很困惑，不平凡的生活和追求非凡的成就是矛盾的吗？如果是矛盾的，我们该怎么做？如果是不矛盾的，我们又该怎么做呢？过平凡的生活和追求非凡的成就，我们应该如何权衡？

答：我觉得不矛盾。我想强调的是，追求非凡可能只有少数人能做到，所谓非凡是比较出来的，可惜一比较大部分人就都属于平凡了，用非凡的标准看是平凡的。所以，从幸福的角度来说，就不能把非凡作为一个目标，否则大多数人就都不幸福了。第二我想强调，哪怕你得到了非凡，做出了非凡的成就，但是我仍然认为你的平凡生活过得好不好是比非凡成就更重要的。

问：您的意思是说，这两者取舍的话，我们要更倾向于平凡的生活，而不是非凡的成就，对吗？

答：对，平凡的生活是最基本的，不可或缺的，非凡的成就是可有可无的。（掌声）

问：我想问大学生比较关注的问题，就是感情方面的问题（笑声）。根据我个人的一点经历，一段感情如果想把它经营好的话，有两个关键，第一是珍惜，第二是放下。因为只珍惜不放下的感情迟早会累，累了之后就会厌倦，只有放下没有珍惜的感情也不会长久。我想问周老师，我的看法是否正确，是否完整？（掌声）

答：其实我的看法和你很相近，我也总结过，也是根据我的经验，你是两条，珍惜和放下，我是三条。第一是距离，亲密有间，再相爱也要有距离，互相尊重对方的独立人格和自由。第二就是你说的珍惜，好好相爱，不要滥用对方给你的自由。第三是宽容，比如对方出了问题，甚至偶尔出轨了，怎么办？如果他（她）还爱你，就原谅他（她）。人的感情是复杂的，要算总账，不能就一件事情下结论。又比如对方不爱你了，移情别恋了，怎么办？你就松手，不要死缠他（她）。这是对他（她）的尊重，其实也是你的自尊。我说的距离和宽容，其实和你说的放下很相似，你概括得更精炼。我觉得你通过恋爱已经变成了一个哲人。（掌声）

主持人：我想问这位同学，你有女朋友吗？

同学：有的。

主持人：今天来了吗？

同学：来了。

主持人：那祝你幸福，我本来想说祝你节日快乐的，今天是光棍节。（笑声）

问：首先能听到周老师的讲座我感到非常的幸福。您在2000年初做过一次南极考察，我也有《南极无新闻》这本书，里面有一句话我印象深刻：在远离新闻的地方体验千古的荒凉。非常想知道您在南极的那段时间中怎么样让自己充实，因为那个地方是很荒凉的，是不是只是通过写日记和读书这种手段，还是还有其他的手段？

答：在那样一个地方，光写日记或者光读书就可惜了，就真成了书呆子了，因为可能一辈子只有这样一次机会到那里去。其实，大部分时间，我是自己一个人，或者约一两个同伴，在野外探险，尽量走得远一点，与大海、冰盖、企鹅、海豹为伴，充分领略那种千古荒凉和独特景观。当然我也看了一些书，比如《圣经》，在那里看的感觉真是不一样，远离人群，离神就近了。

问：周老师您好，我非常喜欢您写的书，我差不多看过五本。我想问一个私人问题，就是我是一个很敏感的人，我应该怎样解除它对我的困扰，我在和人讲话，但他们在说什么我都听不清楚。

答：我觉得现在你能够站起来提问，这已经在向自己的敏感挑战了，而且挑战得很成功，你很勇敢。另外我想告诉你，敏感不一定是缺点。其实我从小也很敏感，容易受到伤害，怕见人。有一点我和你特别像，直到现在，我常常听不清楚别人对我说的话，可能是沉浸在自己的世界里吧。我想一个人的性格是天生的，性格没有好坏，关键是要把自己的性格用好，在性格的使用上是有好坏的。我说过一句话，要把自己的弱点变成根据地。比如说我敏感，不善于交际，那好吧，我就一个人待着，多看点书，多想点问题，这样你的弱点本身另一面就成了你的优点。（掌声）

问：今天我没有票能进来，非常荣幸在这里见到敬仰很久的周国平先生。我问的问题无关幸福，您曾谈到您的女儿问您，妈妈肚子里还没有她的时候，她在哪里。这是一个非常深刻的问题。我想知道，对于我们生前的和死后的不存在，我们应该怎样去看待？难

道幸福只在生存的过程中吗？我是一个不怕死的人，但是我害怕死后的不存在。（掌声）

答：非常哲学和宗教的问题，很深刻的问题，这个问题也是困扰我的问题，我承认我还没有解决。哲学家们总是试图从逻辑上来说服我们，让我们接受死后的不存在，但是这不是一个逻辑的问题，而是一个灵魂的问题，是灵魂不愿意接受归于虚无。所以我觉得，这个问题无法从哲学上来解决，只能靠宗教。宗教说到底就是要解决生死问题，在佛教中叫作了生死，就是看透生的虚幻，从而能以安详的态度面对死。基督教是另一种思路，让我们相信灵魂不死。我很希望灵魂真的不死，死后并非虚无，但对此我不能确信。现在我的态度第一是存疑，不下结论，因为我确实没有这方面的经验，第二是宁信其有，这至少有一个好处，就是给了我一个标准和目标，活着的时候把灵魂看得更重要，做人处世的出发点是要让我的灵魂变得更好，这样，到时候或者是带着一个好的灵魂去见上帝，或者是用一个好的灵魂给人生打上句号。只能这样了，否则还能怎样呢？

主持人：对于生死问题我们不做过多的探求，只需要用宗教，所以作为主持人我用一句话结束今天的互动——阿弥陀佛。（笑声）

（以《幸福的哲学》为题的讲座举行了多次，本文根据后期讲座的备课提纲和多份录音综合整理，内容做了删减和修订。举行此讲座的时间地点：2009年9月7日温州金乡镇；2010年12月18日佛山移动；2011年1月9日浦发银行南昌分行；1月17日美的制冷家电集团；3月26日浦发银行昆明分行；4月9日浦发银行北京分行；4 月 12 日吕梁地税局；4 月 19 日天津和平区；10 月 22 日湖南师范大学；11 月 11 日湖州师范学院；11 月 22 日中国银行无锡分行；12 月 15 日山东大学；2012 年 2 月 9 日国土部土地督察机构；3 月 31 日复旦馨然荟学堂；4 月 13 日北师大；4 月 25 日上海浦东图书馆；4 月 27 日北京教育学院；6 月 7 日中国政法大学；7 月 8 日易汇资本；7 月 21 日上海图书馆；7 月 22 日上海奉贤图书馆；11 月 28 日实友会；12 月 8 日世纪管理名家。)

财富与幸福

财 富 在 人 生 中 的 价 值

1. 金钱的好处是使人在金钱面前获得自由

今天这个时代，大家都很看重财富。我并不认为财富一点也不重要，我没有那么清高。我的看法是，金钱是好东西，但不是最好的东西，我们不能为了这次好的东西而把最好的东西牺牲掉了。最好的东西是什么？就是我所说的生命的单纯和精神的丰富，那是真正能使人感到幸福的东西。你可以去挣钱，挣得越多越好，但是要记住，第一不能让挣钱的过程损害了人生的主要价值，第二应该让挣到的钱有助于实现人生的主要价值，这样财富才会是增进人生幸福的一个砝码。

我说金钱是好东西，好在哪里？它的最大好处是使你在金钱面前获得了自由。穷人在金钱面前是不自由的，他不得不为钱工作，因为对于他来说，钱就意味着活命。在这个货币社会里，没有钱是万万不行的。在没有钱的时候，钱是第一重要的。你说钱不重要，让你成为一个穷人试试看，你就说不出这种大话了。人生在世，第一件事是要解决生存的问题。有了钱、生存有了保障以后，钱就不那么重要了，你可以不必仅仅为了钱而工作了，你可以做自己真正喜欢做的事了。这就是我说的在金钱面前获得自由的意思。

当然，如果钱更多一点，自由会增加，你不但在钱面前，而且在那些涉及钱的事情面前也获得了自由。爱默生说，有钱的主要好处是你用不着看人脸色了。人穷志短，这个俗世间涉及钱的事情是很多的，如果你钱比较少，生活拮据，可能就不得不为了一些很小的但必须办的事去求人，心里很委屈，很有挫败感。所以，即使对于一个不贪钱的人来说，有钱也是大好事，在涉及钱的事情面前可以保持尊严，这实际上也是在金钱面前获得自由的一个方面。

我自己就有体会。比如说，我以前在单位里，那时候稿费很低，主要靠工资生活，除了基本工资，还包括科研津贴啊，课题经费啊。你能不能申请到课题经费，你的科研津贴是第几等，你和领导的关系会起很大作用。其实哪个单位都可能有这种情况，利益的分配受到人际关系的影响，只是程度差别而已。那么，你就可能会比较计较，对一些利益会比较在乎，没办法不在乎，因为那确实会影响到你的生活。我算是比较超脱的，不屑于搞人际关系，更不爱看人脸色，所以对一些大家都在争的利益宁可不要，但心里还是会有一点儿难受的。后来出书实行版税制，我得到的版税还是比较多的，虽然不算很富，应付日常生活绰绰有余了，对单位里的那些小利益就可以完全无所谓了。

所以，我不主张年轻人太清高，光是精神追求了。我认识一个青年，很有精神追求，写了很多哲学的东西，写得不错，但没有谋生的能力，也不愿意有，没有职业，生活非常潦倒。他觉得他不是普通人，就应该过纯粹的精神性的生活，可是他又受不了贫困，为此很痛苦。我对他说，你不是凡·高，因为你受不了贫困，那就老老实实做一个普通人吧，先解决生存问题，在这个前提下，如果你确实有才华，迟早会有机会向精神方面发展的。在生活面前，没有人拥有特权，才华不是拥有特权的理由，你必须自己去应对生活的挑战，这有点儿残酷，但别无他法。

　　据我观察，现在的年轻人，像这样只要精神、不思谋生的很少，只要物质、一心发财的也很少，多数人是在两个极端之间，在不同程度上为生存压力和精神追求的冲突而苦恼。我的建议是，第一要直面生存压力，解决好生存问题，第二内心始终要有自己的精神目标，物质生活的目标宁可定得低一点，随着生存问题的解决，逐渐加大精神追求的比重。你有发财的能力和机会，不妨去发，但是，运气好的人毕竟是少数，不是想发就能发的，还是顺其自然为好，保持从容的心态。我给自己定的目标是小康，过得去就行了。所谓小康，就是亚里士多德所说的中等水平的财富，社会上中等水平的物质生活。当然，中等水平是一个很宽泛的概念，在贫困和大富之间，可以分出很多档次，差别很大。我的想法是，在摆脱了贫困、不必为生活操心之后，在财富问题上最好是顺其自然，不要以大富为目标。

　　我们要看明白一点，就是财富所能带来的快乐是有限的，因为生命本身对物质的需要是有限的。物质匮乏，不能满足生命的基本需要，人会痛苦。一旦基本需要得到满足，免除了物质层面上的痛苦，财富所能带来的快乐就呈递减的趋势，最后就不能带来什么快乐了。这里面有一个限度，就是从什么时候开始递减，我把这个限度定义为小康。从贫困到小康，这是质的飞跃，你衣食无忧了，可以按照你的心愿去设计你的人生、追求你的幸福了。如果你还想从小康到大富，做一个富翁，你的生活质量真的又会有质的飞跃吗？我不相信，许多富翁的生活也证明事实并非如此。有一个富翁是一个明白人，他谈他的体会说：钱能买到的东西都是不值钱的。人生中的一切积极享受的确是钱买不来的，都依赖于人的心灵能力。所以，在衣食无忧之后，一个人能否幸福，起决定作用的不再是金钱，而是精神素质，你必须从精神方面去提高你的生活质量了。

物质对于幸福的作用是有限的，但物质的欲望倒可能是无限的，富了终归可以更富。如果一个人只喜欢钱，有了钱以后仍然最看重钱，把自己的全部精力都用在赚钱上，那么，我所说的金钱的最大好处他就完全没有得到，他在钱面前仍然毫无自由可言。这种人其实是最可怜的，因为穷人受金钱支配是生活所迫，而他受金钱支配是素质太差，他是自愿做金钱的奴隶，那样就永无解放之日了。

我的体会是，一旦生存问题解决了，在金钱面前的最好心态和状态是把金钱当作副产品，钱基本够花了，你就应该去做你最喜欢做的事情，不管能不能挣到钱，能挣到多少是多少。比如写作，本来这就是我的爱好，以前很长时间里写了没地方发表，更谈不上稿费，我不是还是要写？现在能给我挣来版税了，但是，我给自己定立一个原则，就是仍然写我自己真正想写的东西，即使不给钱我也要写的东西，首先要我自己通得过，我自己满意，我以后要出全集的话，我把它收进去不会觉得不好意思。如果单纯为市场写，收进去以后我自己会觉得惭愧和丢脸，那样的东西我决不写。所以，我一直是按照自己的计划来写作，基本上不接受报刊的约稿，完全不接受出版社的订货。如果我把钱当作主要目标的话，就可能会针对市场写一些必定畅销的书。事实上，有时候出版商想给我策划一个选题，预计市场一定特别好，预付一大笔版税，但我一概谢绝。当然，写完以后，我会考虑市场，挑选有实力的出版商来做这个书。不过，如果出版商要炒作，我一般是不配合的，我舍不得花时间在这种事情上，那是出版商的事儿，我宁肯少卖一点，省出时间来写新的东西。我对自己说：在我的写作之国里，我是王，市场是大臣，可以让它来为我服务，我决不为它服务，那样岂不降低了我的地位，把它当成王了？我说的是写作，但道理是相通的，就是把自己精神愿望的满足放在第一位，做自己喜欢做的事，把经济效益放在第二位，多固然好，少也无所谓，因为你的主要目的已经达到了。

2. 金钱是手段，不是目的

金钱这个东西，所具有的是工具性的价值，手段的价值，而不是目的性的价值。当然，穷人在挣活命钱的时候，企业家在做生意的时候，金钱会成为当下的目的。但是，从人生总体上看，金钱只是手段，不应该是目的。一开始，它是满足基本生存需要的手段，在生存问题解决以后，它应该是满足精神需要的手段。我说金钱是好东西，也是指它作为手段的价值，而我说它不是最好的东西，就是指它不具备目的的价值，那些应该成为目的的东西才是最好的东西，那就是生命本身的享受和精神的享受。

德国有一个作家叫伯尔，是诺贝尔文学奖的获得者，他有一篇很短的小说，讲了这么一个故事。有一个旅游者，西方发达国家的一个旅游者，到了一个偏僻的渔村。他看见一个青年渔夫躺在小渔船上，正晒着太阳打瞌睡。他觉得这个情景很美，就给他照相，咔嚓咔嚓，把渔夫吵醒了。于是他就跟那个渔夫聊天，他说你不应该躺在这儿晒太阳，渔夫问我应该干什么，他说你应该出海打鱼。渔夫就问然后呢，他说然后你就把鱼卖了，得到钱以后，你就可以买更大的渔船，挣更多的钱。然后呢，买一条更更大的渔船，说到最后，买一条现代化的最先进的渔船。渔夫问，然后呢，旅游者说，然后你就可以躺在这里晒太阳了。渔夫说：用不着，我现在就可以。

这个小故事讲了一个很深刻的道理：本来你挣钱是为了什么，是为了享受生命，可是我们往往这样，挣着挣着，忘记自己本来的目的是什么了，挣钱本身成了目的了，这不是很可笑也很可悲吗？把手段当成目的，一辈子都耗在本来是手段的东西上了，在我看来这是价值观的最大迷失。事实上，这种情况比比皆是，许多人一辈子都忙着挣钱和花钱，花钱也不是享受，只是在消费，没有时间欣赏大自然，没有时间和家人共度快乐时光，没有时间读书、听音乐，你只能说这样的人从来没有真正享受过生命。

有一个词叫谋财害命，原义是谋他人的钱财，害他人的性命。我把它的涵义引申一下，现在多的是什么？是谋人世的钱财，害自己的性命。这分两种情况。一种是谋不义之财，因此埋下了祸种，一旦东窗事发，就坐牢甚至真的搭上了性命。现在这种事很多，但在人口比例上毕竟还是少数。最多的情形是，在无止境的物质追求中，牺牲了生命本身的享受，败坏了生命单纯的品质。这一种谋财害命，因为它的普遍性和隐蔽性，正是我们最应该警觉的。

金钱的用处有二。一是满足生命的需要，而这方面所需的物质是有限的。二是满足精神的需要，而这取决于精神能力。精神能力和精神需要其实是一回事，你有这方面的能力，你才会有这方面的需要，才会有去满足它的愿望和得到了满足的快乐。比如说，你喜欢读书，有了钱你才会去买很多书，甚至给自己建一个比较像样的藏书室。你喜欢音乐，有了钱你才会去买很多碟，置办高级音响，听音乐会。你是一个富翁，可以经常周游世界，可是如果你没文化，到了外面，你无非是去度假、消费、买名牌，不会有精神上的收获。多么有文化积淀的名城，对于你只是一个物理的存在，它们的文化内涵唯有对具备相应文化素质的人才是开放的。

由此可见，在幸福的问题上，财富到底起多大的作用，完全是由一个人的精神素质决定的。如果我们想明白了这个道理，幸福在于生命的单纯和精神的丰富，就可以知道，一方面，得到幸福比得到财富要容易，你财富不多，但有正确的价值观和良好的精神素质，就完全可以得到幸福，另一方面，得到幸福比得到财富要困难，你财富再多，但精神素质不好，就仍无真正的幸福可言。

财富的作用取决于人的素质

有一句话说金钱是万恶之源，我认为这句话是错的。金钱本身是手段，它在道德上是中性的，无所谓善恶，对它不能下道德的判断。但是有一个东西是万恶之源，那就是对金钱的一种态度，叫作贪婪。问题出在对金钱的态度上面，可怕的不是钱，是贪欲。

一个人对金钱的态度取决于他的素质，不同的素质决定不同的态度，不同的态度又导致不同的结果。所以，财富最后对于一个人的幸福到底起什么样的作用，起多大的作用，甚至是不是起副作用，归根结底取决于这个人的素质。在精神素质不同的人身上，财富会有不同的后果，既可以促进幸福，也可以导致灾祸。对财富的贪欲把精神素质差的人毁掉，这样的例子比比皆是。

现在官员腐败严重，利用权力拼命敛财，揭露出来的一些事例真让人觉得不可思议。我看过一个报道，内蒙古赤峰市原来的市长，叫徐国元，受贿 3200 万。他每受贿一笔钱，就在自己家里设的佛堂上供好几天，然后放在盒子里，那些赃款箱，每个盒子里摆满了钱以后，四个角上各放一个小佛像，让佛来保佑他。最后仍感到不安，他认识云南的一个和尚，就把大部分钱转移到了那个和尚当住持的庙里，可是最后还是败露了。弄了这么多不义之财，不敢花，天天提心吊胆过日子，最后进了监牢，你说他到底图的是什么，非常可笑。还有的贪官把钱砌到墙里面，这些钱对他的生活一点意义都没有，带给他的只是恐惧，哪有幸福可言。

让我感到惊讶的不是这些贪官的贪婪，而是他们的愚昧。安全是生命的基本需要，人活着是要有安全感的，这比有多少钱重要。古希腊哲学家伊壁鸠鲁主张人应该追求快乐，但要理智地追求，如果为了追求眼前的快乐而给自己埋伏下了大得多的痛苦，那就是不理智，就是愚昧。从更深的层面说，贪婪是人生道理上的大愚昧，是想不明白人生的基本道理。人们往往从道德的角度评论这些贪官，说他们道德品质坏、堕落，其实许多贪官在日常生活中未必有多坏，他可能是一个好父亲、好丈夫，可是恰好处在面对巨大诱惑的位子上，没有抵挡住诱惑，就一失足成千古恨了。真正的道德修养不是刻意用一些规范来约束自己，而是人生整体觉悟的表现和结果。内蒙古那个贪官求佛保佑他的赃款，正说明他对佛教没有一丝一毫的认识。佛教把堕落的原因归结为无明，就是不明白，糊涂，没有想明白人生的道理。佛是觉悟的意思，佛教就是要你做一个明白人、有觉悟的人，那样就一定会是一个有道德的人。这实际上是宗教和哲学的共同看法。基督教的《圣经》里说，光明来到人间，不是为了审判人来的，有的人不接受光明，宁愿生活在黑暗中，这本身就是惩罚，不接受光明从而堕落本身就是惩罚。苏格拉底说智慧就是美德，讲的也是类似的道理，把人生的道理想明白了，就自然会是一个有道德的人。想不明白人生的道理，不知道什么东西重要，什么东西不重要，把金钱看得太重要，就会贪婪，就会因为愚昧而堕落。

素质差的人被财富毁掉，一种情况是在获取时贪婪，不择手段，触犯刑法，另一种情况是在发了财之后，怎么使用财富，因为素质低，没有精神方面的需要，就只能是在物质的奢华上玩花样，在欲望的放纵上找刺激，无非吃喝嫖赌，生活糜烂，只能这样。另外就是传给自己的孩子，那实际上是害自己的孩子，把孩子培养成了纨绔子弟。那些素质低的大款其实挺可怜的，他们内心很空虚，再多的钱也没有让他们感受到人生的幸福。所以我说，财富是对人的精神素质的考验，财富越多，考验就越严峻，大财富要求大智慧。你发了财，意味着人生对你提出了更高的要求，你必须提高自己的素质，让你的素质与你拥有的财富相称。从财富给一个人带来的满足感的层次，可以准确地判断他的精神层次，低层次的人仅仅满足于物质享受，其次是从财富带来的社会地位中得到满足，所谓身价，一种成就感，实质是虚荣心的满足，高层次的人把财富当作实现人生理想和社会理想的手段，获得的是真正精神上的满足。

德国社会学家韦伯说，财富可能会导致贪欲，但并不必然如此，资本主义精神的特点就是把财富的获取和使用分开，获取财富要勤劳，这是光荣的，使用财富要节俭，获取财富不再是为了自己过奢华的生活，而是要造福社会。由此可见，资本主义精神其实是一种很高的境界，做一个好的资本家是很不简单的。你靠逃避财富、拒绝财富来保持节俭，来维持一种精神境界，这还是比较容易的，难的是在拥有巨大的财富之后仍然这样，而且不光是自己修行，还用财富来惠及众生，所以做一个资本家也可以是很伟大的。

美国19世纪的钢铁大王卡耐基就是这样一个伟大的资本家。我觉得这个人非常了不起，他成为美国民间公益事业的奠基人绝不是偶然的。他父亲是苏格兰一个手工织布的工人，蒸汽机发明后失业了，全家到美国去找出路。当时他13岁，只上了五年小学，从此失学，在美国当一个小邮差，生活很穷苦。就在那个期间，当地一个退休的上校拿出自己的四百本书，都是文学名著，办了一个小小的图书馆，向这些穷苦的孩子开放。卡耐基迷上了读书，平时再苦再累，一想到周末的时候能去借新的书，就觉得自己的生活充满了阳光。后来他在自传中回忆说，他永远感谢上校引他走进了文学宝库，那成了他的人生的转折点，为他一生的追求奠定了基础，这个收获如此巨大，就是用全世界的财富和他交换他也不干。他说，如果没有那个经历，凭他的能力他也能发财，但很可能就只是成为一个平庸的财主，享享清福而已。那么，作为一个受过精神洗礼的人，他发了财就完全不一样了。一方面，他发表文章，倡导民间公益事业，另一方面身体力行，在事业最兴旺的时候把股票全卖掉了，成立基金会，赞助美国的各项事业，重点是教育。为什么？因为他自己小时候失学，深知失学之苦，也因为他从小爱上了读书，深知求知的幸福。有一年，他对美国教育的赞助超过了联邦政府的拨款，很了不起。

一百多年来，卡耐基所奠定的民间公益事业在美国已经成为牢固的传统。你看比尔·盖茨，全球首富，500亿的家产，他好多年前就建立了基金会，把98%的财产放到基金会里，前年又宣布退出公司事务，全心全意搞慈善，整年在非洲那一带奔波。他主要赞助全球的医疗事业，尤其是防治艾滋病，他的口号是让下一代生活在没有艾滋病的世界上。还有全球第二富豪巴菲特，股神，他投资的时候很精明啊，但花钱的时候胸怀就很开阔。他太太比他年轻，他本来想自己去世以后，由他太太来做慈善事业，但是前年他太太去世了，他就宣布把他430亿财产中的85%捐给各个基金会，其中83%捐给比尔·盖茨基金会，他自己就不设立基金会了，他说比尔·盖茨干得这么好，用不着我来另起炉灶。

所以，这些人挣钱的时候一个个都是精明的资本家，花钱的时候就成了哲学家、理想主义者。他们做慈善还真不是做秀，是真心实意的、认真的，因为的确想明白了一个道理，就是财富本身不能赋予人生以意义，让财富造福人类才是意义的源泉，从中获得的道德感的满足是人生的巨大幸福。

正确的财富观

我归纳一下，正确的财富观，也就是一个素质好的人对金钱的态度应该是什么样的，素质好的人和素质差的人的差别在哪里，主要有下面四点。

第一，是获取财富的时候要使用正当的手段，对不义之财不动心。这一点并不容易做到，人一旦有机会获得不义之财，这个心里面矛盾啊，斗争啊，很多人就是过不了这一关。现在那么多大小官员受贿，到了这么严重、这么普遍的程度，当然是有体制上的原因的，改变体制是遏制腐败的根本途径。但是，我觉得从个人来说一定要清醒，要意识到你在这个位子上很危险，这个危险在你的身上会不会变成事实，你是有自主权的，归根到底取决于你的素质和觉悟。那些被揭露出来的贪官本来就是坏蛋吗？完全不是。他们其实是和我们一样的普通人，但是正好处在那个位子上，处于一个面对巨大诱惑的位子上。天天面对，诱惑太多，有一天他就产生了侥幸之心，就开始受贿、开始堕落了。一旦上了这条路，就很难收住了，前面等着他的是牢狱之灾甚至杀身之祸，他心里很紧张，侥幸之心和大难临头的恐惧并存，完全是赌徒的心理，痛苦万分。所以，我觉得我们每个人都应该问一问自己，如果我处在那个位子上，面对这样的诱惑，有一大笔钱，一笔很大的钱，是我自己靠工资不可能赚到的，在当时看来拿了很安全，我动心不动心，要让自己的觉悟达到足以完全不动心。

第二，在有了钱以后，应该对所得的财富抱一种超脱的态度，不要抱一种占有的态度，这样你对财富就会有一个好的心态。抱超脱的态度，和财富保持距离，你就能成为金钱的主人，相反，抱占有的态度，把财富看得很重，你其实是被财富占有了，成了金钱的奴隶。金钱、财富无非是身外之物，世界上金钱、一切物质的东西是最没有忠诚度的，今天在你这里，明天就可能到别人那里去，你占有得了吗？所以不要太在乎，想开一点，看淡一点。你真想开了的话，其实什么都是身外之物，包括你的生命，总有一天上帝会把它收回的，财产就更是这样了，就像常言所说，生不带来，死不带走。所以佛教讲"无我"，就是这个"我"也是虚幻的，你的生命是非常偶然地来到这个世界上的，但又必然地离开，佛教称作缘起，一些因缘凑到一起造成了你的这个"我"，这些因缘离散了，你的这个"我"也就不存在了，所以说"我"是一种幻象，你不要被它迷惑，不要太看重它了，否则你会很怕死，会很在乎你所得到的一切。在佛教里，最根本的修行就是破除"我执"，做到不执着于你的这个"我"。既然"我"不存在，就更没有所谓"我的"这回事了，有了这个觉悟，你对你所得到的一切都会抱超脱的态度，你仍然可以去得到，但是在得到的同时，你在心里就已经把它们放下了。这样的人其实是活得很轻松的。

这种对于财富的超脱态度，其实也是许多哲学家的主张。我很欣赏古罗马哲学家塞内卡，他在罗马当了很大的官，相当于宰相，在这期间敛财，过着非常奢华的生活，当时就有很多人看不惯。但是他说，你们别以为我被财富控制住了，我把得到的东西放在一个很远的距离上，放在一个命运女神伤害不了我的地方，一旦命运女神要把它拿回去，我不会经历那种撕裂的痛苦。他的确保持着这样一种心态，后来丢了官，被流放，财产全部被没收，他都处之泰然。最后，尼禄皇帝上台，赐他自杀，他仍然十分平静。临死的时候，他周围的学生哭成了一团，他从容地问道：你们的哲学哪里去了？

　　我就发现一点，凡是看重钱的人，他无论挣钱还是花钱都是痛苦的，他都不开心。挣钱的时候，他心里紧张啊，焦虑啊，花钱的时候，他心里又舍不得啊，计算啊，钱给他带来的全是烦恼。天下真正快乐的人，都一定是超脱金钱的人，无论钱多钱少，他始终是快乐的。事实上，快乐的确更多地依赖于心理而不是物质，你心态好，在物质上所求不多，得到了一点就会挺快乐，心态不好，贪得无厌，得到了再多也不会快乐。所以古希腊的哲人说，苦和乐取决于求和得之间的比例，与所得的大小无关。中国古话也说，知足常乐，这在物质的问题上是真理。我看卡耐基的自传，他当小邮差的时候，有一回，月薪增加了 2.25 美元，从 11.25 加到了 13.5，他那个幸福啊，忍到星期天吃早饭时才拿出来，为了享受一下父母惊喜的眼神。他说：这点钱对于我的价值要远远超过后来我的巨额资产，后来我所有的成功都没有这一次更让我激动。我的一个朋友，二十几年前在单位里分到了一套一居室，从无房户变成了有自己的住房，后来她一家去了法国，混得不错，买了别墅，可是她说，所感到的快乐远远不及当年分到一居室的快乐。我相信我们每个人都能够从自己的经历中找到类似的例子，这说明物质所带来的快乐的确取决于心理，因此只从物质去寻找快乐肯定找错了方向，应该从自己的内心去寻找，好的心态最重要。

第三，在富裕以后，你的钱足以让你过奢侈的生活了，你仍要乐于过相对简朴的生活。一个人在没钱的时候过简朴的生活是迫不得已的，但是你有了钱以后仍然过比较简朴的生活，我觉得这是很高的境界，体现了很高的素质。我发现，一个精神素质高的人，他有两个特点。一方面，很少的物质就能让他满足了，他的需求不多，物质生活过得去就行了。另一方面呢，再多的物质也不能让他满足，他过上奢华的生活就心满意足了？不是的。物质满足不了他的什么？当然是精神上的需要，那才是他的最重要的需要。

在很大程度上，物质生活的简朴本身就是一种精神上的要求，因为奢华的物质生活是很牵扯人的精力的，物质在提供享受的同时也强求服务，复杂是一种限制，简单才能自由。古希腊哲学家苏格拉底，他一辈子很穷的，他也不想富裕。他讲课从来不收费，其实他名气很大，口才极好，如果上百家讲坛，铁定第一叫座，发财是没有问题的。和他同时代的智者是一些讲座专业户，开价很高，和今天号称名师的讲座专业户们有得一拼。苏格拉底讲课也不像今天这样在课堂或者礼堂里，而是在街头闲逛，一帮年轻人就跟随着他，听他聊天，和他互动。有一回，他带着一帮学生就这样在雅典街头逛了一圈，街上有很多商铺，在卖各种商品嘛，他就感慨地说：我才发现世界上有这么多我不需要的东西。他说了一句名言：一无所需最像神。一个人对物质的需求越少，就越接近于神，为什么？因为神是自足的，完完全全是精神性的存在，不需要物质。当然，人不是神，人有一个身体，离不开物质，但人也有精神性，精神性是人身上的神性，是人性中最高贵的部分，对物质的依赖越少，这个神性的部分就越能发扬光大。

一个人在物质条件许可的情形下，生活过得舒适一些，住别墅，开好车，甚至有的人喜欢名牌的生活用品，这无可非议。我认为最关键的是你的心态，第一你是不是把心思都放在这上面了，你还有没有更高的追求，第二你是不是为此沾沾自喜，觉得你靠这些东西就高人一等了。对于财富也要有平常心，摆阔、炫富是庸俗的低级趣味。比较起来，我还是更欣赏那种生活相对简朴的富人，不是吝啬，他对朋友、对慈善很慷慨，但自己在日常生活中没有那些臭讲究。这的确是素质的证明，说明他的心思没有用在物质生活上，因为他有更高更好的享受，不屑于花工夫在物质上。一个人在巨富之后仍然简朴，这在很大程度上证明了灵魂的高贵，能够从精神生活中获得更大的快乐。我看到一个报道，宜家的老板坎普拉德，好像是全球第四富豪，据说他生活就很简朴，他那部车已经开了十五年，人家劝他换车，他说才开了十五年，还很新啊，一般坐飞机都是经济舱，不坐公务舱、头等舱。是不是作秀？可能有这个成分，但是我觉得即使作秀也是好的，说明他认为简朴是光荣的，所以才在这方面作秀。我们可以看到一个巨大的不同，人家很看重公众人物的简朴的社会形象，在我们这里，却是奢华、摆阔才是荣耀。

第四，就是我前面已经强调的，永远要把金钱、财富当成手段，开始的时候是满足生存基本需要的手段，在这个问题解决以后，是满足精神需要、实现人生更高理想的手段，主动回报社会。素质的高低，贪与不贪，最后的界限是在这里。能否用正当手段获取财富，对财富能否抱超脱的态度，富裕后能否保持简朴，根源就在于能否摆正财富在人生中的位置，是把财富当手段还是目的。素质低的人，贪婪的人，他是把财富本身以及财富所带来的奢侈生活当成了人生的主要目的，甚至当成了唯一的目标。这样的人其实是最糊涂也最可悲的，一辈子在为钱打工，从来没有品尝过人生那些最美好的享受。

（在以《幸福的哲学》为题的讲座中，皆包含论述财富与幸福的关系的内容，详略有别，本文把这部分内容独立出来，单独成篇。主要根据后期讲座的备课提纲和录音整理，内容做了修订。）

智慧引领幸福（节录）

去年11月我到山东大学做过一次讲座，刚过去五个月，我们又见面了。我在一个大学里面，不要说五个月之内，就是一年之内做两次讲座的，也是从来没有过的。上次给我的印象非常好，我觉得山大的学子非常热情，非常可爱，思想很活跃，所以这次让我再来，我马上就答应了。（掌声）这两次讲座都是中国移动手机阅读基地通过中文在线安排的活动，让作家走进校园。其实我本人对手机阅读是持保留态度的，上次我已经谈到过，现在仍请我来讲，表明了中国移动的大度。今天我讲的题目和上次差不多，上次是《幸福的哲学》，这次换汤不换药，叫《智慧引领幸福》。为什么讲这个题目？上次讲座以后，山东人民出版社就想给我出一本书，内容围绕幸福问题，今天你们可能会看到这本书，书名就是《智慧引领幸福》。这是一本新书，也是一本老书，实际上是我自己按照我现在的思路，把以前写的与幸福问题有关的文章或段落重新整理了一下，里面有一个逻辑，大致可以看出我对幸福问题的思考路径，今天我就讲这个题目。我先问一下，去年11月听过我讲座的人举一下手。

还好，不太多。（笑声）我怕你们骂我怎么老讲些重复的东西，才五个月，对同一个问题的思考不可能有很大的变化，对吧？不过我会做些调整，突出智慧和幸福的关系。

智慧和幸福的关系非常密切。一个人怎么样才能幸福？当然必须要心态好，心态不好肯定不幸福。怎么样才能心态好呢？把人生的一些重要道理想明白了，心态就会好。什么叫智慧？智慧就是把人生的那些重要的、根本的道理想明白，做一个明白人。要想明白一些什么问题呢？我觉得主要有两个方面。一个是要想明白人生中到底什么是重要的，什么是不太重要的，这在哲学上就是一个价值观的问题。对于重要的东西，你要看得准、抓得住，对于那些不太重要的东西，你要看得开、放得下，不妨淡然处之，这样你的心态就会好。否则的话，你把重要的东西错过了，在不太重要的事情上又很纠结，心态怎么好得了。另外一个是要想明白人生中什么是你可以支配的，什么是你支配不了的，这在哲学上涉及自由与必然的关系问题，就是考察一下自由的范围和限度。那么，对于自己可以支配的东西，你就要努力，对于自己不可支配的东西，你就超脱一点，这也是心态好的一个条件。否则的话，该努力的你不努力，支配不了的你又在那里较劲，心态也不会好。

其实，你们会发现，这两个方面在很大程度上是一致的，人生中大多数重要的东西是自己可以支配的，不可支配的东西里面有一大部分是不太重要的。我自己认为，人生中最重要的东西，一是生命的单纯，二是精神的优秀、丰富、高贵，这两个东西是人生幸福的最重要的源泉，而它们恰恰是自己可以支配的。现在大家都很看重财富和成功，这两个东西，我觉得在很大程度上是自己支配不了的。当然，你可以努力去挣钱，但是你能不能挣到特别多的钱，这不是你能做主的，世界上富豪毕竟是少数，机遇、运气、家庭背景等等起了很大的作用，这些因素都是自己支配不了的。但是，挣特别多的钱有那么重要吗？我觉得不是的。又比如说成功，一个人在社会上能不能成功，取决于许多因素，其中大多也是自己支配不了的，而我同样认为，成功不是最重要的，给人生算总账，一个人这一辈子活得有没有意义，优秀比成功重要。

我们今天讲幸福，不能回避一个事实，就是现实的人生中必定会包含痛苦和不幸，无人能够例外，区别只在比例的大小。如果痛苦和不幸纯粹是坏东西，是破坏幸福的，幸福的可能性就大成问题了。但是，如果我们把精神的丰富和优秀看作幸福的主要因素的话，痛苦和不幸其实是必不可少的，能够使你对人生有更多的体验，有更高的觉悟。不过，我们在现实生活中看到，对于不同的人，痛苦和不幸发生的作用并不相同。同样经历了痛苦和不幸，有的人就可能毫无长进，在精神上还是那么贫乏，那么肤浅，有的人的心灵却变得更丰富也更深刻了。还有一个不同，有的人可能会被一个很小的不幸击倒，从此一蹶不振，有的人却能够以尊严的态度承受巨大的不幸。这说明什么？说明一个人必须具备两个能力，一个是承受不幸的能力，一个是把外部经历包括不幸的经历转变成内心的财富的能力。你无法支配外在遭遇，但是你可以让自己具备这两个能力，有了这两个能力，一方面你可以把不幸的遭遇对你的杀伤力减到最小，另一方面又能够使不幸的遭遇在你身上产生积极的结果。这么来看，你自己可以支配的你的内在的素质，的确比你不能支配的你的外在的遭遇更重要。

那么，为了提高素质，为了具备这些能力，就离不开智慧。哲学的智慧，很重要的一条是要你和你的外在遭遇保持距离，你不要陷在你的身体的遭遇里面，你的精神的自我要清醒、要强大，它是可以有主动性的，它不能支配身体的遭遇，但是它可以支配对一切外在遭遇的态度。财富、成功是好东西，但是如果没有得到，你不要在乎，因为还有比它们好得多的东西，那是你可以得到的。不幸、苦难是坏东西，但是既然来了，你就勇敢地承受，因为它们并不能损害你所拥有的最好的东西，不能损害你的高贵的灵魂。由此可见，对人生持一种智慧的态度，的确是获得人生幸福的一个前提。

最后，还有死亡，生死是人生头等大事，当然不能说不重要，但又是自己绝对支配不了的。我在前面说，支配不了的东西往往也是不太重要的东西，这可以算一个例外。不过，既然支配不了，不管愿意不愿意，人必有一死，对死亡抱什么态度就格外重要了。人不能和大自然较劲，能够坦然面对死亡，这可以说是最大的智慧。我本人认为，真正解决生死问题，可能唯有靠宗教。靠哲学的智慧也罢，靠宗教的信仰也罢，反正我认为一个人在有生之年就应该直面死亡问题，及早确立一个坦然面对的心态，不让终将到来的死亡给人世的幸福投上恐惧的阴影。

现场互动

问：有人说，幸福就是痒的时候可以挠一挠，并且能够挠到。我想到一个问题，我们都知道爱因斯坦和牛顿这样的人物，但是我们却可能不知道自己爷爷或者爷爷的爸爸的名字。我想知道人活着的意义是什么？看来人有两种生命，一种是肉体生命，百年之后就结束了，还有就是精神、灵魂，这些伟人的精神持续地影响着这个世界。这是两个不同的方向，一个是笑傲江湖，无欲无求，一个是留名青史，让自己的精神持续地影响这个世界。作为一个年轻人，我想问您，您认为该如何抉择？

答：我不主张把人生概括为无欲无求或者千秋功名这样两个方向，在这两者之间做抉择。事实上你也无法做这个抉择，你想留名青史就能留名青史了吗？而且这个东西也不应该作为一个目标来追求。就是爱因斯坦这些伟人，他们也不是做了这个抉择、有了这个目标，然后才取得了伟大成就的。爱因斯坦自己说过，他是怀着一种宇宙宗教感情来从事科学研究的，他想知道上帝在创造这个世界时脑子里的蓝图是怎么样的，他想描绘出世界的完整图景。在这样一种伟大的求知欲的推动下，他是身不由己，乐在其中，从而做出了伟大的创造。我敢断定，身后功名绝对不在爱因斯坦的考虑之中，否则他就不成其为爱因斯坦了。你提到的幸福就是挠痒，意思大约是说普通人的幸福是很平凡的。我的看法是，无论伟人，还是普通人，生活中都不能缺少平凡的幸福，都应该珍惜平凡的幸福，在这一点上没有本质的区别。同时，伟人毕竟是少数，但每个人都可以并且应该尽自己所能有精神上的追求，享受精神性质的快乐。

问：您提到苏格拉底的一个公式：智慧等于美德等于幸福。我的幸福公式是：有智慧的人一定成功，成功的人都是幸福的。请教一下周老师怎么看。第二个问题，您谈到读好书的问题，今天的年轻人的确离经典越来越远了，我想知道您对好书的界定。想象有一天在孤岛上，只能带一本书，您会带哪一本？

答：第一个问题，你说智慧能让人成功，成功能让人幸福，这个观点和我有部分的重合。不过，在我看来，这个意义上的成功是指做人的成功。如果按照一般的理解，把成功看作社会的认可，主要通过地位、名声、财富这些东西体现出来，那么，从这个角度来说，我认为智慧不一定能使人成功。有不同的智慧，我相信即使在财富的领域里，那些取得了巨大成功的人往往是有某种智慧的，但是我也知道，确实也有一些有大智慧的人，有一些精神创造领域里的天才，生前默默无闻，死后才被承认，从社会遭遇的角度来说是失败的。这是我的一点保留。第二个问题，好书的界定，我自己感觉就是读了以后，能够让我感到精神上的愉悦，或者得到精神上的提高，这样的书就是好书。当然，每个人的感受不同，别人眼中的好书，你可能根本读不进去，但是你眼中的好书，就应该能让你有精神上的愉悦或提高，这一点是共同的。我自己认准经典著作，因为它们已经经受了时间的检验，比较可靠，也许我这是偷懒的办法。经典著作也有很多，我恐怕一辈子也读不完，那我何不省力一点，就从这里面挑选。现在每年出很多新书，我基本上不看，因为你不知道要花多少工夫才碰到一本比较好的书，我觉得太浪费精力了。我是从效益来考虑的，那个成本太高，我用低成本的办法，就是认准经典著作。那些新书就让别人先去试验吧，某个有品位的人告诉我这本书很好，我就会拿来翻翻，如果我觉得他的眼光是我能够信任的话。至于到孤岛上带哪本书，我可能会带《圣经》。（掌声）其实这是真实的经历，有一年我参加南极考察队，在南极的乔治王岛上生活了两个多月，只带了一本书，就是《圣经》，在那里读得有滋有味，和在闹市里读的感觉完全不一样。

问：不知道您看了最近被泼硫酸的少女的新闻吗？凶手是一个有背景的官二代，因为求爱被拒绝，就把这个少女毁容。少女没有强大的家庭背景，她的父亲保护不了她，这个少女就不能幸福。相反，那个男生敢下毒手，就仗着他的父亲很厉害。想知道您对这个事件的看法。

答：我好像看过报道，那个官二代被判了13年徒刑。不过我觉得这个很难用官二代去分析，这是人性和心理的极大扭曲，在不同阶层的人身上都可能发生。当然，现在社会上存在着很多不公平，我今天谈的是个人如何看幸福的问题，没有涉及社会层面上公民幸福的问题。现在政府也在谈幸福了，我认为政府在公民幸福的问题上的最大责任是建设好一个法治社会，就是要保护好公民自己去追求幸福的权利，而不是直接去恩赐幸福，尤其是自己不能去侵害公民追求幸福的权利。现在的情况正相反，往往是以替人民谋幸福的名义去侵害人民追求幸福的权利，强征强拆就是典型。

问：您谈到自主学习能力的问题，我的宿舍里有四个舍友，其中两人就有这个能力，我自己感觉和他们不是一个层次上的。我现在考研，很多时间花在这上面，我也想达到那样一种境界，怎么样做到呢？

答：这个怎么办呢？万事开头难，你就开这个头吧。

问：但是怎么对付考研的压力呢？

答：人在社会上生活也好，像你现在作为一个学生也好，要处理好两个东西的关系。一个是你的内在的目标，一个人必须有内在的目标，按照我的概括就是优秀。另一个是外在的目标，那是带有一定功利性的，比如你现在考研或将来就业，这也无可非议，关键是怎么处理好这两个目标之间的关系。你不妨在某一个阶段在外在的目标上多花一点时间，但是你心里面要明白，你的内在的目标是更加重要的，你要随时准备回到你的内在的目标上来。我觉得你还是有内在的目标的，你知道自主学习的能力比考研更重要，这就好办，怕就怕有的人根本没有内在的目标，光有一个外在的目标。不过，你要有这样的意识，就是根据你的条件和能力逐渐强化内在的目标，增加所花的时间，把重心移到这上面去，有朝一日完全回到这上面来。

问：中国古话说知足者常乐，现在很多人抱着不知足的心态，我想问您怎样看这两种不同的心态？

答：就看在什么事情上知足，在什么事情上不知足，这个大不一样。我觉得在物质生活上应该知足，知足常乐这句古话是对的。但是，在精神的追求上，人就应该不知足，那本来是无止境的。

问：您反对攀比的心理，可是，一个人发现自己异于常人的天赋，这不是人与人之间比较来的吗？

答：我是反对在物质生活上攀比，至于一个人的天赋的自我发现，肯定也不是比较出来的，根据我自己的经验，我觉得肯定不是。天赋就是独特，就是你和每一个人都不同的地方，你和谁去比较？根本没法比较，比来比去脑子就乱了。比较只能依据外在的方面，做的什么事情啊，是否成功啊，比来比去用的都是外在的标准。我觉得主要是一种内心的感觉，如果你在做一件事情的时候觉得是一种享受，你心里非常愉快，这就对了，说明你的天赋一定是在这个范围之内。(掌声)

（举行此讲座的时间地点：2012 年 5 月 16 日山东大学。根据录音整理，讲演内容作了大量删节。）

新安论坛话幸福（节录）

主持人：由安徽广播电视台联合安徽新华发行集团主办的 2012 新安读书月开幕了，作为读书月的重头戏，第四届新安读书论坛今天正式开讲，邀请周国平老师作为首位演讲嘉宾。周老师您好，是不是您在平时的生活中挺注意养生的，有一些驻颜的窍门呢？

答：好多人问过我这个问题，觉得我看上去不像这个年龄的人，我就回答说，我的养生之道是抽烟、喝酒和熬夜。(笑声)确实是如此，当然我也会隔段时间去游泳啊，每天步行啊，但是我觉得主要是我的心态好，我在做自己喜欢做的事情，这样过日子还是挺愉快的。

主持人：我想和您平时的写作和阅读也有一定关系的吧？

答：我觉得是有关系的，关键是我喜欢。写作和阅读，只要你真喜欢，就既能养心，又能养生。

主持人：现在所有的人都会觉得生活条件越来越好了，但是压力也越来越大，幸福感好像也没有太提高，反而在降低，不知道问题出在哪里？今天我们就特别想听周国平老师给我们讲一讲幸福的哲学。好，我们掌声欢迎。

答：我就说一下我的体会吧。（掌声）

很高兴，我是第一次到合肥，但是我觉得和在座的朋友们并不陌生，我发现我在合肥有很多朋友，你们都是我的素未谋面的老朋友，谢谢你们。（掌声）今天我想跟大家交流的题目是"幸福的哲学"，现在大家对幸福的问题都很关注，我可以说是学了一辈子的哲学，对于大家关注的这个问题，我想从哲学的角度谈一谈怎么看。

在哲学上，幸福是一个重要话题，很多哲学家都讨论过，其中讨论得最多的可能是古希腊哲学家亚里士多德。他有一本名著叫《尼各马可伦理学》，讨论的主题就是幸福。在这本书里，他说幸福是我们的一切行为的终极目的，我们之所以做其他所有的事情，最后都是为了得到幸福。他的意思就是人人都想要幸福，我觉得确实是如此，去问每个人你在世界上想要什么，可能答案很不一样，但是有一点是共同的，就是谁都想要幸福，没有人不想要。可是，究竟什么是幸福，每个人却都有自己的理解，其实很不一样。

怎样来讨论这个问题呢？有一点大家想必都是同意的，就是如果你要幸福的话，就必须有一个好的心态。心态不好，充满着纠结和烦恼，这样的人是绝对不可能幸福的。一个人怎样才能有好的心态？在这一点上，哲学就有大的用处了。哲学是干什么的？我自己体会，学了一辈子的哲学，虽然我也搞学术，但是我觉得本来的哲学不是学术，它实际上是经常和自己谈心的活动，就是你有了困惑，不要回避，通过和自己谈心，想明白人生的一些重要道理，把你的困惑解决掉，我觉得是这样的一个过程。我是一个困惑很多的人，所以必须经常和自己谈心，给自己开导，这一部分对我来说是比学术更重要的哲学。

我们每个人平时都是在做着具体的事情，过着具体的日子，哲学就是让我们从正在做的这个具体的事情、正在过的这个具体的日子里面跳出来，想一想那些重要的人生道理，然后再回过头去做事情、过日子，事情应该怎么做，日子应该怎么过，心里就比较清楚了。哲学的原义是爱智慧，什么叫爱智慧？就是不愿意糊里糊涂地过日子，要做一个明白人。我们不能总是陷在具体的事情里面，我们每个人平时其实经常在和自己谈事情，这件事情怎么做，这个关系怎么处理，这个当然也需要，但是应该不时地从里面跳出来，想一些更大的道理。

要想明白一些什么重要的人生道理呢？我觉得，从幸福的角度来看，最重要的是要分清人生中什么东西是重要的，什么东西是不重要的，因为人生的幸福就系于那些重要的东西上面。所以，从哲学上来谈幸福问题，主要是要把价值观梳理清楚，有一个明确的、正确的价值观。那么，人生中到底什么是重要的呢？那就要看人身上什么是最宝贵的。人身上两个东西是最宝贵的。一个是生命，这不言而喻，生命是最基本的价值，是人生所有其他价值的基础和前提。另外一个，人不光是一个生命，人是有精神的，精神是人区别于其他生命的更宝贵的价值。所以，应该让生命和精神有一个好的状态。怎样的状态算好？我认为，生命应该是单纯的，精神应该是丰富的。一个人如果他的生命的品质是单纯的，他的精神的品质是丰富的，我就说他在自己身上有了幸福的源泉，他具有了幸福的能力，他的幸福就有了一个基本的保证。在我看来，幸福是一种能力，是要去争取和培养的，而关键就是把价值观弄清楚，在真正有价值的东西上下功夫。我思考幸福问题主要就抓住生命和精神这两个方面。

（讲演一小时，下略，参看本书中《幸福的哲学》一文。互动一小时，内容整理如下。）

答主持人问

主持人：现在的孩子越来越聪明，经常会问出一些稀奇古怪的问题，大人们很难解释。您和台下很多父母不同的是您是哲学家，您在遇到这些问题的时候是不是不会犯难，很容易解答呢？

答：不是的，比如我的女儿啾啾四五岁的时候提的许多问题，时间为什么会过去呀，世界的一辈子有多长呀，我都没法清楚地回答她。其实真正的哲学问题都是没有最后的答案的，孩子一旦提出这种问题，都不要给她一个简单的回答，那是误人子弟的，应该鼓励她去想。我发现家长们往往是三种态度，一是麻木，不理睬，二是顶回去，没用的问题去想它干什么，好好地做作业吧，三就是给一个简单的回答。

主持人：那啾啾后来自己找到答案了吗？

答：谁也找不到答案，但是我想，想这种问题对她今后的人生是有好处的，一个经常想大问题的人对小事情、小利益就会比较超脱。（掌声）

主持人：在您的头衔中，您说您最喜欢的是父亲，不做哲学家也要做父亲。现在您是两个孩子的父亲了，您对子女教育很有自己的一套，能和我们说一说吗？

答：今天我成为一个所谓的哲学家，一个所谓的作家，我觉得纯属偶然，我很可能从事了别的职业，或者从事现在这个职业很可能并不成功。我觉得我是运气好，我们那个年代刚改革开放，冒出了一些人，容易跳得出、站得住，现在可就不太容易了。不过，我觉得这个不重要。我的确喜欢做父亲，做父亲的感受是我生命中最重要的收获之一。我并不是多么善于教育子女，我觉得许多东西是本能。这个时代急功近利再加上应试教育，孩子的压力很大，在这样的情况下，我主要注意两点。一点是孩子小的时候，要舍得花时间陪他玩，不要说我做父亲的责任就是养家糊口，我去赚多多的钱，给他打下很好的物质基础，让他将来有钱花，可以上好学校、出国等等。这就是用功利的东西来取代爱了。最重要的是要让孩子从小就感受到父母的爱，感受到亲情的幸福。现在很多是把孩子交给老人或者保姆带，我觉得这对你来说很可惜，失去了培育小生命过程中的那些宝贵的体验，对孩子来说更是很大的缺憾，他没有得到活生生的家庭乐趣，而这对他身心的健康成长是非常重要的。另外一点是在应试体制面前保护孩子，你不要逼孩子做这个体制的牺牲品。其实我说了，这都是本能，你真爱孩子就一定会这样。按理说，每个父母都有这个本能的，可是在现实生活中，许多人的父母本能都迷失了。

主持人：对，孩子需要父母的陪伴。现在社会上有一个现象，有的人不信任学校，就把孩子放在家里，自己来教育孩子，这种方式可行吗？

答：现在不信任学校是普遍的，我自己认为，不让孩子上学，自己来教，当然有一定的好处，但是弊大于利。因为孩子的成长是离不开和同龄人的交往的，而你不让他上学，同龄人的交往这特别重要的一块就没有了，这可能对他今后和社会的相处产生不良影响。另外你不可能什么课都教他，你不是全才，孩子读小学和中学，那些基础课还是应该上的，现在的问题是上这些课的目的不对，仅仅是为了应试。我觉得最好是把上学和自己教结合起来，不是完全自己教，也不是完全扔给学校。针对目前的情况，好的家长应该做到两条，第一是给素质教育加分，自己在家里培育孩子的智力兴趣，使他爱读书，爱思考，真正感受到学习的乐趣，第二是给应试教育减负，不要再给孩子增加压力了，孩子已经很苦了。这两条实际上就是尽量减少应试教育对孩子的伤害，同时又尽量给孩子一些学校给不了的东西，弥补应试教育的缺陷。当然，这就要求家长有比较高的素质。别以为做家长只是一个自然现象，当了父母以后，实际上是上帝对你提出了更高的要求，要求你提高自己的素质。（掌声）

现场互动

问：现在很多 80 后被房子、车子困住了梦想，靠读书、学哲学开解自己，可以解决这些问题吗？对于被现实生活压得喘不过气来的 80 后们，您有什么想对他们说的？

答：现在的年轻人确实面临生存的压力，集中在买车买房上面，但是我觉得这里面有一个心态的问题，就是你把物质生活的标准定得多高，不妨把起点放低一点，不要着急，慢慢地改善。我想起我们年轻的时候，我考回北京读研究生，那时候没有买房的问题，都是单位分房子，我们单位房源紧张，没给我分，我在一个6平方米的地下室里住了许多年，也就能放下一张床和一张桌子。当然更没有车了，一辆破自行车骑了那么多年。但是，我的好多作品是在那样的条件下写出来的。我觉得物质上将就着过就行了，只要基本生活有保障，物质的贫困不会妨碍你的精神活动的，往往还会让你更专注。

问：很多90后现在普遍对自己的工作不满意，不喜欢，希望能够做一份自己喜欢做的工作，有这样的困惑，怎么办？

答：这个问题的确很普遍，对自己的这份职业不喜欢，工作得不快乐。我觉得这倒没关系，最重要的是你一定要有自己真正喜欢做的事情，也许你现在还不能把它作为你的职业，但必须得有这样的事情。我发现很多人是这样的，现在这份工作不喜欢，让他挑一个喜欢的工作，挑来挑去最后就是工资高的工作，因为他根本就没有自己真正喜欢做的事情，那就没有办法了。所以我一直强调，最重要的是必须具备快乐工作的能力。其实，从理论上说，每个人都是有特殊的禀赋的，因此都是应该有一个最适合他做、最让他快乐的事情的。当然，自己的禀赋在哪个方面，最适合自己做的事情是什么，一开始很难发现。我在年轻的时候也不知道自己将来该干什么，也曾经茫然过。但是，我觉得这没有关系，你不要着急，先让自己变得优秀再说，只要你的整体素质是好的，慢慢的你就会找对自己的路，找到那个你能够做得最好的事情。

问：现在我们是读书月，希望您推荐一些好书。

答：我一直觉得推荐书是一件难事，因为不存在一个适合每一个人的书单。阅读是个人的精神生活，每个人必须自己去寻找适合自己的好书，只有一个标准，就是读了以后能够让你真正感觉到精神上的快乐，得到精神上的提高。如果不是这样，你就没有必要去读，那本书对你来说就不是好书，至少暂时不是，以后可能会是。常常有这样的情况，你水平提高以后，一本以前读不下去的书，你突然发现非常好。

主持人：大家可以参考我们做的榜单，当然了，首选还是周老师的著作。

答：千万不要，这是我的真心话。我的书只起一个作用，就是读者和大师之间的桥梁。我一直认为，当代无大师，我自己基本上只读死人的书，就是历史上那些真正的大师的著作，真的觉得太好了，和一般人写的就是不一样。你看我写的东西，大多不过是读了大师作品之后的感想罢了。所以我就想，能够把读者引到大师面前，我的任务就完成了。光看我的书是没有出息的，你不能老是待在桥上，对吧？

问：我的孩子15岁，初中毕业了，经常问我一个问题：妈妈，学习的意义和生存的意义是什么？

答：你看应试教育的罪过有多大，不但学习没有意思了，人生也没有意思了。如果我现在是中学生，我也会觉得学习和人生都没有意思的。所以我觉得，当今父母的首要责任是保护好孩子，给他一个相对好的小环境。你要引导他读一些好书，给他的学习增加一些有意思的内容，让他品尝到学习的乐趣。

问：有一种观点认为，书没有好坏之分，只有喜欢和不喜欢之分，你怎么看？很多专家不认可畅销书在文学上的地位，但是一些畅销书的作家会说，不要忽视读者的鉴赏能力，能够畅销说明它是有意义的，不要把书分为纯文学书和畅销书，请谈谈您的观点。

答：我认为书还是有好坏之分的，当然好书坏书都可能有人喜欢，但是我想喜欢什么书，这里面有一个趣味的问题，还有一个层次的问题。判断书的好坏，当然不能看读者的多少。读者多的书，可能是人心所向，也可能是炒作效应。读者少的书，可能是曲高和寡，也可能是实在太滥。真正的标准是看书的质量，可是质量怎么判断，就不好说了，见仁见智，所以我说最后就看时间的判断，能不能流传下去。我并不完全否定畅销书，畅销书里不是没有好书，我想强调的是，读什么书要有自己的选择，不要被时尚拖着走，大家都在读你就跟着去读。作为作家，当然都希望自己的作品能够畅销，但是我觉得比较好的心态是让作品自然地走到读者当中去，不要做许多包装和宣传，反正我不喜欢这样。炒作对读者是不公平的，结果很可能是本来不想买却买了，买了以后发现自己并不喜欢。所以我觉得还是让书自然地走到读者当中去比较好，作家应该追求的不是畅销而是长销，这才是作家和读者之间的一种健康的关系。（掌声）

问：很多人认为哲学在今天的时代没有多大用处，您怎么看？

答：哲学不是一门实用的学科，现在的社会比较看重实用，所以哲学在今天的处境比较尴尬。很多大学的哲学系，每年考生都不够，往往要从其他系的考生中调剂。因为哲学系学生毕业以后，就业会是大问题，如果要专业对口，无非是两个去处，一是搞研究，一是到大学里当哲学老师，而这两种职业的人数都非常少。我本人认为，作为一个专业的哲学的确不要太多的人，哲学系不要太大，招生的人数可以少一点，让真正喜欢哲学并且有培养前途的青年来专门学习和研究哲学。另一方面，非专业的哲学，作为人生思考和人生智慧的哲学，今天大家都很需要，事实上很多人一接触到就很感兴趣，我的半瓶子醋的所谓哲理散文销得那么好，也说明社会有这个需要。所以，我经常说，在今天的时代，哲学一方面好像是一个弃妇，另一方面却是很多人的梦中情人。

问：现在幸福感是一个大家都在谈论的话题，在今年一个城市幸福感的评价指数中，合肥排名第三。当今价值取向多元，互相冲突，父母会从世俗价值出发对我提各种要求，您认为我应该如何从自我幸福感出发进行取舍？

答：我不知道这个幸福感指标的统计，但我想合肥排在第三是应该的，因为我发现，哪个城市竞争不那么激烈，那里人们的幸福感就强。（掌声）物质领域的竞争真的是很破坏幸福感的。关于你如何取舍的问题，我觉得有两条，一是你自己内心的价值观是不是明确，二是你的意志是不是坚定。如果你自己看得很明确，认为这样才能幸福，那你就要坚定，不要因为父母反对就放弃，你可以试着说服他们，说服不了的话，就先做出来给他们看看。

问：第一次接触您的作品是在我第一次高考失利的时候，在书店看到您的书，是我们老师推荐的《安静的位置》，就买回来了。书的好坏主要看适不适合你，我很庆幸找到了一本适合我的书，所以谢谢您。我很羡慕您的女儿啾啾，我小的时候和父亲交流比较少，感觉他比较可怕，现在长大了有什么事情也不喜欢和他说，怕他担心，我想问这样因为怕家长担心而不告诉他自己的近况是不是对？

答：如果我是你的父亲，我一定希望你能告诉我。当父亲普遍是这样的心理，孩子长大了，尤其是女儿，特别希望父女之间能谈心，做知心朋友。也许因为中国家庭的习惯，或者个人的性格，或者面子，父亲往往不是特别主动。但是，我相信他在那里期待，做父亲的其实都会有这种期待的心理。所以，你要主动一点。我告诉你一个秘密，随着孩子长大，父母和子女之间的交流，主动权会越来越转移到子女的手里，长到像你这样的年龄，主动权已经在你的手里了。所以，你不妨走出第一步，去试一试，我相信你的父亲一定很高兴。（掌声）

问：我想问您一个问题，哲学是不是科学？

答：我可以明确地说，哲学不是科学。有一种说法，说哲学是科学的科学，是科学之父，从科学产生的历史来看，这样的说法有一定的道理，西方历史上首先产生的是哲学，后来那些科学都是从哲学里面分化来的。但是，我想强调的是哲学和科学有根本的区别，科学探究的是经验范围内的事物，哲学思考的是超出经验范围的问题，世界的本质是什么，人生的意义是什么，这类问题永远不能凭借经验来解决，只能是通过思考来确定一个方向，可能最后的解决就会把你引导到宗教。

问：我还想问一个问题，哲学是这么好的一门学科，为什么只能在大学里甚或大学哲学系里才能学到，为什么我们不能在中学里学到？在西方，中学里就有哲学和宗教课，我觉得我们的中学教育也应该把哲学纳入课程。

答：我非常赞成你的提议，中学里应该开哲学课，学哲学应该从中学就开始，让大家在心智开启的年龄就能初入哲学的门。如果这样做，就需要大量合格的哲学教员，刚才讲的哲学系的尴尬状态就可以解决了，哲学系的学生就有广阔的出路了。不过，教材非常重要，一定要有好的教材，哲学课才会有意义。据我看，我们还没有这样的合适的教材，必须完全重新编写。我们现在的教材，无论是大学里哲学公共课的教材，还是中学里取代哲学课的德育课之类的教材，基本上是意识形态，哲学的含量太少。我认为应该侧重讲哲学史上若干最重要的哲学家的思想，让学生知道那些伟大的头脑在想什么问题，是怎么想的，从中受到启发，从而能够自己独立思考世界和人生的重大问题。哲学课应该起到这样的作用才对，现在这些教材当然起不了这样的作用，甚至在起相反的作用。

问：我是一名小学的语文教师，但是我越来越不知道怎样教现在的孩子，因为在现行的教育体制下，不光是应试的问题，而是整个体制都存在着问题，甚至我觉得有时候会被迫按照教科书和考试标准答案给孩子们说一些我自己都不相信的假话，或者让孩子违背天性做一些事情，我想问现在的教师怎么样才能真正为孩子做点事情？（掌声）

答：我非常理解你的苦恼，如果我是语文教师也会这样，一方面你不得不在这样的体制下生存，你不可能完全反抗，但是另一方面你这样做心里是很难过的，你知道这对孩子是一种误导和伤害。怎么办？我觉得没有什么好办法。如果你上升到这样的高度，做老师实际上是在做人，你有自己做人的标准，有自己的底线，那么，在守住底线的前提下，你只好尽可能智慧地调和这个矛盾。比如说，对于教科书上的假话，我可能会这样告诉学生，同一个问题可以从不同角度去想，教科书上的答案只是角度之一，你还可以有别的角度，但不要写到考卷上去，那样按照规定我只好扣你的分了。有人可能会说，这样做不是在鼓励孩子做两面派吗？我说不对，我们在社会上生活，自己常常不得不在内心坚持一种意见的同时做表面的妥协，孩子将来一定也会遇到这种困境，那就让他们从现在开始就学习应付的能力吧。作为家长，我就是这么做的。没有办法，你是戴着镣铐在跳舞，但是你得跳。（掌声）

问：很早读过您的《守望的距离》和《各自的朝圣路》，今天很荣幸能够近距离聆听您的倾诉。我有一个问题，在现在的快节奏的生活中，有人认为要达到幸福的境界太难了，于是倡议一种慢生活，周老师是怎么看慢生活的？

答：我非常赞同，我也觉得现在的生活节奏太快，应该慢一点。那么快干什么？那么快实际上是两个原因造成的。一个是你的目标太功利，太想得到它，所以你得快。还有就是互相攀比，互相影响，人家快你也快。但是你问一下自己，你这么快到底是为了得到什么？结果得到的很可能是一个渺小的东西，却把真正有意义的、能给你的生活带来真正品位和快乐的东西丢掉了。不要攀比，不要加入快步者的群体，那个没有意思，走到最后发现什么也没有得到。不知道自己到底要什么的人才会这样，所以一定要想明白这个问题：你到底要什么？

问：周老师您好，我想问一下，您现在是非常有名望的作家和哲学家了，您在成名之前遇到过困难的打击吗？您是如何面对这些困难的？我想听一些具体的例子。

答：其实我现在所谓的成功，我真的觉得是很侥幸的，是非常偶然的，我从来没有想到过我有一天会成为所谓的著名作家，这个称谓在我年轻的时候从来没有在我的目标里面出现过，我对自己也没有这么高的评价和期许。我年轻时候的理想是多读书，做学问，成为一个很有学问的人，就这样一个很抽象的目标。我是想说，所谓的成功真的没有必要太看重，最重要的是让自己变得优秀。我受过什么挫折？我大学时代的一个好朋友，音乐学院的学生，毕业后在中央乐团工作，而我北大毕业后分配到广西的一个小山沟里，现在看是在那里待了十来年，当时根本不知道还能出来，以为一辈子就在那里了。这个朋友后来去了美国，再看到我的时候非常惊讶，他说周国平你原来就是个倒霉蛋，现在居然这样有名了。真的，长期以来，在我的朋友们眼中，我就是个倒霉蛋。我经历的别的磨难也不少，不细说了，你去看我的自传《岁月与性情》，那里面都写了。

主持人：我的理解，周老师，每个幸福里也包括一些磨难。

答：对，一个人真正幸福并不是说你运气多么好，能得到多少东西，我觉得更重要的是对人生的体验丰富，包括对不幸和苦难的体验，而且你能以一个正确的心态去面对这些。

问：我们全家人都是周老师的粉丝，今天带着儿子来参加。我非常赞成周老师的观点，一个人真正的写作应该是从自发地写日记开始的。我从15岁开始写日记，至今写了27年。（掌声）如果不写日记，日子就没法过了，人生一片空白。所以我觉得我现在是幸福的。但是我现在面临着两个困惑，一个就是我的儿子，他小时候我让他写日记，到了初中的时候半写半不写，到了大学就不写了。

答：我觉得写没写是他的秘密，他没有必要告诉你。（笑声，掌声）

问：他的日记本丢在家里，我感觉可能是不写了，这是我的第一个困惑。第二个困惑，我是小学语文老师，我的学生他们也不喜欢写日记，虽然我认为写日记非常好，就如周老师所说，日记是岁月的保险箱，灵魂的密室，作家的摇篮，可是学生们就是不喜欢写，想尽办法他们也不感兴趣，家长也不支持。因此，对我的儿子，我的学生，我们祖国的下一代，他们不喜欢日记，有没有什么办法，求教周老师。

答：我觉得你的这个困惑，一个可能是总的应试教育的环境造成的，学生和家长认为写日记对语文考试没有好处，所以觉得不重要。另外一个，我觉得你要调整你自己的心态。一个好事情你可以提倡和鼓励，你可以用自己的行动去影响，但是你没有办法强迫，一强迫好事就变成坏事。所以我希望你不要着急，总会有一些人受到你的感染的，有几个都是好的，有几个算几个，这就是成果。我还非常强调一点，孩子写日记，老师和家长都不要看，一定要让孩子有一个自己灵魂的密室，在那里他能够诚实地面对自己。我为什么强调要养成写日记的习惯？我并不是说一定要有写作的能力，写作的能力只是副产品，最重要的是通过写日记来培养面对自己灵魂的诚实，这是一个人最根本的诚实。但是，如果写的时候他知道爸爸要看，老师要看，那个感觉就不一样了，就很难完全诚实了。所以，不要去看，你悄悄地观察孩子是不是在写，发现他在写，你也装作不知道。(掌声)

（举行此讲座的时间地点：2012年8月8日合肥新安读书论坛。根据录音整理，讲演内容作了大量删节，侧重整理互动内容。）

第二辑　谈人生

哲学与人生

1. 哲学是谈心

我是想借这个题目和大家谈谈心。我十七岁进北京大学哲学系，毕业后分配到广西一个山沟里待了十来年，恢复高考时考回北京，在中国社会科学院哲学研究所读研究生，然后留所工作，一直到现在，可以说这一辈子全搭在哲学上了。哲学是我的专业，学术我也搞，比如研究尼采，但是今天我要讲的不是作为学术的哲学。我觉得哲学对于我来说不仅仅是一门学问，如果当年我没有上哲学系，后来没有从事这个专业，我也是离不了哲学的，我要讲的是这个在我的人生中真正起作用的哲学。

我这个人其实是一个特别想不开的人，从小就比较多愁善感，有很多困惑，对人生的很多问题想不通。比如说，很小的时候，我知道了人必有一死，我自己有一天也会死的，从那个时候起，我就

113

老想死的问题，既然必有一死，活着到底有什么意义。当然还有其他许多想不通的问题，我就使劲去想，自己开导自己，同时也看看大师们是怎么说的，作为自己思考的参考，努力要把这些问题想明白。这个过程实际上就是在和自己谈心，后来我就发现，这个和自己谈心的过程其实就是哲学，它在我的生活中起的作用特别大。有时候我会把和自己谈心的收获写成文章，你们看我的作品，大量的是写自己的感悟，实际上就是把和自己谈心的收获告诉大家，这样就成了和读者谈心了。很多读者喜欢我的作品，一个很重要的原因就是我这个人不是在当老师，不是去教育别人，你有问题我来给你解决，这个我做不到。我是在解决我自己的问题，一个人不能骗自己，没有解决假装解决了，这不可能。开导自己一定是要把自己说通，这个过程我把它写下来，和我有同样问题的人看了就会感到比较亲切，比较对路子。我做讲座其实也是这样，我这个人不会讲演，慷慨激昂，出口成章，我都不会，我只会用谈心的方式来讲，也就是说一说自己体会到的东西而已。

从历史上看，其实哲学在一开始的时候就是谈心，最早的哲学家，比如孔子、苏格拉底，都不开课也不写书，从事哲学的主要方式就是和青年人谈心。你看孔子，他并没有在教室里给大家上课，他就是和一些年轻人在一起聊聊天，谈谈心，然后他的一些学生把他的言论回忆一下，记录下来，就编成了《论语》这本书。西方也是这样，苏格拉底也是从来不开课的，他就是在雅典的街头跟一些年轻人聊天，后来他的学生里有一个叫柏拉图的，就把他和别人聊天的经过记了下来，加进了自己的许多发挥，写了很多书。柏拉图的著作基本上是用对话的形式写的，主角就是苏格拉底，柏拉图晚年还办学授课，但苏格拉底自己既没有开过课也没有写过书。

所以，从源头上看，哲学就是谈心。一个人要和别人谈心，首先必须先和自己谈心。我觉得这一点对于我们这些普通人格外重要，对于我们来说，哲学首先是一种和自己谈心的活动。其实我们平时总是在和自己谈着什么的，不过大家想一想就可以发现，我们主要是在谈事，某件事怎么做啊，和某个人的关系怎么处理啊，谈心的时候就非常少。和别人谈话也一样，大量的是谈事，很少谈心。这样的生活状态基本上是非哲学的。一个人什么时候养成了和自己谈心的习惯，就可以说他已经有了一种哲学的生活状态。

所以我说哲学其实没有什么神秘的，就是经常和自己谈谈心。谈心不是谈事，要解决的是心的问题，我们平时往往陷在事里面，哲学要你跳出事来想人生的大问题、大道理，尽量想明白，这样心就会有一个比较好的状态。哲学就是要让你有一个好的心态，大事不糊涂，小事不纠结，活得更明白也更超脱。

2．哲学是对世界和人生根本问题的思考

那么，哲学要让我们想一些什么大问题呢？简单地说，分两大类，一类是世界、宇宙的大问题，一类是人生的大问题。许多人觉得哲学讨论的问题很抽象，很玄虚，其实不然。如果你有心，你会发现孩子就会提许多哲学性质的问题。前不久我出了一本书，叫作《宝贝，宝贝》，写我的女儿从出生到上小学这一段时间里我的观察和感受，其中有一章叫《爱智的起点》，专门写她幼儿期的智力发展。

在四五岁的时候，她提了很多问题，其中有一部分就是真正的哲学问题。

比如关于世界的，她问她妈妈：云上面是什么？妈妈说是星星。她又问：星星上面是什么？妈妈说还是星星。她就说：我问的是最后的最后是什么？妈妈说：没有最后吧？她就困惑了，转过头来对我说：爸爸，不会吧？然后指一指我们家的天花板，意思是说天也应该有个顶吧。她提的问题实际上是世界在空间上是有限的还是无限的，这就是一个典型的哲学问题。康德谈到哲学上的四个二律背反问题，所谓二律背反，就是怎么回答都不对，没有一个答案，其中一个就是世界在空间和时间上是有限还是无限的。又有一回，她对妈妈说：有一个问题你肯定回答不出来。妈妈问是什么问题，她说：你告诉我世界的一辈子有多长？这就是世界在时间上有限还是无限的问题了。她还问妈妈：世界上第一个人是从哪里来的？妈妈说：中国神话里面说是女娲造的。她马上问：女娲是谁造的？我当时在旁边听了很吃惊，追问人类的起源，生命的起源，这是典型的哲学性质的追根究底。

这是关于世界的。关于人生，她也提了很多问题。她四岁的时候经常说一句话，她说我不想长大，语气是很痛苦的，因为她已经知道长大了会老、会死。她不但说，身体也有了反应，在这以前她早就不尿床了，可是从开始说这句话的时候起又经常尿床，我知道她是想证明自己没有长大，还是一个小 Baby（笑声）。到了五岁，有一天她就问我：爸爸，时间为什么会过去？时间要是不过去该多好啊？我知道她的意思，时间不过去就不会长大了嘛。然后就问我一个问题：什么是时间？什么是时间——这可是哲学上的一个大问题，许多哲学家试图从不同角度来解释，没有一个统一的说法，我怎么跟一个五岁的孩子说清楚？我就跟她说：宝贝，你提了一个特别好的问题，但是爸爸回答不了。她马上问：你不是哲学家吗？你怎么也回答不了？她知道我是搞哲学的。我就说：好多大哲学家都没有说清楚，爸爸是个小哲学家，就更说不清楚了。她说：不管大小，是哲学家就要想问题，你就想一想吧（笑声）。我说：好，我们一起来想。后来她真的在琢磨，过了几天，她跟她妈妈说，她说：妈妈，我知道时间是怎么回事了。妈妈让她说一说，她就说：时间是一阵一阵过去的，比如说我刚才说的那句话，刚才还在，现在没有了，想找也找不回来了，这就是时间（掌声）。她妈妈向我转述的时候，我真的非常惊讶，她这个话把时间一去不复返的性质说得非常到位，而且打的比方也非常对应，说话就是这样的，一句话刚说出口就没有了，这和时间的稍纵即逝非常对应。

又过了几天，她问我一个问题。她说：爸爸，在世界的另一个地方，会不会有另一个我？我一听这个话，汗毛竖起来了（笑声），小小的年纪怎么想这种问题啊，我是不愿意她想这种问题的，所以我就打岔。我说：可能吧，说不定你还会遇到她呢。她马上特别生气地打断我，说：不会的！然后转过脸去跟她妈妈说：妈妈，当你老了的时候——实际上她是委婉地说当你死了的时候——在世界的另一个地方又会生出一个人来，那个人长得跟你完全不一样，但她就是你。老天，她说的是轮回啊！我的汗毛又竖起来了（笑声）。

一个五岁的孩子，头脑里是怎么会产生这样的观念的？我就回忆，发现还是有线索可寻的。在她三岁的时候，她就曾经问她妈妈，问爷爷去哪里了。她有外公外婆，有奶奶，但从来没有见过爷爷，因为她的爷爷也就是我的父亲在她出生以前就去世了。我有这个孩子比较晚，别的小朋友基本上是四老俱全，她心里一定是奇怪了一些时间了，终于问了出来。妈妈就说：爷爷到天上去了，变天使了。她问：爷爷为什么要变天使？妈妈说：爷爷有病，变了天使病就好了。这是用一个诗意的回答把问题糊弄过去了。有的时候，我跟她妈妈聊以前的事情，她就会问：妈妈，那个时候我是在你的肚子里吧？妈妈说：那个时候我肚子里还没你呢。她就奇怪了，问：那我在哪里？她可以想象自己在妈妈的肚子里，然后生出来了，但是不能想象自己曾经是根本不存在的。其实，你们认真想一想自己，这个每个人都非常在乎的自己，在以往无限岁月里根本就不存在，而且很可能不会产生出来，这难道不是很不可思议吗？她妈妈就对她说：那个时候你在天上，是天使。通过这些谈话，她就有了一个概念：人在出生以前在天上，是天使；死了以后又回到天上，变成天使。那么，再往前推一步，回到天上以后是不是还会到地上来，重新投胎变成人呢？这就是轮回，我想她的这个观念可能是这么形成的。

    我讲我女儿小时候的这些事情，是想要说明，对世界和人生进行哲学的追问，实在是最正常的事情，从小孩子就开始了。哲学所追问的这些问题绝对不是某几个头脑古怪的哲学家挖空心思想出来的，而是我们的人生本身就包含的。我从我的女儿身上清楚地看到，一个小孩当她的理性开始觉醒的时候，就自然而然地会问这些问题。

印象派画家高更有一幅名画，标题是"我们从哪里来？我们到哪里去？我们是谁？"这个标题就概括了哲学要追问的问题。我们每个人来到这个世界上，只活很短暂的一段时间，然后又离开了这个世界。我们出生前在哪里，死后又去了哪里？宇宙无始无终，无边无际，对照之下，我们的生命既短暂又渺小，到底有什么意义？人有没有一个灵魂，世界有没有一个上帝，或者说一种精神实质，可以为灵魂提供根据？一个人对人生的态度稍微认真一点，就不可避免地会面临这些问题。

柏拉图和亚里士多德都说过，哲学开始于惊疑——惊奇和疑惑。相对地区分，惊奇是面对世界的，疑惑是面对人生的。在古希腊，最早的哲学家泰勒斯其实是一个天文学家，他对星空感到惊奇，试图解开宇宙之谜。他之后的哲学家也是如此，一直到了苏格拉底，发生了一个转折，对人生的疑惑占据了哲学的中心，他试图弄清人生的意义到底是什么。人类是这样，个人也是这样，当你对世界感到惊奇，去追问世界到底是什么的时候，当你对人生感到困惑，去追问人生到底有什么意义的时候，你就开始进入哲学思考了。我相信许多人小时候都有这样的经历，仰望星空，想到宇宙的无限，会感到不可思议，这其实是哲学思考觉醒的契机。至于对人生的困惑，人为什么活着，怎么活才有意义，我相信大家都会有，区别在于你能否正视这种困惑，真正去思考。有困惑不是坏事，在我看来恰恰是素质好的表现，那些从来没有困惑的人才可悲呢，尼采说过，一个人面对人生的可疑性质居然不发问，这是极其不负责任的。这里面也有一个气质的问题，人们经常说艺术家气质，其实也存在哲学家气质，我说的哲学家不是指从事哲学专业的人，生活中我遇到过很多普通人，他们对人生的大问题很敏感，有许多困惑，经常去想，我觉得这些人就是有哲学气质的，而很多在研究所里做学问的人未必有这个气质，有没有哲学气质和搞不搞哲学研究是两回事。

那么，如果要我给哲学下个定义的话，我就这么下：哲学是对整个世界和人生的根本问题的思考。当然，作为一门学科，现在的哲学已经分得很细了，但是有一点是不会变的，从大的方面来说，哲学就是两大块，一个是对世界的思考，一个是对人生的思考。我们常常说哲学就是世界观和人生观，我说这个话没有错，但是我们要正确理解什么叫世界观，什么叫人生观。以前我们一说世界观，就是唯物主义和唯心主义两种世界观，或者无产阶级和资产阶级两种世界观，一说人生观，就是为人民服务、为共产主义奋斗之类，给你一个标准答案。真正的哲学是要你自己去思考，世界观就是要你去思考世界的根本问题，人生观就是要你去思考人生的根本问题。把哲学定义为对整个世界和人生的根本问题的思考，就是强调要你自己去思考。

3. 哲学的特点

在这个定义里，我们要注意"整个""根本""思考"这三个词，它们表明了哲学的三个特点。

第一，哲学面对的是世界和人生的整体，要我们跳出局部来看全局。我们每一个人平时都生活在一个局部里面，过着具体的日子，做着具体的事情，有自己的家庭和日常生活，自己的职业和人际关系，有自己的一个小环境。哲学就是要让你从这个局部里跳出来，看一看世界和人生的全局，想一想世界和人生的大问题。局部有很强大的支配力量，因为它非常具体，和我们离得非常近，会让我们特别在乎周围的人和事。我们被困在局部之中，就成了被某些身份决定的东西。从局部里跳出来，实际上就是要回到人这个原点，我不是任何一种身份，我就是一个人，从而去思考作为一个人所必须面对的根本问题。我们平时沉浸在具体的生活和事情里，往往是想不起自己是一个人的，想不起自己作为一个人所应该思考的问题的。

通俗地讲，我们平时是在低头走路，哲学就是要让我们抬头看路，而且是立足于人生的全局来看自己所走的路。它给我们一个大的坐标，让我们跳出局部看全局，然后站在全局回过头看局部，看自己走的路对不对，过的生活有没有意义，怎样生活才有意义。只有从人生全局出发，我们才能判断具体生活的意义。一个只在局部中经营的人可能是聪明的，但只有懂得立足全局看局部的人才会是智慧的。

我自己有一种感觉，我觉得经常进行哲学思考的人就好像有了一种分身术，一个人变成两个人了，一个是身体的自我，这个我在世界上挣扎、奋斗，有快乐有痛苦，哭着笑着，但是还有一个更高的自我，这个自我从上面来看那个身体的自我，和它谈心，给它指导。这个更高的自我实际上就是理性的自我、灵魂的自我，它是立足于世界和人生的全局的，是哲学帮助我开发出来的，我觉得这是哲学给我带来的特别大的好处。有没有这个更高的自我大不一样，如果没有，只有一个身体的自我，人就会陷在具体的遭遇里，就会盲目、被动、纠结、痛苦。

第二，哲学所思考的是根本问题。有一种相当流行的说法，说哲学是方法论，我认为哲学主要不是方法论，而是对宇宙和人生的根本问题的思考。经常有人对我说，你是学哲学的，这个问题你帮我分析一下。我总是说，哲学不是万能的方法，好像什么具体的问题都能用哲学来解决，解决具体问题必须有关于这个具体问题的知识和经验，光靠哲学是解决不了的。哲学就其本性而言不是要为给你解决工作中和生活中的具体问题，它是要你去想根本问题。所以，如果你只是琢磨具体问题及其解决方法，不去想那些根本问题，你就还没有进入哲学。

有人会问，想根本问题有什么用？这仍是在用解决具体问题的实用尺度衡量哲学。我要明确地说，哲学无实用，实用非哲学。但是，哲学有大用，就是所谓的无用之用。通过想根本问题，你就有了一个宽阔的视野，这样你面对具体问题的时候，就会有一个好的心态，一种高的境界，它起的是这样一个作用。哲学的大用就是让你活得明白，拥有一个经过了你的思考的清醒的人生。当然，如果你宁愿盲目地、糊涂地活着，哲学对你就的确毫无用处。所以，一个人需要哲学的程度，完全取决于他重视人生意义和精神生活的程度。

所谓根本问题，说到底是两个，一个是世界的本质是什么，一个是人生的意义是什么。可是我们会发现，如果追问下去，这两个问题都是没有最后的答案的，更不可能有一个标准答案。康德说，世上最令人敬畏的是两样东西，一个是我们头上的星空，一个是我们心中的道德律。哲学所探究的，无非是我们头上的神秘和我们心中的神秘。

要了解哲学的性质，最好的办法是把哲学与宗教、科学做一个比较。其实这个比较是英国哲学家罗素做的，我觉得他讲得非常有道理，我做一点发挥。

在所问的问题上，哲学和宗教是一样的，都是追问世界和人生的根本问题。关于世界的本质，宗教也告诉你，你现在生活的这个世界只是现象，你要透过现象看本质，比如基督教告诉你，你要信上帝的国，那才是真实的、永恒的世界，佛教告诉你，四大皆空，人世间只是幻象，你要看破红尘，不受迷惑。关于人生的意义，宗教也是要解决灵魂和肉体、生命与死亡的关系问题。总之，无论哲学，还是宗教，实质上都是灵魂的追问，都是要解除灵魂里的困惑。

哲学所问的问题和宗教是相同的，和科学却是不同的。严格意义的科学只处理经验范围内的问题，所谓经验范围就是我们凭借感官能够接触到的事物，包括用仪器接触到的，仪器无非是感官的延伸。在用感官获得了感觉材料之后，再运用逻辑思维去进行整理，从中找出规律，这是科学做的事情。所以，可以把科学简要地定义为用逻辑整理经验。世界的本质是什么，人生的意义是什么，科学是不问这类所谓的终极问题的，因为它们是超越于经验范围的，凭借经验永远不可能找到答案，哲学上有一个概念叫超验，就是这个意思。

但是，在解决问题的方法上，哲学却和宗教不同，反而和科学是一样的，它要凭借理性来解决这类超验的问题，要用自己的头脑把它们想明白。人的理性思维能力是用来整理经验材料的，对于超验的问题其实是无能为力的。世界的本质是什么，是物质还是精神，有没有一个上帝，人死后灵魂还存在吗，对这样的问题你无论做什么回答，都既不能用经验来证明，也不能用经验来驳倒，从理性的角度来说是无解的。很多哲学家，比如德国的费希特，甚至包括列宁都说过，唯物主义和唯心主义在理论上谁也不能驳倒谁，这是一个信念的问题。

从古希腊开始，西方哲学一直作为形而上学而存在，metaphysics 这个词，直译是"物理学之后"，就是要凭借理性能力来探究有形世界背后的那个无形世界，变动不安的现象背后的那个不变的本质。但是，探究了两千多年也没有结论，所有的结论都被推翻了。尤其是到了康德，他很有说服力地论证了不但人的感官只能触及现象，人的理性能力也只能触及现象，不能触及本质。在他之后，西方哲学越来越取得了一个基本共识，就是世界对于我们只能作为现象存在，只要我们去认识，它就是现象，只能作为现象呈现给我们，因此设想现象世界背后存在一个本质世界是毫无意义的。经常有人说西方哲学陷入了危机之中，指的就是依靠理性思维寻找现象背后的本质这样一条路走不通了。

不过，在我看来，这个所谓的危机其实早就包含在了哲学的本性之中。科学用理性的方法解决经验的问题，它的本性中没有矛盾。宗教认为人的理性是有限的，不能解决超验的问题，只能靠信仰来解决，或者像佛教所主张的，靠戒定慧进入某种排除经验和逻辑的精神状态，它的本性中也没有矛盾。哲学要用理性的方法解决超验的问题，很显然，它的本性中就包含着矛盾。宗教、哲学和科学，人类认识世界的这三种方式，哲学在中间，它和宗教一样追问超验的问题，和科学一样使用理性的方法，实际上就是要用科学的方法去解决宗教的问题，这就是哲学的内在矛盾。宗教的问题是灵魂提出的问题，宗教就让上帝来回答，它是一致的。科学的问题是头脑提出的问题，科学就让头脑来回答，它也是一致的。唯独哲学，它是让头脑来回答灵魂提的问题。我打个比方来说，人的灵魂是一个疯子，净问那些解决不了的问题，而人的头脑是一个呆子，要按部就班、有根有据地回答问题，所以哲学的情况就像是疯子在问，呆子在答，结果可想而知。

这么说来，哲学的状况好像是很悲惨了。但是，罗素说了，这正是哲学的伟大之处。实际上，在让你不去想根本问题这一点上，宗教和科学是相同的，宗教承认根本问题的重要，但认为你单靠理性是想不明白的，只能靠某种神秘体验，科学也告诉你这种问题是想不明白的，你的理性应该用来想那些想得明白的问题，去解决那些能够解决的问题。只有哲学偏要你去想这些想不明白的问题。哲学这个词，philosophy，原义是爱智慧，"智慧"前面有一个前缀"爱"。智慧是已经想明白了根本问题，哲学不是，它是爱智慧，是还没有想明白而渴望想明白，这个名称表明哲学非常有自知之明。哲学给自己提出不能解决的任务，去思考没有答案的问题，有其独特的意义。你去想这些大问题，哪怕没有最后答案，你和不想这种问题的人是不一样的，在实际生活中你和他们会有不一样的心态和境界。你和仅仅凭信仰去解决这种问题的人也是不一样的，在你的灵魂追求和你的理性思维之间会有一种紧张关系，这种紧张关系实际上同时促进了两个方面，使你的理性思维更深刻，也使你的灵魂追求更自觉。科学不关心信仰，宗教直接给你一种信仰，而哲学不同，它关心信仰，又不给你一种确定的信仰，永远走在通往信仰的路上，它永远在路上，永远不会在某个终点上停下来。

哲学要你面对世界和人生的整体，去想根本问题，而根本问题是没有终极答案的，至少是没有标准答案的，这就有了哲学的第三个特点，就是要你去独立思考。世界观，人生观，我强调一个"观"字，"观"是动词，不要把它固定成名词，你要自己去看世界、看人生，这就是独立思考。哲学只向你提问，不给你答案，它把你引到那些最高问题之中，它就尽了它的责任。如果你真正去想这些最高问题了，你对它们的思考保持在敏锐和认真的状态，你就真正进入了哲学。所以，如果有一种哲学宣称要给你一个标准答案，因此你就不必自己去思考了，你就应该怀疑它是不是哲学了。

我这么说当然是有所指的。我认为我们的哲学教学是有很大毛病的，往往就是给你一些教条，给你标准答案，你就接受吧，相信吧，不要思考。当年我是在北京大学哲学系学的哲学，回过头来看，在课堂上真没有学到什么哲学，对什么是哲学形不成一个基本的概念。当时我们的一本主要的教科书是艾思奇编的《辩证唯物主义历史唯物主义》，这本书是大学里哲学公共课的基本教材，也是我们哲学系的专业基础课的教材，这个东西我们要学两年。其实它的框架基本上来自斯大林，斯大林的《联共（布）党史》中有一节，标题就是《辩证唯物主义历史唯物主义》。

辩证唯物主义这部分是怎么谈的呢？基本上是这样一个路子：什么是哲学的基本问题？就是物质第一性还是精神是第一性，主张物质第一性的是唯物主义，主张精神第一性的是唯心主义，这是一条分界线。还有一条分界线，世界是运动变化的还是静止不变的，主张运动变化的是辩证法，主张静止不变的是形而上学。这里我顺便说一下，"形而上学"这个词，我们的用法是有问题的。亚里士多德的一本主要著作，后人把它命名为metaphysics，意思是探究有形世界背后的无形世界，汉译是根据《易传》里的一句话："形而上者谓之道，形而下者谓之器。"译为"形而上学"，应该说是传神的佳译。就原义来说，哲学就应该是形而上学，是对看不见的"道"的探究。把它转义为静止地、孤立地看事物的思想方法，可能是从恩格斯开始的，大背景是康德之后对那个本来含义上的metaphysics的质疑。我的看法是，质疑归质疑，不应该歪曲本来的含义，把它变成了一个贬义词。上面说了两条分界线，然后我们的哲学教科书就用这两条分界线去给历史上的哲学家排队，唯物主义者是好人，唯心主义者是坏蛋，有的唯物主义者是形而上学地看问题的，比如费尔巴哈，是有缺点的好人，有的唯心主义者是辩证法的，比如说黑格尔，是有一技之长的坏蛋，可以为我所用，最后发展到辩证唯物主义就是完人，一点缺点都没有。

大家可以想一想，学了这么一套东西以后，你知道哲学是什么了吗？事实上你对哲学还是一点概念也没有。哲学就是爱智慧，它让你爱智慧了吗？爱智慧就是不甘心糊里糊涂地活着，要自己把人生的根本道理想明白，而这样的哲学教学本身没有丝毫思想含量，怎么可能刺激你去思考呢，它起的作用是让你在还不知道哲学是什么的时候就讨厌哲学了。有很多人说哲学抽象、枯燥、不可爱，说自己讨厌哲学，我说错了，你讨厌的东西根本不是哲学，你还不知道哲学是什么呢。

要知道哲学是什么，你一定不要看教科书，看我们那些教科书是绝对入不了门的，应该直接去看哲学家的原著。这是我的切身体会，我对哲学真正有一点概念，完全是靠自己去读那些大师的作品，从古希腊开始，柏拉图，亚里士多德，到后来的康德、尼采等等，包括马克思，也一定要读他的原著。我们现在讲马克思，一是与原著割裂，二是与欧洲文化传统割裂，就完全走样了。这么多哲学家，读谁的著作？我建议你先找一本好的简明哲学史来看，对主要的哲学家及其基本观点有一个了解，然后再选择若干个引起了你的兴趣的哲学家，去看他们的原著。把一本好的哲学史当作向导，在它的引领下去找你心仪的大师，我觉得这是学哲学的一个捷径。看大哲学家的书，重点是看他们在思考什么问题，解决问题的思路是什么。你会发现，那些伟大的头脑所思考的基本问题是共同的，也就那么几个问题，但是每个人思考的角度有所不同。这些问题实际上属于我们每一个人，你也许已经想过，也许是在读他们的书时被唤醒的。我要一再强调，重要的是问题，只有你自己真正去想这些问题了，你和哲学才是有了关系，才是进入了哲学。读书的作用是推动你深入地想，你不要接受任何一个哲学家的结论，你要自己去寻找答案，如果找不到，就宁肯没有答案。

人生哲学讨论什么问题

我们今天的题目是《哲学与人生》，前面讲了什么是哲学，接下来该讲人生了，就是人生哲学。如果说哲学是对世界和人生的根本问题的思考，那么，对人生的根本问题的思考这一块就是人生哲学。什么是人生的根本问题呢？说到底是一个问题，就是人生的意义问题，人生到底有没有意义，如果有，怎样的人生才是有意义的。

从西方哲学来说，古希腊最重要的哲学家，包括苏格拉底、柏拉图、亚里士多德，翻来覆去在讨论一个问题，就是什么样的生活才是好的生活。好，good，我们也翻译成"善"，柏拉图认为是哲学中的最高概念。好的生活，实际上也就是有意义的生活。按照我的理解，"好"可以分两个层次。

第一个层次，"好"就是令人满意，什么样的生活是令人满意的，是让人觉得愉快的，讨论这样一个问题。这个意义上的"好"，其实就是幸福，涉及的是人生的世俗意义，或者说生活质量。这是人生哲学讨论的一个大问题，就是幸福问题。

第二个层次，"好"就是正当，什么样的生活是正当的，是作为人应该过的生活。这个层次涉及的是人生的精神意义，人生的境界，讨论的是道德和信仰问题。这是人生哲学的第二个大问题。柏拉图主要是在这个层次上讨论什么是好的生活，人应该怎样生活才是真正作为人在生活，人生才有精神的、超越的、神圣的意义。

可是，我们讨论什么是好的生活，到头来躲不过一件坏事，就是死亡。你说人这样生活是幸福的，又是正当的，人生多么有意义，但是，人总有一死，如果死了以后归于虚无，什么也没有了，所有这些意义岂不是一场空？死亡是对人生意义的最大挑战，这是人生哲学不能回避的第三个大问题，就是生死问题。这个问题实际上是对人生意义的追根究底地追问，探究的是人生的终极意义，人生有没有超越生死的永恒意义。

我想来想去，人生的大问题就是这三个问题，人生哲学要讨论的就是这三大问题。第一是幸福问题，讨论的是人生的世俗意义；第二是道德和信仰问题，讨论的是人生的精神意义；第三是生死问题，讨论的是人生的终极意义。我们最后会发现，这三个问题的解决，实际上都有赖于灵魂和肉体的关系问题的解决，人生的意义归根到底取决于灵魂的品质。简单地说，灵魂的丰富是幸福的源泉，灵魂的善良和高贵是道德的根本，相信灵魂某种意义上的不朽则是超越死亡的必由之路。

1. 幸福问题

哲学立足于价值观探讨幸福问题。人身上最宝贵的东西是生命和精神，如果这两个东西都处于令人满意的好的状态，人就真正会感到幸福。这种令人满意的好的状态，对于生命来说是单纯，对于精神来说是丰富，幸福在于生命的单纯和精神的丰富。（略，参看本书中《幸福的哲学》一文。）

2. 道德和信仰问题

探讨道德问题要抓住道德的根本。道德寻求正当的生活，何谓正当，也是从生命和精神（灵魂）两个方面看。作为生命，人要有同情心，把爱生命的本能推己及人，作为灵魂，人要有尊严感，自尊并且尊重他人，这是道德的两个基础。生命的善良和灵魂的高贵是最重要的道德品质。把道德建立在灵魂的高贵和做人的尊严的基础上，这就已经是信仰了。信仰有不同的形态，共同点是相信灵魂生活是人的本质生活，因而能够在道德上自律。（略，参看本书中《道德的根本》一文。）

3. 生死问题

死亡是人生的必然归宿，我们不应该回避，要去面对它，去思考它，寻找一个适合于自己的思路，从而获得人生的最后一项成就，就是安详地死去。对于死亡，多数哲学家主张理智地接受，排除恐惧心理，基督教和佛教则以相反的思路教人看破生死，皆可供我们参考。通过思考死亡，我们最后即使不能得出一个结论，也会有重大收获，可以使我们对人生持一种既认真又超脱的态度。（略，参看本书中《思考死亡》一文）

清华大学现场互动

问：周老师，刚才您上台的时候，我看见您穿了一件短袖，轻易地跳上讲台，我是非常地惊讶，觉得不可思议。在我心里，您是一位长者，没想到您显得这么年轻，您的精神也非常年轻。这是不是得益于您的勤于思考呢？

答：我觉得哲学对我的心态肯定有特别好的作用。一个人怎样才能年轻啊？就是你别世故，一世故心思就复杂了，就会变老。哲学就是要让人不世故，通过想那些大问题，让你对小事情看开一些，糊涂一些，不去纠结。

问：您说马克思理想中的共产主义社会是人的自由发展，可是我们都听过一句话，说经济基础决定上层建筑，我觉得人的自由发展是很难实现的，很多现实的东西阻碍理想的实现。我觉得您的哲学思想和现实有很大的距离，这应该是哲学面对现实的尴尬吧。

答：哲学和现实当然有距离，如果没有距离，要哲学干什么？距离和距离还不一样呢，有的是不切实际的幻想，有的是引领现实的理想。理想怎样才算实现了？并不是说变成了看得见摸得着的东西才算实现了，理想的真正作用是给精神一个蓝图，一个目标，引导你向某个方向走。无论人类也好，个人也好，都是这样。马克思的这个理想可能带有乌托邦的色彩，但是所有的理想如果追问到底都带有乌托邦的色彩。乌托邦永远是一个远景，可是人类需要乌托邦，也应该有乌托邦，如果没有乌托邦，人类就被封闭在现实中了，不可能有精神层面的进步。作为个人来说，当然你要有基本的生存保障，但是，如果你确实知道，作为一个真正意义的人，你最重要的使命是要把你的精神素质发展好，把精神生活过好，如果你明确了这一点，你就不会永远为解决物质生活的问题做事情了，你会往高处走，而把解决物质问题仅仅当作一个手段。可是如果你没有那个理想的话，你就可能一辈子只是赚钱，只在物质生活上努力。所以，理想是给你的人生一个方向，有没有理想，人生的走向是不一样的。

问：周老师，读您的书是否就可以找到人生的正确方向？

答：当然不能只读我的书，如果这样，你就始终是站得比较低的。我的书只是一个桥梁，你要从这个桥梁走到大师那儿去，那才是目的地。一定不要在我这里停留下来，这是我再三向读者要求的。有一天，当你真正读进了大师的书，回过头来读我的书，你一定会觉得太浅了，读不下去了，这是我的真心话。不过，我一点儿不难过，反而为你高兴。

问：您怎么看佛教？您演讲中没怎么谈。

答：佛教我是不敢谈，因为佛教太博大精深了，我看的东西还太有限，更没有修炼的经验。我相信佛教是解决人生终极问题的最佳途径，今后会好好下功夫。

问：有一个问题是我最需要问的，就是您的信仰是什么？因为如果我不知道这个的话，就无法凭我的视角去理解您说的很多话。

答：如果你所说的信仰是指一种特定的形态，比如某种宗教，某种主义，那我可能就谈不上有一种信仰。但是我是这样看的，实际上我是通过哲学来思考信仰这个问题，哲学有一个特点，它始终走在通往信仰的途中，始终没有走到目的地，没有走到它的终点。它的终点也应该是信仰，就是对人生终极意义的一种特别明确、特别坚定的认识或解释，它的目的也是这个，但它始终走在路上，始终在思考之中。所以，我只能说我是走在通往信仰的途中。

问：您的信仰是更偏向于儒家还是道家？您说您选择去做自己喜欢的事情，宁愿放弃其他，我觉得这一点更像道家。

答：无论儒家还是道家都不能算是我的信仰，不过在中国传统文化里面，我更喜欢道家，因为它注重对社会形而下层面的超越，注重个人的精神自由。和儒家比，它有这两个优点。我觉得中国文化最大的缺点，一个是缺少形而上学，一个是缺少个人自由，在这两点上，道家比较好，儒家毛病比较大。

问：当您一百岁的时候，您认为那时候您会追求什么样的幸福？

答：一百岁已经是幸福了，还追求什么呀？（笑声）

问：根据霍金的大爆炸理论，您认为宇宙的本质是精神还是物质？

答：我看过霍金的《时间简史》，对他的大爆炸理论还是不太懂。他好像是根据我们所能得到信息的范围来规定宇宙的范围，大爆炸把此前所有信息都吸收掉了，我们所能得到的信息是有限的，所以这个宇宙是有限的，他的基本意思好像是这样。但是我还是认为宇宙是无限的，我们绝对得不到信息的那个部分，即便是我们永远不可能知道，并不等于不存在。至于世界是物质的还是精神的，我觉得光是做一个论断没有什么意义，无论唯物主义还是唯心主义都是一个信念，都没法证明，谁都驳不倒谁。你应该去追问信念背后的问题，就是为什么会有这个信念，那些所谓唯心主义哲学家为什么要为这个宇宙去寻找、去设定一个精神性的本质，其实是为了给人类的存在寻找一种精神的意义，而这样一种出发点是值得肯定的。

问：周老师，很高兴今天能近距离地和您交流，来之前对您有所了解，在现场看到您，首先发觉您的普通话不见得标准，看到本人不像照片这么严肃，看上去比照片要老实。您谈到您的女儿很小的时候提了许多看似很简单其实很深刻的问题，说实话，我二十多岁了，还提不出这样的问题。我想问，您的女儿是不是在您的潜移默化影响下甚至暗示下提这些问题的？她这么小就提出这么深刻的问题，对她的成长会不会有不好的影响？

答：首先我要告诉你，我肯定没有故意影响她，我在家里从来不谈哲学，我觉得在家里谈哲学特别可笑，特别傻，而且我内心并不愿意孩子过早地想这些无解的问题。但是，她一旦提出了这样的问题，我是鼓励她的，我会夸她提的问题特别棒，这说明她聪明。至于会不会影响她的成长，会让她变得沉重，我觉得一点也不会的，事实也证明了这一点。孩子的生命本能太旺盛了，她的智力在生长，生命也在生长，她的这种旺盛的生命本能是压抑不住的。也许她刚提过这种问题，几分钟后快乐的时候就把刚才提的问题忘掉了。不过，忘掉不等于不存在了，我就想，她想的这些问题一定是以某种方式潜藏在她的心里，就好像冬眠了一样。事实上，上小学以后她几乎没提过这样的问题了，但是我相信，她小时候提过的这类问题只是冬眠了，以后在某个时候还会苏醒的。我认为人应该想这种问题，想和不想的人的生活格调是不一样的，所以如果说影响的话，我觉得利大于弊。

主持人：由于时间关系，我们再提最后一个问题。哦，我看到好多同学向我摆手，那我把这个难题抛给周老师吧，周老师您想跟哪个同学交流？

答：你让我做坏人，我来做一下好人吧，可以再提三个问题。

问：您谈到中国人功利主义很严重，我想问中国的这个功利主义到底是从何而来的？庄子曾经批判有用、无用的分别，而在现实中，无用和有用的分别已经很严重了。中国的功利主义是先秦的时候就已经有，还是先秦之后中国采用了儒家学说才慢慢地发展起来的？

答：这是一个特别好的问题。先秦是中国文化的黄金时代，那时候实用主义品格还不明显，包括孔子，他也有很性情的一面。当然庄子更是这样，不过刚才你提到的那个无用之用，庄子讲那个话是着眼于自我保护，不完全是从精神层面谈的。我觉得实用品格比较严重是在西汉以后，儒家的礼教占据了统治地位。儒家的礼教，其宗旨是用宗法伦理维系社会的稳定。我把儒家和西方精神做比较，最大的区别是什么？如果说世界分为三个层次，上面是上帝，下面是个人，中间是社会，那么儒家是紧紧抓住中间的社会，一切从社会的稳定出发，如果上面的精神追求、下面的个人自由会影响社会的稳定，那就都要否定。西方的特点是鼓励上下两头，中间的社会是为两头服务的，而中国是上下两头都为中间服务。我觉得问题是在这个地方，所以造成了中国文化的这种实用品格，儒家的实用主义不是物质至上，而是社会稳定压倒一切。

问：哲学是不是会让人的心灵和生活很沉重，带来很多苦恼？

答：我认为恰恰相反。造成人生苦恼的原因有两个，一是人生必有的缺憾，二是人心不该有的迷误。这两个东西都不是哲学带来的，哲学恰恰是要针对这两个原因进行治疗，让人宽待人生的缺憾，解除心中的迷误，从而摆脱苦恼。人有两种病，一种是治不好的，需要安慰，一种是治得好的，需要治疗，哲学和宗教归根到底起的都是这两个作用。治疗有没有副作用？这就很难说了，即使有也比不治好吧。

问：我们都会背一首诗："砍头不要紧，只要主义真，杀了夏明翰，还有后来人。"一个8岁的小女孩问我：什么叫砍头不要紧，砍完头人不就死了吗？什么叫主义真？我没法回答。在今天的中国课堂上，确实有一些老师妄谈人生的意义，在座的各位同学哪个没有受过类似的教育？我们可以说为了全人类的解放事业奉献自己的无悔青春，但我们面临的却是这样一幅光怪陆离的社会图景，一方面是世博会、奥运会、春节晚会，另一方面是富士康的N+1跳、地沟油、假疫苗。我们仿佛奔向天堂又仿佛走向地狱，而您说哲学是走在路上，对很多问题没有终极的解答，我既然无法走到信仰中皈依，就只能在虚无中感受痛苦，那么这样的人生有什么样的意义？我今天真诚地想问您这样一位哲学家，人生有没有意义？如果您告诉我说人生有什么样的意义，那么我不虚此行；如果您真诚地告诉我说不知道，我同样觉得不虚此行。（掌声）

答：我选择后一个答案——不知道。（掌声）倒不是因为你用诗一般的语言描绘的当今社会的荒谬图景，这个图景是对我们的良知的挑战，但不是对人生根本意义的挑战。困境有两种，一种是时代性的，一种是人生本来就具有的，解决了时代性的困境，人生本来具有的困境仍然存在，所以我说不知道。我很欣赏你对人生意义问题的立场，就是必须真诚，只说自己真正经过思考的结论，或者承认经过思考仍然没有结论。现在在我们中小学乃至大学的课堂上，的确充斥着教师自己也不相信的意识形态谎言和道德谎言，丑化了人生意义这个最严肃的话题，把它弄成了一个遭人耻笑的笑话。

东莞理工学院现场互动

问：我是来自文学院的，见到周老师确实有点紧张。

答：我比你更紧张。你已经很了不起了，在这么多人的场合敢举手发言，我从来不敢。

问：我想请问周老师，能不能跟我们分享一下您青少年时期的一件特别难堪、现在回想起来会付之一笑的事情？

答：我在小学的时候偷过书，班上同学们自己办的小小图书馆，我借了一本书，讲一个淘气小男孩的各种恶作剧，我看了觉得太好玩了，舍不得还，还掉后又偷偷拿了回来。其实这是一本非常普通的儿童读物，但是我喜欢看书就是从这本书开始的，它让我对书籍产生了好奇心，觉得每本书里面一定藏着一个可爱的、有趣的故事，等着我去把它找出来。那次偷书虽是难堪之事，但在我的人生中竟然起了这么大的作用，所以现在回想起来也就可以付之一笑了。

主持人：如果没有当年那本书，周老师可能就不会坐在这个讲台上和我们谈论哲学与人生了。

答：一定会有另一本书被我偷的。（笑声）

问：您在《人与永恒》中说，您不支持女性成为哲学家，现在您对这个问题怎样看？

答：我的那段话得罪了不少学哲学的女同学。原话是这么说的：女人搞哲学对于女人和哲学两方面都是损害。（笑声）但是下面还有一句：老天知道，我这么说是因为我多么爱女人，也多么爱哲学。（掌声）这段话带有一定的调侃性质，也有一定的严肃成分。严肃的成分在什么地方呢？我认为上帝造人把女性和男性造得有差别，一定是有他的深意的，有他的善良意图的，这种差异包括智力特征的不同，男性偏理性，女性偏感性，各有特别的价值，不应该去抹杀这种差异。不过，我并不反对女同学看哲学书，只是不要以哲学为职业，可以喜欢哲学，把哲学当情人，不要把哲学当丈夫，不要嫁给哲学。

问：周老师您好，终于进到屋里了，今天很不幸没有拿到票，但是在外面也听得非常开心。我有两个问题，第一个是关于生命的问题。前两天的药家鑫案您知道吧，刚刚被执行死刑，在全国范围内讨论这个问题的时候，大部分人认为应该是杀人偿命，也有小部分人反对，那么，从哲学上来说，是应该以暴制暴还是善待生命？第二个是关于道德的问题。前几年在伊朗，有一个女性因为跟人通奸被判宗教的极刑，用乱石砸死。通奸在极端宗教国家是极严重的道德问题，而同样的行为在别的国家就可能不算什么。我想问，道德的标准到底是什么，是否可以超越宗教或者地域？

答：你提的问题都很有深度，我可能说不好。道德有两个层次，第一个是具体的道德规范，因为文化传统、宗教、习俗的不同，差异可能非常大。但是道德还有一个更高的层次，就是人性的层次，应该用这个更高的层次来判断具体的道德规范。人性是最高的标准，合乎人性的是道德的，不合乎人性的在本质上是不道德的。伊朗的石刑明显违背人性，所以是极不道德的。道德的最高标准不是某个地方的风俗或宗教传统，而应该是人性。关于药家鑫案，首先我在总体上是主张逐步废除死刑的，其次，药家鑫这个案件，他杀人当然非常可恶，但他和那些蓄意杀人者不同，在很大程度上是在一种突发情况下的失态，他那么年轻，此前并无劣迹，我认为应该给他出路，不判死刑。他被判死刑，舆论起了很大作用，这是中国司法不独立的一个表现。司法独立不但是要对政府独立，也要对舆论独立。

主持人：说到生命与人道的问题，纵使废除死刑的话，肯定也会被处以刑罚，刑罚难道就人道吗？

答：酷刑、体罚是不人道的，所以也必须废除。但是，如果废除一切刑罚，就没有法律了。刑罚的基本方式是徒刑，就是在一定年限内剥夺罪犯的自由，一是使他不能继续损害他人，二是给他一个强制受教育的环境，促使他向善的方向改变。

问：有人说欲望是一个天使，也有人说欲望是一个魔鬼，我想问周老师，我们作为年轻的学生，在欲望面前应该怎样选择？是克制还是放纵？

答：欲望既不是天使也不是魔鬼，它就是人性，是人的本能，对人的本能不能做道德的判断。但是，在满足欲望的时候，如果涉及他人，就可能发生道德问题。你可以去满足你的欲望，前提是不能损害别人，在不损坏别人的前提下，你的欲望怎么满足都是你自己的事情，别人都管不着，如果你损害了别人，道德和法律就会来管你。这是一条界线。还有一条界线，是你自己要斟酌的问题。满足欲望是为了快乐，但是如果你很不理智，只图眼前的快乐，因此给自己埋下了痛苦的祸根，那是划不来的。所以，从个人自身快乐和痛苦的角度来说，应该用理智的方式满足欲望。

问：周老师您好，今天来到这里，我感觉自己像一个女儿在听一位父亲讲他的经历，真正是心与心的交流。在场的每一位女孩可能也会像我一样，感觉到您的这份父亲般的爱。我有一个问题，您在《逝去的岁月》中对时间有一种很好的阐述，现在我很想近距离听您阐述对时间的认识。

答：谢谢你像女儿理解父亲一样来理解我。但是，关于对时间的认识，你提到的那篇文章可能是我能说出的最好的话了，再多我说不出来了。从哲学的角度谈时间，其实是和人生的有限性密切相关的，如果人不会死，就无所谓时间的流逝，就不会有时间的概念。时间的流逝使人悲伤、迷茫和困惑，其实那篇文章表达的也是迷茫，不要说我，你去看奥古斯丁的《忏悔录》，那么大的哲学家、神学家，他也感到迷茫。

问：人怎样才能较好地控制自己的私欲？平时总会有一些自私的恶念可能伤害到别人，自己觉得很恶劣，怎么解决这个问题？

答：你已经不错了，能够反省，很多人伤害到别人就觉得没事一样，你会感到内疚，说明你是有良知的。我提供一个角度，就是很多所谓道德上的问题，包括你说的不能控制私欲，常常不是因为你有多么坏，而是因为没有想明白人生的道理，因此把一些小事情、小利益看得太重，佛教称之为无明，就是心里没有明灯，是黑暗的、糊涂的。学哲学就是要把人生的道理想明白，所以学哲学吧，尽管你是个女同学。（笑声、掌声）

问：国平老师好，我是从广州赶来的，在这里我想先谈一下自己的感受。首先您提过您不擅演讲，我觉得您是谦虚了，前面也有女生说能够感受到这是心与心的交流，我觉得这就是一种真正的演讲。第二点，我看了《妞妞——一个父亲的札记》和《宝贝，宝贝》，感触很多，触发了我的一种母爱的感觉。我课余做家教，教那些一、二年级的孩子，他们也会提出您女儿提的那些问题，所以我特别兴奋，当时我的感受也确实和您一样，对孩子的那种真实的好奇心感到惊喜，在这里我真诚地向您表达我的感谢。现在我想关心一下您的女儿啾啾的近况，您可以讲一些您自己愿意和我们分享的事情吗？

答：啾啾挺好的，她现在上初中一年级。我想趁此机会谈谈我的教育观念，我对孩子要求什么。她上小学时，和别的同学相比非常轻松，课外班一个也没上，有大量时间读课外书，功课也对付得很好，在班上一直是前一、二名。升初中的时候，我给她选了一个离家最近的学校，就在家门口，从窗口可以看见学校的操场，去学校五分钟就到了。我完全可以选一个更有名的学校，她是市三好学生，应该是容易进的，但是我觉得让她轻松是最重要的。十五中也是北京市的重点学校，生源不错，她的这个班优秀生比较密集，所以要说成绩的排名，就比上小学时退了一点，大概在前五、六名波动。我告诉她这不重要，成绩中上就行了，重要的是身心健康和快乐。我让她自然发展，不要求她以后一定上清华、北大，上名校不一定就优秀、幸福。孩子未来会怎样，谁都不知道，这一半掌握在上帝手里，一半掌握在她自己手里。掌握在上帝手里的那一半，父母毫无办法，掌握在她自己手里的那一半，父母可以有所作为，就是通过正确的教育帮助她具备正确的人生观和真正优秀的素质。

问：听到您讲女儿的事情，我想您一定非常骄傲，她能在那么小的年纪有那么深的哲学思考，我想她的这些哲学思考肯定会影响到她的行为，会在同学中显得比较另类和独立，甚至会感到孤独，我想问您对此有怎样的引导？

答：我觉得没什么可骄傲的，其实这个很普遍，孩子都是聪明的，都会有自发的哲学思考。我并不刻意地要她去思考这种问题，作为一个家长，我只是注意观察和引导，绝不强调。你说想这种问题的孩子在同学中容易显得另类和孤独，其实不一定。啾啾性格比较内向，但是待人温和，和同学相处得挺融洽。如果是钻到了这种问题里出不来，就可能很痛苦，并且影响正常的人际交往，但在她身上没有丝毫这种迹象，一般来说，在一个孩子尤其是女孩子身上也不太会出现这种情况。

主持人：谢谢周老师这么耐心对我们的问题进行回答，今天不得不告一段落了。每一次与大师的交流都让我们更了解自己也更看清楚世界。最后再请周老师给我们广东学子说几句话。

答：应该是我感谢你们，每一次像这样面对年轻学子一张张充满热情的可爱的面孔，我都感到人生非常美好，我能从事写作非常幸运，你们的认可是我写作的最大动力。现在我觉得没有当老师是一件遗憾的事，当老师能够天天和年轻人在一起，退而求其次，今后我要经常来学校，来广东的大学。(掌声)

（以《哲学与人生》为题的讲座举行了多次，本文根据后期讲座的备课提纲和多份录音综合整理，内容做了删减和修订。举行此讲座的时间地点：2006 年 9 月 22、23 日大庆油田和管理局；2007年 1 月 24 日清华职业经理培训中心；5 月 26 日深圳市民大讲堂；5 月 27 日农行深圳分行；6 月 26 日诸暨；6 月 30 日廊坊；9 月 21 日第四军医大学；9 月 22 日郑州国学大讲堂；9 月 23 日周口市民大讲堂；9 月 28 日军事医学科学院；10 月 12 日药学博士生论坛；10 月 20 日宁波图书馆天一讲堂；10 月 21 日慈溪图书馆三北讲坛；10 月 29 日至 31 日海南省第二届社会科学普及周；2008 年 5 月 10、11 日大庆醒狮培训；2010 年 4 月 24 日南通市委讲堂；4 月 24 日无锡周末大讲堂；5 月 25 日浙江省职业技术学院；5 月 28 日清华大学；6 月 9 日清华大学郑州检察官培训班；6 月 24 日山西省委；10 月 23 日南海图书馆；9 月 27 日嘉兴论坛；11 月 7 日大庆高新开发区；12 月 17 日南海地税局；2011 年 6 月 9 日东莞理工学院；7月 8 日中国电信总部；2012 年 5 月 31 日天津滨海新区；8 月 25 日成都商儒研究院。）

思考死亡

思考的必要

生死问题是人生的大问题，甚至可以说是最大的问题。死是对生命意义的最大挑战，最让人感到困惑。我自己从小就被这个问题所苦恼，我相信每个人也或多或少会被这个问题所苦恼。我的基本态度是，对这个问题不应该回避，要去面对它，思考它。

我不知道你们怎么样，反正我这个人是怕死的，我就不相信一个热爱生命的人是不怕死的，对死是没有恐惧感的。我承认我从小就怕死，当有一天我知道，这个死不只是那些老人的事，也是我的事，有一天我也会老、也会死，当我明确地知道这一点的时候，我感到绝望啊，原来人生是这么一回事，最后等于零啊，那个时候真的感到内心崩溃。当时我还很小，还在上小学，突然觉得人生没有了意义，我经历的这一切，这些欢乐啊，这些苦恼啊，这些笑啊哭啊，最后不是全没有了吗，什么都留不下，都是过眼烟云，那活着还有什么意思。我不能想象有一天我会不存在，这实在太难接受了。

从此以后，这个问题就一直在折磨我。

其实，许多人在人生的早期都会想到死的问题，我在我的女儿身上就看到了这一点，好像有点遗传似的，她四五岁的时候就为这个问题苦恼，经常提出这方面的问题。关于人死后会去哪里，妈妈告诉过她，会去天上，变成天使。她爱妈妈爱得不行，就问："妈妈，我不想跟你分开，将来你变了天使，我也变了天使，我们都到了天上，你还会照顾我吗？你还是我的妈妈吗？"妈妈说："我们只要现在许下这个愿，就会的。"她问："可是到了天上我认不出你了怎么办呢？"妈妈说："我们做个记号，就能认出了。"她想了想，忧伤地说："时间太长了，做了记号也会忘记的。"五岁的孩子啊！她觉得人生特别美好，亲情特别美好，可是她想到了这么美好的东西不能长久，为此而痛苦。

人生的最大问题，理应也是哲学中的最大问题。苏格拉底说：哲学就是预习死亡。他的意思是，死亡是灵魂摆脱肉体回归纯粹的精神世界，而哲学就是让你练习过灵魂不受肉体束缚的纯粹的精神生活，你过惯了这种生活，到时候就能安详地面对肉体的死亡了。当然，他的这个说法是把灵魂不死当作前提的。中国的儒家一般来说不太重视思考死亡问题，但是到了宋明理学，受佛教的影响，也有了相当的重视，比如王阳明说，学问功夫最难又最要紧的是看得破生死，他把看破生死视为最高的学问。当然，特别重视生死问题是佛教，有一位高僧说，佛教归根到底一件事，就是了生死。

但是，通常的情况是，我们对死亡问题是回避的。不但自己回避，也不让小孩问，我常常看到，只要小孩问起这个问题，大人往往阻止，说不要胡思乱想。这哪是胡思乱想啊，他想的是根本问题啊。为什么回避呢？一个原因是恐惧，认为想这个问题是不吉利的。对死亡的恐惧基本上是人人都有的，你既然是一个生命，当然不愿意生命结束。我不相信一个人想到自己永远离开人世的一天会不害怕，不可能的，害怕是正常的。可是我觉得回避的害处更大，这个恐惧到时候会来一个总爆发。另一个原因是无奈，觉得想也没有用，到时候还不是一样要死。思考当然不能让人不死，但这不是拒绝思考的理由，相反，正因为人必有一死，才需要通过思考来寻找一个角度，使自己能够用适当的态度面对，有没有这个角度是大不一样的。还有一种普遍的想法，就是认为现在想还太早，到时候再想吧，到时候就自然解决了。对于这种想法，我觉得索甲仁波切回答得特别好。

在《西藏生死书》中，索甲仁波切说，你说现在想还太早，可是西藏有一句谚语："明天和来世哪一个先来到，只有天知道。"死亡是不问你的年龄的，人在任何年龄都可能和死亡不期而遇，所以什么时候想这个问题都不是太早。一般人的心理是宁可相信死离自己还远，因此在遭遇死亡的时候，就必定觉得太早太突然，非常不服气，非常委屈。应该戒除这个心理，反过来想问题，随时做好准备，做到我就是今天晚上死也能够从容面对，安详地离世。

索甲仁波切认为，能够安详地死去，这是人生的巨大成就。但是，这个成就不是想有就会有的，而是平时修炼的成果。你说到时候想还来得及，才来不及呢，所谓自然解决也绝无可能。你只有平时修炼得样样都放得下，到时候才能够放得下。死亡意味着你要放下一切，可是如果你平时什么都放不下，对世俗的利益很计较，把人世间的一切看得很重，到时候你且放不下呢。佛教在了生死方面有一套非常复杂的修炼方法，我也不懂，不过我想，有一种修炼是我们大家都能够做的，就是学会放下，看淡人世间的得失，这样逐步向看淡生死靠近。

我的一个朋友在协和医院工作，协和医院是顶级医院，所以经常会有癌症病人托他找医生，每个星期都会有四五个人。他告诉我，他看到了太多的死亡，其实多数是吓死的，一确诊是癌症就觉得大限临头了，恐惧得不得了，就吓死了。一般的规律是，开始的时候否认，不相信，然后是委屈，为什么偏偏是我，最后就是精神崩溃，身体也跟着崩溃。人的心态实在太重要了，精神素质实在太重要了，肉体在很大程度上是受精神支配的，生病的时候尤其是这样。当然会有真正不治的情况，即使这样，心态好也可以延长生命，并且有尊严地死去。所以我们一定要相信精神的力量，而要具备这个力量，平时的思考和修炼就很重要了。

总之，我主要强调一点，就是对于死亡不要回避，要去面对它，去思考它。死亡是一件必定会到来的事情，它已经在前面某个地方等着你了，你总不能什么也不想吧，你总得有一个路子去对付它。当然，最后思考的结果怎么样，很难说。有的人可能从哲学中找到了一个角度，有的人可能从宗教中找到了一种依托，都可以。其实我自己到现在为止不能说已经想明白这个问题了，但是我不回避，一直在想，希望能找到最适合于我的路子。

其实，不回避本身也会起到一种积极的作用。古代埃及人举行宴会，在吃喝得最热烈的时候，就让人抬进来一具尸体。欧洲中世纪的修道士戴一种戒指，上面雕刻一个骷髅。这都是在提醒人总有一死，让人对死习以为常，以免死来临时大惊小怪。法国哲学家蒙田说，死亡会在任何一个拐角等候我们，那么就让我们也在任何一个拐角等候它吧。他还说，让我们对死亡比对什么都熟悉吧，到时候我们就不会觉得它是一个陌生的来客，因而感到惊慌失措了。

思考的路径

怎么思考死亡？我简单地提示一下，在哲学上和宗教中有三种思路。

第一种是哲学上相当普遍的思路，就是用理智的态度接受死亡。你要看明白死亡是不可避免的，是一件自然的事情，对自然的事情你就要顺从，顺其自然，你不要抗拒，你越抗拒就越痛苦。中国的儒家就是这种态度，所谓"尽人事听天命"，死亡属于天命，人力左右不了，你就听从吧。你不但不要抗拒，而且不要去多想，孔子说的"未知生焉知死"就是这个意思，生的道理你还没弄懂，怎么可能想明白死的问题呢。你看孔子很少谈死的问题，他主张把注意力放在生的事情上。他说"朝闻道夕死可矣"，早晨弄明白了人生的道理，晚上就可以心安理得地死了，这话说得很好，但忽略了很重要的一点，就是如果回避死亡的问题，人生的道理是不能真正弄明白的。

在西方哲学中，古希腊罗马的斯多葛派是特别喜欢讨论死亡问题的。他们倒是不回避，谈得非常多，有时我不免猜测，他们其实很怕死，要不怎么老想这个问题，想出种种理由来让自己不要怕，要坦然接受。他们提出的理由很巧妙，比如说你想一想一百年前你在哪里，一百年后你不过是回到了你一百年前所在的那个地方。一个人为自己在一百年前不存在而痛哭，我们会认为他是个傻瓜，而一个人为自己在一百年后不存在而痛哭，他同样是傻瓜。你觉得死很委屈吗？那么你想一想，所有的人都会随你而去的，多么伟大、多么富裕的人都要走这同一条路，你有什么委屈的？他们总的思路也是把死亡看作一件自然的事情，你要顺从自然，死就好比旅行者住了旅店以后要上路，演员演完了戏要谢幕，果子成熟了会从树上掉下来，你要抱着这样一种心态离开人生这个旅店、这个舞台、这棵大树。一个人面对死亡感到痛苦是因为他不愿意走，那么你变不愿意为愿意，变被动为主动，你就不痛苦了。

第二种思路可以称作审美的态度。中国的庄子是典型，目标是"齐生死""无古今而后入于不生不死"，超越时间，把你的小我融入宇宙的大我中，你就超越生死了。你活着的时候就要进入这种境界，办法是"逍遥游"，在精神上与宇宙万物同游，其实也就是把你的小我融入宇宙的大我中。

第三种是宗教的思路。前面两种，审美的态度有点玄乎，一般人难以做到；理智的态度回避了一个问题，有生必有死，死是一件自然的事情，这个道理好懂，可是如果死后归于虚无，什么也没有了，那么人生到底有什么意义，它回避了终极意义这个问题。宗教就是要解决这个问题的。

不同的宗教，解决这个问题的思路是不一样的。在一定的意义上可以说，佛教和基督教的思路正相反。佛教有教义、教主、组织、戒律，就此而言是宗教。但是，佛教不承认宇宙中有一个主宰神，这个神是灵魂的来源和归宿，在这一点上和基督教非常不同。对于人生问题的解决，佛教强调依靠自身的觉悟和智慧，而不是神的启示，这与哲学很相近。我一直觉得，佛学是最博大精深的哲学，遗憾的是我涉猎太浅，有待于今后好好学习。

以前我有一个误解，以为佛教中也有灵魂一说，它是轮回的主体，一位高僧纠正了我的这个看法。按照佛教中唯识学的说法，生命流转的载体是一种心识，就是叫作阿赖耶识的第八识，因为它不是主体，所以不是灵魂。佛教是否认有主体的，每个生命并没有一个作为它的主体或者说实体的所谓"我"，而只是因缘的凑合，因缘一散，这个现世的生命就结束了。"无我"是佛教最重要的原理，让你看破你如此看重的"我"的虚幻，破除我执，没有了我执，就不会有生死的迷惑了。但是，佛教并不认为现世的生命结束后，生命的流转也结束了，因为那个心识还在，它会通过投胎而承载新的生命，这就是轮回。轮回意味着心识仍在迷惑之中，佛教追求的最高境界是断轮回，彻底摆脱生死的迷惑。唯识学是佛教中最难学的理论，我觉得其中很可能隐藏着彻底解决生死问题的正确路径。

在佛教看来，解决生死问题要靠智慧，彻悟人生的道理，但不能只靠智慧，在慧之外还要有戒和定，通过修行和实证体验使悟到的人生道理化为血肉，化为本能。在这一点上，佛教和哲学又有所区别。不同流派的佛教都有一套针对死亡的修炼方法，让你在死亡来临时容易和肉体分离，走上往生的路。我有一点不太明白，有一个东西能够和肉体分离，在肉体死亡以后继续存在，这个东西不就是灵魂吗？我想，佛教否认它是灵魂，用意应该是彻底破除我执，实际上是告诉你，那个在死后继续存在的东西也不是"我"，而只是因为迷惑而没有消散的一缕意识。

和佛教相反，基督教承认主体、实体意义上的灵魂，这个灵魂是永远不会死的，肉体死亡以后，灵魂就回到了天国，回到了主的身边。和佛教相比，这个思路简单得多，只要你相信，见效也快得多。事实上，有基督教传统的国家，那些真正信基督的人，他们面对死亡时的确比较平静。临死的时候，是相信死后的永生，还是认为死是彻底的毁灭，心态当然会大不一样。不过，对于灵魂不死，不是想相信就能相信的。有些人可能有某种特殊的体验，得到了某种启示，就对此坚信不疑。有些人入了教，通过灌输和熏染，可能也相信，起码劝说自己相信。但是，多数人没有这些经历，就很难真的相信了，因为这个事情是超越我们的经验的，我们活着时无法知道死后的情形。那么，应该怎么来看这个问题呢？

我介绍大家看杨绛不久前出版的一本书，书名叫《走到人生边上》。我太太是这本书的责任编辑，所以我先读到了书稿，写了一篇评论，老太太看后说了两个字："知我"。写这本书的时候，老太太 96 岁了，书的开头就说，我已经走到了人生的边上的边上了，意思是再往前就要掉下去了。在这个时候，我朝后看看，看我这一生到底有什么价值，又朝前看看，看前面等着我的是什么。前面等着我的当然是死，但死到底是什么？人死后就是什么也没有了吗？她说她带着这个问题去问了很多人，他们都是一些先进知识分子，是艺术家、作家、学者、科学家等等，他们都比她年轻，她称他们

152

为聪明的年轻人，但是说年轻也不年轻了，都是七十多岁的人了。他们的回答几乎是一致的，都告诉她，人死了就是没有了，人死了以后就什么都没有了。她说，我就纳闷了，他们怎么知道的呢？意思大约是他们又没有死过，凭什么这样自信地断定。要说人死后变成鬼，还有人比如她的亲戚说亲眼见过死去的人的鬼魂，有少数人的经验可以证明，但是你说什么都没有了，你怎么证明呢？最后她说，对于人死后还有没有灵魂，我一点经验也没有，所以仍然不明白。

我很欣赏老太太的这个态度，这个态度就是存疑，因为不能证明也不能证伪，所以不肯定也不否定，至少应该保留那种可能性吧。有人研究濒死体验，就是人死了又活过来了，请他们谈濒死状态中的感受，发现很相似。在那段时间里，都是感到灵魂离开了肉体，能够看到在场的人围着你的尸体，在哭或者在抢救。然后，这些都模糊了，感到进入了一个隧道，隧道前面是光明，靠近隧道的出口，会看见已死去的亲人朋友。这么相似的体验，说明灵魂和肉体很可能是两回事，肉体死后灵魂还在，会有一个去处。

我们这个民族受唯物论教育的时间太长了，往往看得见摸得着的东西才相信，才认为是事实，看不见摸不着的东西就一概不相信，等于不存在。杨绛说得好：真善美不也是看不见摸不着的吗，不就是自己心里明白吗？我觉得中国人是有这个传统的，眼见为实，只相信看得见的，所以把肉体看得很重，轻视灵魂。中国本土的宗教只有道教，其实是方术，够不上宗教的水平，追求肉体不死，所以就炼丹、练功，要成仙，搞这一套。中国人重肉体，西方人重灵魂，从建筑上也可以看出来。欧洲最发达的建筑是什么？是教堂。一座大教堂，一代代人不断建，几百年才建成，非常宏伟。我们去欧洲参观，看教堂是一个主要节目。教堂是干什么的？就是安顿灵魂的。中国当然也有庙宇，但工程最浩大的建筑是什么？是陵墓，皇帝的陵墓，诸侯达官的陵墓。陵墓的格局基本上是把你生前的生活搬到地下去，死后还要过世俗的生活。在欧洲是找不到帝王的陵墓的，路易十四，法国最伟大的君主，生前也讲究奢侈的生活，凡尔赛宫是他盖的，很辉煌，可你是找不到他的陵墓的，无非是葬在某个教堂的某个角落里，因为他们相信灵魂已经升天，不需要那些排场。

所以，对于灵魂不死，你能相信最好，如果不能相信，也不要否定，恰当的态度是存疑，而且不妨从存疑再朝前走一步，宁信其有，宁可相信灵魂是不死的。这有什么好处呢？不仅仅是能够平静地面对死，而且对生也是有好处的。你相信灵魂比肉体更本质、更长久，你活着的时候就会把重心放在灵魂上，来锻炼、提高、丰富自己的灵魂，注重精神生活，不太在乎物质享受，这样你的人生会有更高的境界和格调。

其实，那些相信灵魂的哲学家也是抱着这个宁信其有的态度的。比如柏拉图，他说灵魂来自并且要回到一个永恒的世界，他称之为理念世界，然后他就说这个信仰实际上是一种冒险，但这个险值得冒。法国哲学家帕斯卡尔说得更到位，他说相信上帝存在和灵魂不死其实是一种赌博，但是我宁可把赌注下在上帝存在这一边，如果我赌赢了，就赢得了一切，如果赌输了，结果无非是和把赌注下在上帝不存在的人一样罢了。哲学家是很理性的，重视根据，上帝存在这件事无法证明，所以即使相信也会心存怀疑，但同时即使心存怀疑也宁可相信，因为他们觉得，按照上帝存在、灵魂不死这样一个前提来生活，人生会更有精神性，更有品格，更有意义，我觉得这是对的。

思考的意义

思考死亡问题，不一定会有一个结论。比如我，我承认到现在我还不能得出一个结论，还有许多困惑。我曾经写过一篇文章，叫《思考死：有意义的徒劳》，就是说虽然最后还是没有想通，好像很徒劳，但这是有意义的徒劳。我觉得通过经常思考死亡问题，起码有两点收获，一个是让我们对人生更进取，另一个是更超脱。

思考死亡未必就会使人变得悲观，其实也可以使人活得更积极、更进取。人终有一死，生命是有尽头的，你不可能无限地活下去，这个道理很简单，但是常常会被我们忘记。陷在具体的生活中，我们往往会有一种错觉，好像可以无限期地活下去似的。当然这种错觉也需要，否则我们不可能活得开心。但是，总是活在这种错觉里，就未免糊涂了，就会不知珍惜人生有限的光阴。我经常说，人生最根本的责任心是要对自己的人生负责，你只有一次生命，只有一个人生，如果虚度了，没有人能够安慰你，说什么都是空的。所以，想到这一点的话，你就不能糊里糊涂地活。德国哲学家海德格尔有一个说法，叫作先行到死中去，向死而生，就是从你必有的死出发，回过头来筹划你的生，让你有限的生命活出最大的意义。用我们的说法，叫作置之死地而后生，不过我是从另一种意义上来用这句话，不是在事实上已被置于死地，而是在思考中把自己放在死亡来临的时刻，然后回过头来看怎么度过自己的一生才是最好的，才真正实现了人生的价值。

你真能这么想，就会明白，跟着时尚走，跟着习俗走，真是对不起你的生命啊。我觉得现在真正对自己的人生负责的人实在不多，很多人是盲目地生活着，完全受外界环境的支配。包括你们现在上学，你一定要从自己的整个人生出发来考虑，怎样度过学生阶段对于整个人生才是有价值的，能够为有意义的人生打下一个基础的。如果只是为了拿一个文凭，只是为了就业，你就已经是在浪费你的人生了，人生浪费不起啊。

思考死亡问题，不但能使我们更进取，对人生抱认真的态度，而且能使我们更超脱，与自己的人生拉开距离。人活在这个世界上要有两手，一手是执着、进取，另一手是超脱、淡定，不能光有一手没有另一手。光有执着、进取，这样的人貌似积极，实际上是很脆弱的，遇到挫折就会一蹶不振，很容易被打倒。

古罗马哲学家马可·奥勒留有一本书叫《沉思录》，据说温家宝总理很喜欢，是他的床头书，看了不下一百遍。你们不妨看看这本书，它实际上是一本教人超脱的书。马可·奥勒留是古罗马帝国一个很有作为的皇帝，常年在战马上度过，这本书其实是他的日记，想起来就写一段，都是在劝勉自己。基本上是两类内容，一类是督促自己要认真，把该做的事做好，另一类是开导自己要超脱，这类内容占主要篇幅。他经常对自己说，你看历史上以前有很多比你伟大的人，他们都上哪里去了？所以你何必在乎你的这些稍纵即逝的遭遇呢。

156

书中有一句话，他说一个人应该经常用终有一死者的眼光来看看事物。比如说，你为一件事情痛苦得要死要活，这时候你就想一想，曾经为同样的事情痛苦的人都上哪里去了？你就会觉得犯不着这么痛苦了。你和别人吵得你死我活，这时候你就想一想，一百年以后你在哪里，他在哪里，你就吵不下去了。当然，一个人如果永远用这样的眼光看问题，那就什么也别干了。但是我说我们有必要为自己保留这样的一种眼光，人生必定会有挫折，有的挫折可能极其严重、无法挽回，那个时候除了超脱别无他法，你就用得到这种眼光了，有了这种眼光，你其实会更坚强的。

我自己觉得，拥有这样一种超脱的眼光，是学哲学的一大好处。哲学在某种意义上是教给人一种分身术，把人分成两个我，一个是肉体的我，这个我在世界上生活、奋斗、痛苦、快乐，还有一个更高的理性的我，在他之上看他、指点他、关照他。这个更高的理性的我其实就是通过学哲学获得的一种超脱的眼光，能够站在宇宙的立场上看自己的人生遭遇。有了这种眼光，还有一个好处，就是你不会把寿命看得太重要。用宇宙的眼光看，人活长活短都是一瞬间，早死晚死没有多大区别。古希腊七贤之一的比阿斯说，我们应该能够随时安排我们的生命，既可以享高寿，也不要怕早夭。这种超然的心态，就是学哲学的一个收获。

（在以《哲学与人生》为题的讲座中，皆包含论述生死问题的内容，详略有别，本文把这部分内容独立出来，单独成篇。根据相关讲座的备课提纲和部分录音整理，内容作了修订。）

人生的境界

——单纯，高贵，宁静

今天我讲的题目是《人生的境界》，我想借这个题目来谈谈自己对人生的一些感受和体会，也就是和大家谈心。今年我64岁了，对人生应该有一点体会了。我的专业是哲学，但是我今天不想跟你们讲书本上的哲学。对于我来说，最后我成为一个哲学工作者，这完全是偶然的，我很可能不是从事哲学工作，但我知道即使那样我也是离不开哲学的，我的生活中必须有哲学，我是一个比较想不开的人，会有许多困惑，是哲学给了我帮助。在我的一生中，哲学给我的好处太大了，今天我就想跟你们讲一讲在我的生活中真正起作用的哲学。

当然我会结合社会现实来谈，其实我今天讲的同时也是当今社会现状给我的感触。现在大家都忙忙碌碌，但是并不愉快，生活得很复杂，内心很焦虑，这是普遍的状况。那么，真的应该好好想一想了，这个国家应该向哪里发展，作为个人应该怎么生活，是时候了。无论从人类来说，还是从个人来说，生活怎么算是有意义的，生活品质怎么算是高的，用什么来衡量？我觉得应该用境界来衡量。境界是一个高度，对于人类、民族、国家来说，是文明的高度，对于个人来说，是人性的高度。可是，我们很少关心高度，总是拼命横向发展，追求财富和名利，活得没有境界，我认为是很糊涂的。

下面我就按照这三个词来讲，这三个词比较准确地表达了人生境界的内涵：单纯，是生命的境界；高贵，是灵魂的境界；宁静，是心的境界。

单纯：生命的境界

生命的本色是单纯的，复杂是社会的添加色。我们在社会上生活，当然不可能不染上添加色，但是应该限制它的作用，不要让它遮蔽了甚至取代了生命的本色。我说保持生命的本色，就是要摆脱来自社会的诱惑，作为一个单纯的生命来体悟什么是自己真正需要的。

我们这个时代最大的迷误，就是把物质欲望和生命本身的需要混淆起来了，其实这是两回事。生命本身对物质的需要是有一定限度的，超出这个限度的物质欲望是社会刺激出来的，是人比人比出来的。二十多年前，我年轻的时候，谁会想到有私家车啊，那时候我在北京上班，十几公里的路都是骑自行车的，也觉得很好，可是现在如果没有汽车就会觉得不对头了，觉得自己太穷了。豪宅，名车，在社会上出人头地，当然风光，但我坚定地认为，这种东西和生命本身的需要无关，对生命本身并不重要，在很大程度上是虚荣心的满足。

那么，生命本身有些什么样的需要呢？除了必要的营养、居住等等，我认为最重要的是要有一个好的自然环境。即使从物质来说，生命最需要的物质是什么？是大气、水、土地，这是构成人类生活的自然环境的三大元素。这些东西在大自然中本来就有，问题是你不要去破坏它们。人本来就是自然之子，是大自然把你产生出来的，你不能把自己的生命之源给毁掉了。但是，这个最重要的道理恰恰遭到了我们最严重的忽视。现在基本上就是为了开发，为了财富，把大自然破坏得差不多了。我们可以想想自然环境的三大元素，大气的污染，水的污染，水资源滥用造成的水灾、旱灾频繁，土地、草原、森林的消失，这个环境已经越来越不适合人类生存了。为了财富而破坏环境，牺牲大自然，这是人类的集体自杀。

生命还有一个基本需要是安全，生命是要有安全感的，可是现在中国人的生命处在一个特别不安全的环境里。凶杀案不断地发生，而且常常是特别恶性的凶杀案，一个疯子冲到幼儿园和小学杀孩子，或者突然把自己的家人全部杀死。如果这种事情频发，就不能说只是若干精神病人的偶发行为，而是反映了相当数量的人的心理问题。你真的没法防备，不知道什么时候身边有了一个心理不正常的人，什么时候他会突然发作，这本身就很可怕。我们无法杜绝偶发事件，但是，如果法治健全，社会和谐度高，就一定能减少偶发事件的发生。另外，现在食品安全的问题非常大，因为关系到每一个人，已经到了人心惶惶的地步。

作为个人，你当然无法靠一己之力改变一个不安全的社会环境，但是在追求个人利益的时候，你至少应该做到两点。第一，不做会给别人带来不安全的事，不要损害社会和他人的利益。第二，也不做会给自己带来不安全的事，要理性地追求快乐。这是古希腊哲学家伊壁鸠鲁所强调的，用现在的话来说，就是快乐应该是可持续的，不要为了追求眼前的快乐，而给自己埋下了以后痛苦的祸根。其实这两点是统一的，损人者必害己，不做亏心事，至少不会栽在自己手上。你看那些贪官，受贿的当时似乎很快乐，其实他心里始终是不安的，不知道哪天就东窗事发了。

　　生命本身的需要，还有一个非常重要的方面，就是人与人之间的自然情感。我们活在这个世界上，谁都不愿意像一个孤魂野鬼那样活着，都渴望有人爱。其实，大自然已经为我们把最基本、最重要的爱的素材准备好了，让我们男女有别，于是有了爱情，让我们养儿育女，于是有了亲情。爱情、亲情、家庭是生命传承过程中自然产生的感情联系，弥足珍贵。它们当然都有社会性的那一面，但是我认为，自然性的这一面更为根本。无论男女之爱，还是亲子之爱，越是排除了社会性的利益因素，就越是纯粹，越是美好。在一切人际关系中，包括在亲密的情感关系中，我们一定要有一个明确的意识，就是把对方当作一个生命来对待。我们每个人来到这个世界上，一开始都只是一个生命，没有职位、身份、财产、名声等等，这些东西都是后来添加的，但是往往就喧宾夺主了，互相之间以这些东西相待，使人际关系变得十分复杂。人与人之间真正以生命相待，这是一切人间之爱最根本的基础，在这个基础上，才会有纯洁的爱情和温馨的亲情，也才会有同情、善良和道德。

高贵：灵魂的境界

我写过一篇文章，收进了中学课本里，题目是《人的高贵在于灵魂》。人和动物都是生命，人和动物之间最根本的区别在于人是有灵魂的。很多哲学家都谈到这一点，比如荀子说："水火有气而无生，草木有生而无知，禽兽有知而无义，人有气有生有知亦有义，故最为天下贵也。""义"指道德，不妨作广义的理解，就是灵魂、精神追求。动物只是活着而已，人不能忍受像动物那样活，一定要活得有意义，这种对超出于生存以上的意义的追求，我把它叫作灵魂。在动物身上可以找到初步的社会性，社会生物学家认为动物已经有社会组织的萌芽，也可以找到初步的理性，对外界的某种认知能力，但是不可能找到哪怕是萌芽状态的精神追求，动物界绝对不会有宗教和哲学。灵魂是人之为人的本质，人因为有灵魂才高于万物。

我们无法知道人的这种精神追求是从哪里来的，用科学是解释不了的，达尔文也说这是进化论的一个缺失的环节。进化论在一定程度上可以解释社会性的起源，人脑和认知能力的起源，但是无法解释灵魂追求的起源。所以,哲学和宗教就想来做解释。基督教就说,这个让人高贵的追求一定有一个神圣的来源，就是上帝，我们的灵魂是从上帝那里来的。哲学家中有一些人也认为应该有一个神圣的来源，这些哲学家被称为唯心主义哲学家，他们认为世界的本质不是物质的,而是精神的。我们总是说唯心主义是错误的，没那么简单，其实它是想解决人的精神追求的来源是什么这个问题，所以作出了宇宙有一个精神实质这个解释，而我们的精神追求就来自这个精神实质。（掌声）当然，世界到底有没有一个精神实质，到底有没有上帝，这是没有办法证明的，但是也没有办法否定。科学只能解决经验范围内的问题，也就是我们感官能够接触到的范围内的问题，但是世界有没有一个精神实质，这是我们的感官接触不到的，在我们的经验范围内是不会出现的，所以只能是一个假设，或者说是一种信念。我个人抱的态度是宁信其有，宁可相信人的灵魂是有一个神圣的来源和归宿的。相信比不相信好，你相信了这一点，用这个来指导你的人生，人生就会有比较高的格调，就不会太看重肉体的东西、物质的东西，就会把关心的重点放在灵魂上面。就像苏格拉底所说的，学哲学的目的是为了照料好灵魂，让灵魂有一个好的品质，而这就是高贵。

不但人和动物的根本区别在于人有灵魂，人和人之间最大的差距也在于灵魂，这方面的差距有时候真不亚于人和动物之间的差距。具体地说，灵魂的高贵体现在哪里？我认为首先就体现在有做人的尊严，自尊并且尊重他人。自尊和尊重别人其实是一回事，一个自尊的人，他知道做人是有尊严的，那么他一定知道别人也有做人的尊严，必然会尊重他人。一个人如果不把别人当人，他实际上也是没有把自己当人。比如说开了一辆宝马，就趾高气扬，横冲直撞，把人轧死了还不当一回事，以为拿钱就能摆平。这方面的报道已经有好几起了。在日常生活中，一个人有没有做人的尊严，随处都会表现出来。举一个最小的例子，两辆车蹭刮了，如果两个人都懂得自尊并且尊重他人，事情就很容易解决。相反，如果两个人都很贱，不高贵，就会扯皮没个完。最麻烦的是一方有尊严而另一方没有，遇到了一个贱人，你不愿意和他纠缠，就只好吃点亏算了。

我们不应该有仇富心理，人们在社会上地位有高低，财富有多寡，根本的区别是有没有灵魂。一个有灵魂的人，权力再大，身家再高，也不会用这些东西为自己和他人估价，仍然会自尊并且尊重他人。只有那些不知灵魂为何物的人，才会用财权给自己和他人估价。现在高贵这个词往往用错用反了，似乎豪宅、名车就是高贵，最可笑的是许多房地产广告，热衷于用最高级的形容词，堆满了尊贵、至尊、皇家这类辞藻。高贵曾经是一个很重要的价值观，比如在古罗马时期，高贵不仅仅是一个贵族身份，更重要的是你行为举止要高贵，真正有教养。高贵的最重要特征是平等待人，尤其是平等对待地位和处境不如你的人。大师级的人往往都是平易近人的。地位、钱财、名声这些东西特别能够检验一个人的灵魂，有了这些东西以后，你是否仍然平易近人、平等待人，这一点可以相当准确地检验出你的灵魂是不是高贵。

高贵的另一个重要表现，是以尊严的态度面对苦难。人的一生中难以避免或大或小的苦难，包括天灾人祸，也包括情感和事业上的挫折或不幸，这是人生的题中应有之义。一个人遭遇苦难的时候，他的态度最能检验出他的灵魂的高度。古希腊有一位哲学家说，一个人不能承受不幸，这本身是最大的不幸，一个不能承受不幸的人是一个真正不幸的人。事实上，在遭遇苦难的时候，同样的苦难对不同的人的伤害是不一样的，那些没有承受力的人受到的伤害肯定是更大的。同样的苦难，有的人挺过来了，甚至因此而获得了精神上的巨大进步，可是有的人可能就被压垮了。比如失恋，有的人就要死要活的，甚至自杀或者杀人，最近报道了好几起这样的事情，而有的人就能够默默忍受，在情感上变得更加成熟。面对不幸能够自尊自爱，这的确是一种高贵。尼采强调，在遭遇痛苦的时候，你不要去向人诉说，不要去博取同情。在他看来，他人的同情只是一种廉价的安慰，在精神的层面上，不但不能解除你的痛苦，反而使它丧失了对于你独具的价值。许多哲学家认为同情是道德的基础，但尼采一贯旗帜鲜明地批判同情的道德，他的出发点是人的尊严，也有一定道理。我认为可以把两种观点结合起来，一方面，每个人应该把立足点放在自尊自强上面，另一方面，同情应该以尊重为前提，不可伤害受助者的自尊自强。

　　人生中有一种苦难可以称作绝境，就是绝望的境况，完全看不到可以从中走出来的希望。有一个奥地利哲学家叫弗兰克，他写过一本小书，书名是《活出意义来》。第二次世界大战的时候，他的全家都被抓进了集中营，最后他的父母、妻子、孩子都死在了集中营里，只有他一个人得以幸存。但当时他并不知道自己能够活着出来，实际上所有进去的人都认为自己必死无疑。在这样一种境况里，很多人精神就垮掉了，没有进毒气室就死掉了。弗兰克挺了过来，他靠的是什么？他说靠了一个信念，就是对于这种完全没有希望的苦难，如果我能够以尊严的态度来承受，这本身就是人生的重大成就，证明了人在任何情境下，哪怕在这种最绝望的情境下，仍然拥有不可剥夺的精神自由。我无法选择摆脱苦难，但是我仍然可以选择用什么态度来对待这种苦难，是选择软弱的、无尊严的态度，还是选择坚强的、有尊严的态度，我仍然有这个自由。我选择了有尊严的态度，最后死在了这种苦难中，我的生命的最后岁月仍然是有意义的，因为它证明了尊严比苦难更强大、更有力量。

事实上，我们每个人都有可能遇到这样的苦难，比如说得了绝症，甚至可以说是必然的，因为每个人最后都要面对死亡。所以，能不能有尊严地面对死亡，这是我们每个人都必将经受的重大考验，如果能经受住这个考验，可以毫不惭愧地称之为人生的最后一项伟大成就。要取得这项成就，得靠平时的修炼。我们不应该回避思考死亡的问题，我自己是经常思考的，我不知道我将来能不能取得这项成就，但是我相信面对它总比回避它好，回避的结果到时候一定承受不住，会很脆弱。不要以为死亡离自己还远，死亡在任何年龄都可能到来，你好好的就突然被发现得了绝症，这种事情多得很。我认识一个人，他自己就是一个医生，才四十多岁，身体看上去非常好，有一天带他一个朋友去他的医院照 X 光，那个朋友担心自己有什么问题，结果没事。照完以后，这个医生自己站在了 X 光机前，说我让你们看看健康的肺是什么样子的。（笑声）这么一照，X 光师就说，你胸前口袋里放了什么东西，把它拿掉。他一下子慌了，什么东西也没有放啊，最后确诊是肺癌晚期，可是事先一点征兆都没有。人有旦夕祸福，死亡随时可能来临，所以应该像法国哲学家蒙田所说的那样，既然死亡会在任何地方等候我们，那就让我们在任何地方等候它吧。

166

宁静：心的境界

最后讲宁静，可以说是心的境界。这个时代缺单纯，缺高贵，尤其缺的是宁静。现代人活得太浮躁、太匆忙、太喧闹了。尼采曾经描绘过现代人的这种匆忙，人们都像怕耽误了什么似的，手里拿着钟表思考事情，掐着时间思考，我就想几分钟，吃饭的时候也在看报纸，分秒必争。这种状态最没有精神性的，一个有精神性的时代应该有闲暇，人们生活得安静从容。尼采生活在 19 世纪下半叶的德国，那个时候德国够安静的了，不要说那个时候，现在你去德国，和我们相比，人们生活得也是非常宁静，安静得让你受不了。尼采讲的是一个时代的特征，物质主义的时代，大家都在为物质的东西忙碌。

为什么会浮躁和匆忙？我想了一下，觉得很重要的原因是很多人不知道自己到底要什么，往往看见别人在抢什么，社会上大家都在要什么，就认为那个东西一定是最好的，于是自己也去争那个东西。大家都在拼命挣钱，所以我也拼命挣钱。这么做的时候，其实他没有好好想一想，我这样的一个人，根据我的性情和禀赋，什么事情对我是最合适的，没有把这个最重要的问题想清楚。人的一辈子其实说短也很短，你真正应该要、能够要的东西，如果你还没想明白就过去了，这多可惜啊。

一个人在这个世界上没有自己真正喜欢做的事情，其实是很可怜的，那样他怎么办呢？只好随着社会的大流走，别人在抢什么他也去抢，大家说什么好他也去争取那个东西，无非就是名利的东西，于是生活得很浮躁，可是内心并不快乐。就好像商场里，商家搞促销活动，许多人在那里抢购，有的人还不知道是卖什么东西，就也挤在那里去抢购，没买到还恨。这样的人很可怜，买了许多自己不需要的东西，还为没有买到自己不需要的另外一些东西而感到懊恼（笑声），你说这种人可怜不可怜？

所以，要改变这种状态，一个人必须想明白自己到底要什么。古希腊神庙里的一句最古老的箴言是认识你自己，你要认识自己是一个什么样的人，你的禀赋是什么，你的能力和兴趣在什么地方，这样你才会知道，你到底能要什么，应该要什么，什么事情是最合适于你做的。用我的话来说，一个人应该找到自己最合宜的位置在哪里。

一个位置对于自己是不是最合宜，标准不是社会上有多少人争夺它，眼红它，你的人生目标是什么，这是你生命中最重要的事情，你不能去看别人是怎么选择的，不能把别人的追求作为标准，把时尚作为标准。标准应该是什么呢？我就说你要去问自己的生命，问自己的灵魂，看什么事情是让你的生命真正感到快乐的，让你的灵魂真正感到快乐的，你感到做这个事情是真正在过让你内心喜悦的生活，你的人生价值得到了实现，你的生命因此没有虚度。一个人过适合于自己天性的生活，他就是在过对他而言最好的生活。

形象地说，每一个人到这个世界上来，上帝已经给他指定好对他来说最合适的位置了，因为每一个人的基因、天赋、性格都是独特的，都是独一无二的，理应有一个位置是最适合他的。可是，很多人的这个位置始终是空着的，他们完全受社会上流行的价值观支配，净在别的地方折腾，自己的这个位置也许一辈子就空着了，浪费掉了，那不是太可惜了吗？其实这是最大的损失，你不可能有比这更大的损失了。当然，我这个只是一种形象的说法，很难具体指出什么位置对你是最合适的，我自己也说不出来，不能说当作家和学者就是我的最合适的位置了。但是我觉得我现在的生活状态，每天读书、写作，或者和家人、朋友在一起，这种状态对于我是最合适的。我的职业是什么不重要，能够经常处于这样的一种状态，我就很高兴。内心快乐不快乐，这是一个容易掌握的标准。如果你忙忙碌碌，可是心里不开心，那就可以断定你还没有找到自己最合宜的位置。

我不是一个特别清高的人，名和利也不是坏东西，是好东西，至少自从我得到了所谓的成功以后，我的生活大大改善了，用不着为得不到单位里的那些小名小利难过了。单位里的小名小利我基本不要，也不是不要，是轮不到我（笑声），其实心里还是委屈的。比如不让我当博导，不能带博士生，也许是某个头头不愿意让我当，我的导师曾经问他，你们为什么不让周国平带博士生，人家说周国平那么忙，哪有时间带啊。（笑声）他就这样替我做主决定了这个事情。又比如那时候分房，我长期分不到，住在很小的地下室里，研究员的津贴分等级，我的级别是比较低的。（笑声）那时候我的生活就靠那些，不在乎也是假的。所以我说，我的所谓成功给我带来的最大好处，就是我不用去计较那些小利了，不给也无所谓了，真正的放松了。

但是这个东西不是最重要的，给我带来最大快乐的事情就是看书和写作，稿酬和名声之类只是副产品，有，最好，没有，也不要太在乎，最好的东西我已经得到了，哪怕没有这些副产品，我仍然要读书和写作。一个人在做自己真正喜欢做的事情，他的心一定是宁静的。很多人说，周老师你很有定力啊，我自己觉得，这个所谓定力并不是修炼出来的，而是来自所过的生活本身的吸引力。我现在的生活真的很平静，像现在这样出来做讲座也是很少的，我尽量限制自己，谢绝大部分的邀请，因为我觉得会打乱我的生活节奏。我基本不参加社会活动，电视台的采访，或者什么研讨会，都基本谢绝，那只是个热闹罢了，我不感到快乐。最快乐的还是读书写作，这个快乐太强大了，足以使我远离社会上的热闹。我问自己是不是因为我老了，可是实际上我的这种状态已经延续很长时间了。我的确感到这是我的最合宜的位置，任何人的脚步都干扰不了我，我安心做我喜欢的事情，和别人不会形成任何竞争的关系，我做的事情别人没法争，别人做的事情我也不想去争，所以心态和生活都很安静。

一个人有自己真正喜欢做的事，他在这个世界上就有了自己的园地，就不会东张西望看别人在干什么，就会安静。但是，自己喜欢做的事不可能无中生有，必然有一个酝酿和形成的过程，我认为学生时代很关键。在座有许多学生，我要给你们一个忠告，你们一定要做自己学习的主人，将来才能够做自己命运的主人。我对我们现在的教育是很悲观的，我觉得现在整个教育的路是走错的，从小学开始就违背教育的本义了。你不要被这个教育体制支配，始终要意识到你是拥有内在自由的。内在自由就是独立思考和自我决断的能力，有了这个能力，你就对外部的环境取得了自由。哪怕这个环境是不自由的，专制的环境也好，商业的环境也好，应试的环境也好，你的内心始终是自由的，能够对环境进行分析，做出正确的应对。一个民族如果外在的自由少，还不是最可悲的，最可悲的是没有内在的自由，逆来顺受，得过且过，这样的民族是没有希望的。个人也是这样，环境越是不自由，内在的自由就越是可贵，越能使个人脱颖而出。

所有真正有作为的人，其实都是自学者，自学是真正有效率的学习。我是从我自己的经验中得出这个结论。当年我上北大的时候，对学校的课程感到很失望，发现如果跟着老师的课程跑的话，学不到什么东西，而且也不需要花那么多时间去学这个课程，一本教科书我用一个礼拜就看完了，而我们竟要学两年，怎么受得了啊！所以我基本上是大课就逃课，当然我不是主张你们逃课啊！（笑声）我的意思就你一定要做自己学习的主人，学校这段时光很宝贵，你不要浪费这段宝贵的时间，并不是说你认真做功课就是没有浪费了，那可能是最大的浪费。人的能力有大小，但这是一个原则，就是要做自己学习的主人，你要知道自己的兴趣在哪里，然后你要学会根据自己的兴趣来安排自己的学习。大学的学习仅仅是一个开端，我学习了一辈子，大量的东西都是后来学的，怎么学的？是自学的。这个自学的能力什么时候得到的？是在大学里得到的。所以同学们一定要记住，在大学里你要做学习的主人，自己安排自己的学习。

为什么会匆忙、浮躁，一个原因是不知道自己到底要什么，没有自己真正喜欢做的事情，还有一个原因是心灵空虚，没有什么精神享受，所以只好到外部去寻找快乐，把外在的东西名啊利啊看得很重要，或者沉迷于各种娱乐。可是，这样做的结果，内心仍然是空虚的，你的心没有得到满足，所以还是不快乐。既然原因是心灵空虚，解决的办法只能是去充实你的心灵。一个人活在世界上，外在的功利当然可以去追求，但是看你位置怎么摆了。应该把内在的充实和自足摆在更重要的位置上，你有了这个好得多的东西，就不会很在乎外在的功利了，即使去追求也会有一个好的心态，可以从容不迫，顺其自然，用我的话说，当作一个副产品，得到了最好，没有得到也无所谓。我坚定地相信，最好的东西在自己身上，那就是生命和精神，生命比金钱更重要，内在的优秀比外在的成功更重要。

为了让自己内心充实，有丰富的心灵，一个重要的途径是阅读。内心的丰富是熏陶出来的，不管是从事什么专业的，只要你想真正作为一个有精神性的人来生活，就应该养成阅读的习惯，读一些人文方面的书，尤其是人文经典著作，让自己受到精神伟人们的熏陶，具有必要的人文素养。现在网络对阅读造成了很大的冲击，当然你可以说现在许多书籍上网了，但是我想没有几个人上网是去看经典著作的，基本都是看八卦新闻或者聊天，最不济的就是沉迷于玩游戏了。坐飞机的时候，我经常会看到旁边有人拿个笔记本电脑，非常认真地在那里工作，我特佩服，抓紧时间啊，可是偷偷一看，他是在玩游戏。（笑声）我的女儿基本是不上网的，她的同学都喜欢上网，她比较早养成了读书的习惯，就觉得上网没多大意思。所以底子要打好，有了阅读习惯的底子，网络上的东西就很难支配你了。

还有一点，我强调要养成独处的习惯。一定要有独处的时间，自己一个人待着，不要总是和别人在一起，总是去忙碌地做事和交往。当然人总是要做事和交往的，但是如果你光有那个，没有独自面对自己灵魂的时间，面对上帝的时间，你就只是在过一种世俗的生活，一种没有头脑和灵魂的生活。我自己体会独处是太重要了，如果几天都是在参加各种活动，我会难受得不得了，我会觉得我成为一些碎片了，不是一个完整的人了，被盲目的外部力量撕碎了。独处其实是一个整理自己的过程，让自己恢复成为一个完整的人。当然，有人会说，自己就那么待着的话，什么事情不做，不是太难受了吗？我有一个建议，就是养成写日记的习惯，独处的时候，你写点什么，不要写工作，完全是精神性的，回顾今天或者近几天的生活，写自己的感受和思考。独处实际上是要和自己的灵魂谈话，为了让这个谈话容易进行，写日记是一个好办法。

总之，浮躁的原因，一是你没有真正认识自己，不知道自己到底要什么，二是内心空虚，没有充实的精神生活。所以，真的要从根子里解决，办法一是认识自己，找到自己的位置，二是充实心灵，拥有丰富的内在生活。一个人在世界上是必须有精神的家园的，这个家园，从外部来说，就是有自己真正喜欢做的事，有自己的事业，从内部来说，就是有丰富的心灵生活。做到了这两点，你在大地上就有了真正属于你的精神家园，就能获得心的宁静。孟子曾经谈到"人之安宅"，也就是人在世界上的安全的、安心的家园。什么是"人之安宅"？官位、职称、豪宅都不是，只有热爱的志业和充实的内心才是。所以，说到底，浮躁是价值观迷失的结果，而宁静是正确价值观的产物。你因为空虚而拼命向外寻求，结果徒劳，应该改变用力的方向，向你的内在去寻求。

湖北省图书馆开场白

今天我讲座的题目是湖北省图书馆在邀请我的时候给我定的，我觉得很好。图书馆是传播书籍的，而一切伟大的、优秀的书籍给人的感觉是一致的，就是这三个词——单纯，高贵，宁静。其实这三个词也经常在我的文章里面出现，我认为这的确是人生最美好的境界。但是，这个题目是没有办法作讲座的，讲座主要是传播知识，而这不是知识，所以我只能谈谈自己的感受和体会，也就是和大家谈心。

东南大学开场白

主持人：今晚的演讲是东南大学人文大讲座 2010 年下半年的首场讲座，同时也是庆祝东南大学建校 110 周年系列高层人文名家演讲的首场演讲，在这个计划中，我们将邀请 110 位享有盛誉的名家来我校演讲。今天我们十分荣幸地邀请到当代著名的哲学家、学者、作家周国平教授，让我们对他的到来表示衷心的感谢和热烈的欢迎。今晚聆听讲座的不仅有现场 600 名东大学子，同时还在楼上的转播教室和我校对口支援的重庆三峡学院、西藏民族学院同步直播，三地的学子共同聆听周国平教授的精彩演讲。

周国平：英国哲学家怀特海说：大学存在的理由就是在老年人

的智慧和年轻人的热情之间建一座桥梁。今天晚上我感谢东南大学为我建了这一座桥梁，我现在感觉到在桥梁的那一端，年轻人的热情正向我迎面扑来，我深感幸福。（热烈掌声）但是我不知道在桥梁的这一端，我能不能真正传递给你们老年人的智慧。按年龄来说，我已经是老年人了，虽然我特别不愿意承认这一点，我女儿才12岁，她说过一句话：爸爸除了年龄老，别的什么都不老。我觉得她真是我的知音。可是没有办法，年龄是事实，我无法否认。那么，一个人年龄老了以后，是不是一定有智慧呢？未必，老了以后很可能成为老糊涂、老顽固甚至老滑头。我希望我这个讲座，今晚大家听了以后，会觉得我这个人智慧虽然不算多，但还不太糊涂，不太顽固，也不太滑头，如果这样，我也就满足了。

东南大学现场互动

问：您刚才提到伯尔写的那个青年渔夫的故事，他躺在渔船上晒太阳，不想为了挣许多钱老是出海打鱼，然后您谈到要超脱金钱回归平凡。这使我想到了前一段时间热播的电视剧《蜗居》，反映了当代中国一个很现实的问题，就是很多名牌大学甚至硕士生毕业了都没有能力去买一套房子，更谈不上精神世界的追求了。我产生了一个疑惑，就是如果不每天都去打鱼的话，就不能拥有晒太阳的时间和空间，在这样一个世界里，我们大学生应该如何来做呢？（掌声）

答：那没办法，你就每天去打鱼吧！（笑声）但是我觉得，什么样的条件允许你晒太阳，什么样的条件不允许你晒太阳，这个标准是相对的。要说蜗居的话，其实我蜗居的时间够长的了。现在是商品房的时代，都是自己买房，我到北京来上研究生的时候，都是单位分房。我分配在社科院哲学研究所以后，一直是没有住房的，房源紧张，我又不会和当官的搞关系，长期就住在一个地下室里，跟另外一个同学合住，只有16平方米，住了大概有七年的样子。最可笑的是这个同学的家属调来北京了，有妻子和两个孩子，还不分配房子，让我跟他一家人挤在一个房间里。（笑声）实在没办法了，旁边正好有一套锁着的房子，也是地下室，我就把它撬开了，小三居哪，很宽敞，我在那里又住了几年，居然没人来管我。（笑声）现在人们对房子的要求肯定不一样了，让你住一间地下室，你肯定会觉得那是非人的待遇。所以我觉得这个事情要分两方面来说。一方面，这是政府应该解决的一个问题，就是对大学生也好，对普通居民也好，要落实廉租房、保障房的政策，让人真正负担得起。我们那个时候，单位分配房子，只需要象征性地付很少的租金，不存在这个问题，当然住宿条件远远不如现在。另一方面，你要看到，哪怕居住条件差，你仍然可以做自己人生的主人，仍然可以去追求你更看重的东西，并不存在绝对不可能这样一种情况。（掌声）

问：在讲座开头的时候，您说人一生活的就是价值观，我对这句话印象非常深刻。后来在讲座中您提到了您在广西的那段经历，我凭直觉就可以感到，在那段生活中，您的价值观与当时整个社会的价值体系存在着极大的矛盾，那么我想，您当时很可能会产生一定的彷徨和痛苦。我觉得我现在也处于这个状态中（笑声），我想

知道您是用什么样的方法来处理这个矛盾，使自己最终回到平和的心境的。（掌声）

答：首先我觉得，一个人有彷徨和痛苦，这说明他敏感，是有灵魂的表现。一个人灵魂觉醒了，有自己的价值观和精神追求，就不可能和周围世界不发生冲突。那段时间里，我的这个冲突是非常严重的，有时候会情绪失控，一个人在屋子里面大喊大叫，觉得忍受不下去了，自己的追求不被理解，而且没有一点出路。一辈子默默无闻倒也罢了，我这个人从来没有野心，不想出名，但是总希望看到自己的追求有一个结果。我当时最渴望的是有同道者，哪怕只有几个人能欣赏我，互相能交流就行，但是这样的人也找不到，真是绝对的孤独。你问最后怎么样平和下来的，我告诉你，我达不到这个境界，经常有反复的。你们现在条件比我们当时要好得多，我们那种环境太封闭了，自己完全不能选择自己的道路，党和国家分配你到哪里，你就必须去哪里，你被定死在那里了，没有一点儿挪动的可能，换个地方、换个工作都是不可能的。我觉得你们现在真的好得多，至少允许你选择地方和职业。当然，你们有生存的压力，实际选择起来也不那么自由的。一个有志向的青年，和这个急功近利的环境一定会有冲突，仍然会有痛苦。我拿不出什么更好的办法，你痛苦的时候，就去找你的同道吧，和你价值观一样的人，包括现实世界里的，包括书籍世界里的。有时候读书是一种很好的安慰，比如我的这种追求，在那个小地方只是我一个人，很孤独，但是从人类历史的长河看，绝不是我一个人，我有很多同道，那样我就会感到一种安慰，内心会比较平静一些。

问：我有一个困扰我蛮长时间的问题，想请教您一下。您强调价值观的重要性，但是我一直觉得自己卑微的一点，就是自己没有成形的价值观，没有信仰支撑的价值观。在现在这种海量信息的冲击下，我就经常迷茫什么是对的什么是错的。所以我就想请问您，有没有能够帮助我们这些还游走于是是非非之间的大学生们的一个立足点，一个基本的点，使我们在知识获取的过程中不会被某些错误的东西引导到错误的方向上去？

答：我知道你的意思了。（笑声，掌声）但是我想可能没有什么特别现成的好办法，最多也就是我刚才说的读书了。（笑声）当然我可以说也许你有贵人相助，给你一些指点，但是要真正起作用的话，还得要靠你自己的悟性。只有从你自己内心出来的东西才是可靠的，旁人的指点是不可靠的，哪怕他是对的，你如果没有悟性对你也不会起作用。悟性这个东西是你本来就具有的，但是要开启它，开启的一个办法就是读好书，读那些有非凡悟性的大师们写的书，他们会帮助你形成和坚定正确的价值观。我之所以强调少看媒体和网络上的东西，就因为那些东西主导的价值观是有问题的，看多了就容易被它们牵着跑，不是开启你的悟性，反而是蒙蔽你的悟性。所以，要去读大师的作品，你会越来越清楚什么东西好什么东西不好。我想不出更好的办法了，因为我自己就是这样走过来的。

问：我今天来听讲座是久仰周教授的大名，还有一个重要原因是这个标题《人生的境界——单纯、高贵、宁静》，这正是佛教追求的境界，我想请教您对佛教的看法。还有一个问题，您在讲座里说教育现在是走错路了，老子在《道德经》里谈到民风要淳朴，聪明的君主不应该教育智巧心机。您讲的教育走错路是不是也是指现在把道德和做人的教育完全放弃了？

答：不完全是这个意思。撇开道德教育不说，我认为智力教育本身也走错了路。现在智力教育成了应试教育，最重要的智力素质，包括好奇心和独立思考的能力，现在恰恰受到了压抑甚至摧残，这是一个很大的问题，违背了智力教育的本义。老子在总体上是反对智力教育的，认为民众智力发达会导致道德堕落，这个观点不可取。人类不可能停留在原始的民风淳朴阶段，现代文明的要求是智德兼备，把智力上的独立思考和道德上的自律统一起来。关于佛教，我没有多少研究，但是我很欣赏，我认为佛教不仅仅是宗教，它是我迄今为止所看到的最透彻的人生哲学。（掌声）其实，一切注重精神修炼的学说，包括佛教，真正的作用都是提升我们的人生境界。

（举行此讲座的时间地点：2009年5月23日湖北省图书馆；10月16日九江图书馆；2010年4月17日浙江人文大讲堂；4月17日嘉兴学院；5月31日北京第十五中学；9月15日新疆财经大学；9月26日东南大学；10月22日国家人事部；2011年8月13日齐齐哈尔移动；2012年5月20日浙江省图书馆。根据备课提纲和湖北省图书馆、浙江人文大讲堂、东南大学录音整理。）

生命的品质（节录）

张伟社长说，今天是中国盲文图书名家讲坛的第一讲，那么今天在座的主要是盲人，但是我看不太清，看上去盲人好像并不多。是盲人朋友的请举手让我看看。哦，二十几位，其余是严重弱视的吧。

朋友们好，今天我谈的题目是《生命的品质》。我是这样想的，我们每个人都是作为一个生命来到这个世界的，可能有的人因为先天或者后天的原因，肉体生命是有残疾的，包括双目失明，那么在这种情况下，到底用什么来衡量生命的品质，生命的品质怎么样才算是高的？这个问题值得我们思考。不管你是肢体器官健全的人也好，你是某个肢体器官有残疾的也好，都会面临这个问题。当然我们都希望活到这个世界上来的时候是健康的，但是这个健康是你自己支配不了的，不管是先天的原因还是后天的原因，每一个人都有可能成为残疾。好好的突然发生了地震，有的人在地震中死去了，也有的人活下来但是残疾了，这种事情多得很，你无法知道明天会遇见什么倒霉事。所以从这个意义上来说，我觉得谁都不能抱着侥幸的心理。

再者，在这样的情况下，一个人即使遭遇了这种不幸，身体残疾了，你的生命品质能不能仍然是好的？我认为仍然可以是好的。衡量一个人的生命品质，要从整体上来衡量。比如说一个盲人，如果他的生活方式是健康的，他对生活仍然充满着热爱，那么虽然他双目失明了，但是他的其他感官一定会更加敏锐，他比我们没有失明的人更加能欣赏大自然的元素，欣赏鸟儿的鸣叫，花儿的芳香，新鲜的空气，微风的吹拂，他的触觉、嗅觉、听觉会比我们更灵敏。如果他的整个生活状态是好的，有一个和睦的家庭，有一份踏实的工作，有宁静的心情，我觉得如果这样，那么虽然某个器官残疾了，他的生命品质从整体上看仍然是好的。相反，一个人即使器官是健全的，但是如果他整天在名利场上折腾，在娱乐场所鬼混，没有时间和家人一起享受天伦之乐，没有时间欣赏大自然，他的生活状态在总体上是不健康的，这样的人生命的品质好不好？我认为是不好的，他的生命从整体上说是病态的。所以我说，衡量生命品质要从整体上衡量，看整个生命的状态对不对头，这个东西是最重要的。

这是一个方面。另外一个方面，除了肉体生命之外，我们还有一个灵魂，我把它称为内在的生命，这更为重要的方面，是人之为人的本质。所以，衡量生命的品质有两个尺度，一个是看你的外在生命的状态对不对头，一个是看你的灵魂是不是优秀，你的内在生命的状态对不对头。老天给我们每个人一条命和一颗心，我们的使命就是要把这条命照看好，把这颗心安顿好，做到了这一点，生命的品质就是高的。

人的肉体生命是很脆弱的，它是一部机器，就像别的机器一样，它也会发生故障，会有磨损，总有一天要报废的。没有一个人能够永远保持肉体机器的健全，迟早会发生不同程度的损坏，某个器官出毛病了，修不好了，其实就是变成了某种残疾，这是不可避免的。所以，一个人应该更加看重自己的内在生命，肉体只是一个躯壳、一个载体，疾病也好，灾祸也好，机械力量也好，都可以损害你的肉体，但是没有一种外部力量能够损害你的灵魂。我们不可能永远做肉体的主人，但是我们可以做自己灵魂的主人。

其实我们残疾人是容易懂这个道理的，不明白的往往是那些自以为健康的人。残疾既是一个限制，也是一种敞开，限制的是我们身体的活动，敞开的是我们灵魂的世界。残疾使我们觉悟到外在生命的不可靠，从而更加关注内在的生命。盲人失去了肉体的眼睛，心灵的眼睛就更明亮了，看不见有形的事物了，就更能看见无形的事物了，从而生活在一个更本质的世界里。截瘫病人不能在人的国度里行走了，却可能因此而行走在神的国度里。古今中外有许多事例证明，残疾绝不是人在精神世界里行走的障碍，许多做出伟大精神创造的人是残疾人。欧洲文学的鼻祖荷马是盲人，我特别喜欢的阿根廷大作家博尔赫斯也是盲人。大音乐家贝多芬是聋子，大物理学家霍金是渐冻人。不用说海伦·凯勒了，大家都知道她是盲人兼聋哑人，成了全世界残疾人励志的榜样。中国历史上也有许多例子，司马迁受了宫刑，孙子受了膑刑，而今天我们有史铁生、张海迪，都是坐上轮椅后成为优秀作家。在我眼里，这些残疾人都拥有多么健康的生命。

在一定的意义上，由于身体的限制，残疾人比较容易节制欲望，没有向外扩张的野心，让生命保持在一个单纯的状态，而这又会促使你们向内发展。这给了我一个启发，就是一个人只有外在的生命单纯，内在的生命才会真正开启，活得越简单，实际上离神就越近。就此而言，残疾人在社会的竞争中处于弱势，这似乎是一种不幸，但更是一种幸运，因为你们更容易保护好生命的单纯，更容易开启出内在的生命。我们在社会上生活，我们的生命上面会有许多堆积物，包括权力、地位、财富、名声等等，然后就往往迷失在这些堆积物里面了，忘记生命本身是什么了。什么叫觉悟？就是要透过这些社会的堆积物去发现自己的自然生命，又透过肉体的生命去发现自己的内在生命，让灵魂敞亮，这样人生就有了明灯，有了方向。名利场上人是听不见生命本身的声音的，因此就更听不见灵魂的声音了。所以，我们要好好向你们学习，回归生命的单纯，这既是生活的艺术，更是精神的修炼。

（以上是讲座内容的摘录，全文略）

现场互动

问：我正在拜读周先生的散文集《情感和体验》，感觉非常有哲理，而且看周先生的散文不是一看而过的，而是一边看一边要思考，有些句子要反复读，才能够理解里面的深意。今天周先生到这里来给我们盲人讲人生哲理，别看今天来的人不多，很多盲人是通过网络在听您的讲座，我听了非常感动。周先生是以平等的眼光来看待残疾人，我们虽然有残疾，眼睛看不见，但是灵魂是没有缺陷的，我很受鼓舞，所以我们应该真正过好自己的人生。（掌声）

答：谢谢你，说得特别好。

问：我现在读的是盲文版的《情感和体验》，不知道有没有音像版，咱们这有没有？

答：现在还没有。

问：我有一个观点，只有努力去体会生命的不平凡，才能感受到平凡的可贵，您对这个观点怎么看？

答：就看你说的不平凡是什么含义了。生命是大自然的一个奇迹，从这个含义上说是不平凡的，因此要敬畏生命、欣赏生命，这和过好平凡生活不但不矛盾，而且是一致的，会让你更加珍惜平凡的生活，把平凡的生活过得更好。这是不是你说的不平凡的含义呢？

问：寻找身边的不平凡之处，才能体会平凡的可贵。

答：对于我刚才所说的生命的这种不平凡，我觉得不是去寻找它，而是要感悟它。平凡和不平凡这一对概念，可以从不同的角度理解，你也可以指社会的层面，不平凡就是在社会上做出一番让人羡慕的事业。这个含义上的不平凡，我不认为是生命本身所必需的，你是一个普通人，你的生命品质也可以是高的，你是一个所谓的名人，你的生命品质也可能不高。针对这个时代对平凡生活的价值的忽视，我想更加强调平凡，不要因为太看重不平凡而把平凡糟蹋掉。

问：我今天是带着我的儿子一起来听这个讲座的，他今年14岁。作为母亲，我特别希望孩子能听到您的讲座，因为我看您的书，觉得您对人生价值的论述比较合乎我的想法。但是我担心我的想法可能在这么大的孩子身上引不起共鸣，所以我想问一下周老师，我怎么能和孩子之间形成沟通？这些道理有了一定人生经历才会更有感觉，对于这么大的孩子，怎么能让他对生命的价值有比较深刻的认识？作为母亲，我希望他以后会少走弯路，我是这种心情。

答：我的女儿现在 13 岁，比你的孩子小一岁，这是我们共同面临的问题。在整个社会比较功利化的情况下，要给孩子讲这些比较纯粹的人生道理，会比较困难，还多少有点风险。我觉得你现在不应该急于让他知道所有这些道理，其实也不可能。我是很少和我女儿去讲这些人生道理的，也不要求她看我的书，她可能偷偷地看一点，但是我知道她看得不多。其实，和孩子在一起的时候，经常会有机会就某些具体的事情聊起来，那时候你就可以把你的想法贯穿在里面，这是和风细雨的方式，潜移默化的过程。遇到的事情多了，聊得多了，如果你经常给他展示这样一种人生观的角度的话，他会慢慢地接受的，会在他的心里慢慢地生根的。反正我和我的女儿就是这样，我们会经常讨论一些事情，都是很具体的事情，包括她在学校里碰到的事情，我们各说自己的看法，这里面就有我的观点，她会慢慢地受影响。当然不一定我的观点都是对的，如果我觉得她说得对，我会接受她的观点。但是在这样平等的交流中是有一个方向的，就是什么是正确的价值观。

问：铁生老师在 2010 年 12 月 31 日走了，他的爱人尊重他的意愿，选择让生命回归自然，没有依靠科技进行无意义的治疗。现在医疗科技这么发达，很多时候我进入 ICU 病房和医护人员聊，看到有些病人是被迫活着。如何让人在临终的时候走向自然死亡，您对这种尊严的死有什么样的观点？

答：我同意你的观点，在医学已经确定生命不可挽救的情况下，应该让病人有尊严地死去。西方现在在无痛医疗和临终关怀这两点上非常发达，让病人一方面减少最后的肉体痛苦，另一方面在心理上和生活上得到很好的照顾，我觉得我们也应该这样。依靠人工器械和药物，人为地延续已经没有意义的而且很痛苦的生命，我是反对这种做法的。亲人往往好像是为了安慰自己的良心，但是我认为你让他有尊严地死去是更有良心的做法。

问：我身边有很多同学或亲戚，他们迎来了小生命的诞生，往往就产生了对物质的更强烈的渴望，理由是要为孩子创造一个好的环境和前程，您觉得这样做对吗？

答：你说的这个情况很普遍，作为父母都是爱孩子的，而这个爱的最具体表现就是要给孩子一个好的物质条件，在这方面不遗余力，甚至非常克己。我在一定程度上也会这样，但是我想这里面有一个度的把握的问题，并且要明白更重要的是什么。你在能力和条件许可的情况下，为孩子创造一个比较好的物质环境，策划一个比较好的社会前程，这无可非议，但是这不是最重要的。最重要的还是要给他创造一个好的精神环境，我觉得很多父母的问题是在这里，光是给他创造物质环境，对于精神环境没有任何考虑。我说的精神环境，一个是要真正给他爱，这个爱不仅仅是用物质来体现，一定要让他享受到亲情的快乐，孩子小的时候要舍得花时间陪他，和他玩，倾听他说话。你不能把他扔给保姆或老人，你就不管了，以为你去挣钱就是对他尽了责任。父母关注孩子，经常和他交流，这对于孩子的智力成长也是非常重要的，我对这个体会很深。如果你光顾着给孩子赚钱去了，没有时间和他在一起，把智力培养完全交给幼儿园和学校，在现在这种应试的方式下，结果就难说了。我说的精神环境，还有一点就是做人的引导，当然这方面最重要的是自己做人要好，树立榜样，让孩子培养起自己去争取幸福的能力，以及必要的时候承受苦难的能力，有了这个就什么都不怕了。否则的话，你给他准备再多的钱也是白搭。（掌声）

问：周老师的讲座对我启发很大，我谈谈自己的想法，我觉得我们的身体虽然有缺陷，但是这不重要，重要的是我们的心要保持乐观和上进，要摆脱自卑，树立自信，最后活出真我，实现真我。（掌声）

答：说得好。我刚才看了陈列室，有盲人和低视力人的很多艺术作品，包括书画、陶瓷工艺等，我很惊讶，觉得你们是做了几乎不可能的事。你们虽然是盲人，但是你们的创造潜力非常大，是我们难以想象的。上帝给了你一个缺陷，一定会给你另一个特殊的补偿，你要去发现和兑现这个补偿。

主持人：今天互动环节就到这里。周老师的很多话非常有哲理，我觉得读您的书和读铁生的书一样，每读一遍都有收获，常读常新。周老师今天给我们做了非常生动、深刻的讲座，大家能够体会到，作为一个当代著名哲学家、散文家、人文学者，还作为伟大的父亲，是周老师的魅力。

答：我只承认最后一个，前面都不承认。

主持人：前面的都是堆积物，后面这个是神性。非常感谢周老师！（掌声）

（举行此讲座的时间地点：2011 年 9 月 19 日中国盲文图书馆。根据备课提纲和录音整理。）

寻求智慧的人生（节录）

前言：哲学与智慧

新世界地产是一个大公司，想必业务繁忙，居然安排专门的时间，让员工来学习哲学这种无用的东西，这显示了一种眼光。柏拉图说过，什么叫哲学，就是无聊老人对无知青年的无用谈话。（笑声）我相信在座的不是无知青年，而是有为青年，但是我可能是一个无聊老人，今天来对你们做这个无用的谈话。我今年67岁了（惊呼声），不太像吧？（掌声）大半辈子过了，对人生多少有点体会吧，不管有没有用，跟大家聊一聊。

今天讲的这个题目是孟总定的，我觉得很好，准确地说明了哲学在我们生活中起的作用是什么，就是帮助你去寻求一个智慧的人生。哲学这个词，philosophy，原义就是爱智慧。什么叫爱智慧？西方哲学史上最有名的哲学家是苏格拉底，他讲了自己的一个经历。古希腊人遇到重大事情就去德尔菲神庙问神，由神媒来回答。有人就去问，在全雅典谁是最智慧的人？神媒回答说是苏格拉底。苏格拉底听说后就感到奇怪，他想我这个人其实是最笨的，怎么说我是最智慧的人呢？然后他就想调查这个事情，选择了雅典城里三个据传是最聪明的人，一个是政治家，一个是诗人，还有一个是工匠。他去和他们分别谈话，心想他们应该比他智慧。这三个人对自己的专业也就是政治、写诗和工艺谈得头头是道，特别自以为是，但是问他们活着的目的是什么，他们就都说不出来了。苏格拉底想，原来是这么回事啊，他们各自有一点儿小小的知识，就都自以为无所不知了，而我知道我是一无所知的，在人生最重要的问题上是无知的，神是因为这个才说我是雅典最智慧的人。从此以后，苏格拉底就集中精力探究人生的问题，要把人生最重要的问题想明白。由此可见，所谓爱智慧就是在人生最重要的问题上不甘于无知，要把无知变为知。我们看到，大多数人可能就甘于处在一种无知的状态，这就是不爱智慧。

我们每个人平时都是生活在一个具体的环境里，过着自己的日子，做着具体的事情，有自己的家庭和职业，那么哲学是做什么的？哲学就是让你从平时过的具体日子和做的具体事情里面跳出来。我们每个人在社会上有各种身份，哲学要让你暂时摆脱这个身份，回到人这个原点上来，想一想作为一个人所面对的问题。身份这个东西，包括你的职业，甚至你的家庭，其实都是由各种偶然的因素决定的。哪怕一个男人和一个女人相遇了，相爱了，结婚了，在一起生活了，其实也是充满了偶然性的。作为一个人，你有时候就应该摆脱命运带给你的这些偶然的东西，来想一想人的根本问题。所谓寻求智慧的人生，我的理解就是要跳出偶然和局部，来想一想人生中那些具有必然性、全局性的大问题，想明白人生的那些根本道理，让自己有一个好的心态。所以，实际上解决的是心的问题，在这一点上，哲学和宗教是一样的，人类之所以需要哲学和宗教，都是为了解决心的问题。佛法就是心法，要解决心的问题，基督教要解决灵魂的问题，大方向是一致的。

智慧和聪明是两回事，聪明只是小知，爱智慧是寻求大知。我们平时做具体的事情，可能聪明会起比较大的作用，聪明的人做事情比较有方法、有效率，但是哲学主要不是教你怎么处理具体的事情。我经常会碰到这样的情况，听说我是学哲学的，就提出一件很具体的事情，说请你帮我分析一下应该怎么解决，我就说哲学没有这种万能的功能。以前经常有一个说法，说哲学就是方法论，我说哲学有方法论的这一面，但是主要不是方法论，尤其不是解决具体事情的方法，而是让你想那些大问题，想那些基本的道理，有一个广阔的坐标，然后回过头来看你现在正在做的具体事情，这件事情该不该做，应该怎么做。所以，哲学解决的是视野、境界、心态的问题，要让你有一个广阔的视野，一个高的境界，一个好的心态，从而在做具体事情的时候有一个正确的方向和态度。你也可以说这是方法论，就是高瞻远瞩，高屋建瓴，用大道理管小道理。

今天我讲寻求智慧的人生这个题目，我想针对我们时代的情况来讲，就是我们在寻求智慧人生的过程中，遇到的主要问题是什么。我们这个时代太看重一些外在的东西，比如说财富、成功、交往、进取等等，这些东西都需要，但是如果我们把主要精力乃至全部精力都放在这个上面，我认为就会离智慧越来越远。所以，我想针对我们这个时代重点讲处理好四个关系的问题，第一是财富和幸福的关系，第二是成功和优秀的关系，第三是交往和独处的关系，第四是进取和超脱的关系。在这四个关系中，前一项都是我们时代特别强调的，我要提醒大家重视后一项。

一、财富与幸福

（略，参看本书中《财富与幸福》一文）

二、成功与优秀

（略，参看本书中《成功是优秀的副产品》一文）

三、交往与独处

我们这个时代大家都很看重交往，为了构建人际关系都非常繁忙，当然多半是一种功利性的交往，很少是情感的、精神性的交往，真正是情感的、精神性的交往就绝不会这么繁忙了。还有人写书来教你怎么通过搞人际关系来获利，有一本书叫《能说会道者赢》，教你靠耍嘴皮子来获取成功。前几天我在机场书店还看见一本书，书名叫《饭局人脉学》（笑声），真让人难受啊，心里真是鄙视啊，这种最上不了台面的恶俗习气居然冠冕堂皇地变成了一门学问，在书店里公开销售，放在最显眼的位置上，估计相当畅销吧。我相信这是我们国家当今现实的反映，现在吃喝风盛行，请来请去，其实都是在发展人脉，从人脉中捞取好处。还有就是办各种各样的总裁班、商务班，办得挺起劲，商学院办，许多大学包括北大、清华也都办。很多人其实对学什么并不感兴趣,目的也是发展人脉。我相信一个智慧的领导者才不屑于上这种班呢,他一定是立足于自己思考和学习,用不着靠这个来提高自己,一个真性情的人也不会去上这种班,他不要发展人脉,他要真朋友。

看重外在的、功利的交往的另一面,就是独处的时间越来越少了,甚至害怕独处,一个人待着就觉得不对头,就会心里发慌,得赶快逃避,去做一些事务性的事情,或者去找人聊天,或者去娱乐场所打发时间。不敢独自面对自己,要逃避这个自我,我觉得很荒唐。当然,人是社会性的动物,是需要交往的,没有人能够忍受绝对的孤独。但是我说,一个绝对不能忍受孤独的人是个可怜虫,这证明了他的灵魂是空虚的。

我自己觉得,如果我的生活中没有独处的时刻,整天在外面做事和交往,这样的生活简直是灾难,我绝对忍受不了。一个人独处的时候,他实际上是在面对自己的灵魂,或者说他的灵魂是在面对上帝,这正是灵魂生长不可缺少的一个空间。这个话托尔斯泰也说过,他说交往的时候人面对的是局部,是片断,只有独处的时候人面对的是整体。所谓面对整体,就是从具体的生活和事务中抽身出来了,开始进入思考人生全局问题、根本问题的状态中了。

我还有一个体会,独处实际上是一个内在整合的过程,你在整理自己的内心。你在外部世界中吸取了很多印象,它们是杂乱的,独处就是你在整理和消化这些印象,去粗取精,去伪存真,把有价值的新的经验放到你的内在记忆的恰当位置上,让你的内心世界仍然是一个不断丰富而又有条理的整体。这个过程非常重要,会影响到你与外部世界关系，会使你在外部世界里活动的时候仍然是清醒的，你知道自己该要什么，怎么去要。否则的话，你是盲目的，会完全受杂乱的印象支配，被你在外部世界里的遭遇拖着走，迷失了方向。

一个人不厌烦自己，这是最起码的要求。我一向认为，和交往相比，独处是更重要的能力。你不善于交往，这也许是一种性格的缺点，最多会使你在社会上吃点亏。但是，如果你不能独处，这是灵魂的缺点，会使你整个人变得浅薄。事实上，人和人之间交往的质量取决于交往者本身的素质，高质量的交往一定是存在于素质好的人之间的。素质好的人之间，他们的交往第一有精神含量，不会只是功利性的，第二即使涉及功利，比如合作做事，也一定会讲诚信、守规则。相反，素质差的人之间谈不上精神友谊，往往是互相利用的关系，并且没有诚信、不守规则。

我强调独处的重要，当然，独处的时候你不可能什么也不干，只是在那里待着，这未免古怪，你总是要做点事情的，那就应该做那种能够帮助你独处、让你的独处有内容的事情。我的经验是主要做两件事。第一是写日记，文字本身不重要，写日记是一个辅助手段，可以帮助安于独处，在独处时反思你的生活，整理你的内心，记录和保存那些有价值的印象。通过写日记，我自己有两个感觉。一个是生活得更加投入、更加细心了，因为经常反思和甄别生活中什么经历是重要的、有意义的，当你真正生活的时候，不但外在的肉体的眼睛是睁着的，内在的灵魂的眼睛也是睁着的，在留意什么对自己是重要的、有意义的，这样日积月累，内心就会越来越丰富。另外一个是生活得更超脱了，写日记反思的时候，实际上是有一个更高的自我在审视身体自我的经历，在帮它分析，在这个过程中，这个更高的自我或者说理性的、灵魂的自我就越来越清晰，越来越强大，这实际上就是使自己越来越超脱于身体自我的外在经历了。当然，这个更高自我的生长是需要营养的，营养从哪里来？就是我在独处的时候做的第二件事情——阅读，读那些好书，读那些有精神营养的书。

四、进取与超脱

我们这个时代是一个竞争激烈的时代，人们都很强调要有进取心，这当然没什么不对。但是，第一要看你进取的目标是什么，现在的问题是太急功近利，把财富和外在的成功看得太重要，第二是不能光是进取，没有超脱的一面，而现在人们很少有超脱的意识。因为这两个原因，大家都充满了焦虑。一个人活在这个世界上，一定要有两手，在进取的同时也超脱。人不可能一辈子都那么顺利的，遭遇挫折甚至灾难是人生的题中应有之义，而光有进取心这一面的人就很可怜，一旦遇到挫折和苦难就会垮掉。

你们可能要问，什么事情该进取，什么事情该超脱呢？我想有三个标准。第一个标准是价值观，就是想明白人生中什么东西是重要的，什么东西是不太重要的，对重要的要进取，要看得准、抓得住，对不太重要的要超脱，要看得开、放得下。那么，怎么衡量重要和不重要呢？一个是前面已经谈的立足于人性来衡量，生命的单纯和精神的优秀最重要，是人生幸福之所在。另一个是立足于人生整体来衡量，这就要求你与眼前的事情拉开距离。人就是这样，如果和一个事情距离太近的话，小事情也会显得很大，你的心情会严重受它的支配。时过境迁，距离远了，你可能会觉得自己当时很可笑，那么我们为什么不可以经常主动地拉开距离，跳出来看一看，看它到底是大事还是小事呢？距离太近的时候，还可能对真正的大事情都也看不清楚，觉察不到它是大事情。人生中真正对你的人生走向起决定作用的大事情是很少的，很多事情过去了以后会发现没有那么重要，无非是你的人生道路旁边的小花小草而已，可是你当时却把它看成几乎是你的整个人生了，好像不得了了，反而遮蔽了你对大事情的认识。

第二个标准是命运，就是站在命运的角度看一看，什么事情是自己能支配的，什么事情是自己支配不了的，自己能支配的你可以努力进取，支配不了的就看开一点，超脱一点。这个标准有时候和价值观的标准是交叉的，价值观本身就是人生中特别重要的东西，而同时又是你可以支配的。但是，运气这个东西自己就支配不了。运气是客观存在，有的人运气好，有的人运气差，你生下来的时候就有这个差别，生在条件好的家庭还是生在条件差的家庭，运气是不一样的，这是你没法支配的，没法支配的事情你就不要太在乎。而且一个人运气好，一帆风顺，一定就幸福吗？你看有的运气特别好的人，比如说中了大彩，一夜之间暴富，如果素质不好，往往就被这个好运毁掉了，不知道应该怎么生活了。那些富二代、官二代，如果本身精神素质不好，好的条件同样会害了他们，结局很不幸。再说，人生中有挫折和不幸并不是完全的坏事情，人生中有顺利也有不顺，有快乐也有痛苦，这才是完整的人生，对人生的体验才是全面的，人性的生长才是健全的。一帆风顺的幸运儿往往很肤浅，你和他们谈谈就知道了，他们对人生的理解很浅薄，他们的人性是有缺陷的、片面的。

第三个标准是死亡，和眼前的事情拉开距离，最远的距离就是立足于死亡来看人生。温家宝总理推荐过一本书，是古罗马皇帝马可·奥勒留的《沉思录》，奥勒留说我们应该经常用终有一死的人的眼光来看一看事物，人世间的一切都是过眼烟云，想到这一点，你就会看开了，就不会太在乎、太纠结了。当然，如果我们总是用这样的眼光来看事物的话，那就什么事情也别做了，做什么都没有意思了。但是我们应该为自己保留这样的眼光，必要的时候是要拿出来用的。人生中有些太悲惨的遭遇，你既无法改变，作为一个有血有肉的人又难以承受，比如我当年遭遇的妞妞的悲剧，是哲学救了我，使我在一定程度上从这个悲剧里跳出来。我想到自己也是要死的，我的这个遭遇也是过眼烟云，心里就感到轻松一些了。当然这样看人生是悲观的，但是说到底人生的本质是悲剧性的，这种悲观的眼光可以帮助你超脱。其实佛教也是这样，让你看破红尘，身处红尘之中仍然要有超脱的眼光。当然思考死亡问题的作用不完全是消极的，有一个积极作用就是让你警觉生命的有限，你不能马马虎虎过，要对这有限的生命负责，真正活得有意义，不要尽为那些无意义的事情在那里折腾，不要虚度你的只有一次的人生。所以，死亡这个立足点也可以帮助我们做到既进取又超脱。

我讲的超脱实际上就是要和我们的外在遭遇拉开距离，通过正

196

确的价值观、通过对命运的正确态度、通过对死亡的思考来拉开距离。那么，是谁在拉开这个距离？这就又要回到这一点上来，就是要有一个更高的自我，是这个更高的自我在拉开距离。所以，今天我讲寻求智慧的人生，最强调的一点就是每个人要让自己内在的更高的自我觉醒，让它经常处在一种清醒的状态，让它强大，而哲学和宗教的最大用处，就是帮助你的这个更高的自我，这个理性的或者灵魂的自我，让它变得清醒和强大。(掌声)

现场互动

问：谈到交往和独处，我也想学习独处的能力，现在很多年轻人独处的时候都是玩游戏之类，真正独处的时候应该如何去跟自己交流，有哪些方式？

答：玩游戏算什么独处，并不是你一个人待着就是独处，你在网上玩单机游戏，你实际上是在不停地和游戏的发明者交往(笑声)，而且你是被动的，你和他斗智斗勇，不管输赢你都是输家，都在他的掌控之中。真正的独处是个人的精神生活，必定是有精神内涵的，否则就没有意义。你问应该怎么跟自己交流，我刚才已经说了，我的办法就是写日记，我想不出更好的办法。阅读也是一个办法，有针对性地阅读，你最近有什么苦恼，在想什么问题，就找一本内容相关的书读，读的过程实际上也是在跟自己交流。一个人如果没有品尝到这种自己安静读书、思考、写作的快乐，一开始会带有一点强迫性，这需要一个过程。慢慢养成习惯了，你就会觉得这种独处的状态非常舒服，是你的生活中不可缺少的。

问：西方有句谚语：人类一思考，上帝就发笑。您在讲座中也提到，对于哲学的一些本原问题，靠人类的理性思考是无法得到答案的，而宗教的信仰可以在一定程度上给人类提供解决办法。那么是不是说，宗教这方面比哲学更有效？

答：是的，宗教在解决世界和人生的终极问题上是更有效的，给了一个答案。哲学家们或者是在那里争论，各说各的答案，或者就承认不可能有答案。在宗教中，基督教和佛教的情况很不同。基督教靠信仰来解决问题，上帝和天国的存在，经验无法证明也无法反驳，只是一种信仰。佛教不是靠对上帝或某一个神的信仰来解决问题，它本质上是一种博大精深的哲学，要开发我们内在的觉悟，把人生的道理真正想明白，从虚妄的认识中解脱出来。佛教强调戒、定、慧，慧就是智慧，就是要想明白人生的道理。但是，和哲学不同，佛教也认为人仅仅靠理性是不可能想明白的，必须进入一种状态，戒和定就起这个作用，要排除掉欲望、杂念、成见对你的内心的干扰，真正进入到本真的思考中去。光靠理性的思考，往往你自以为想明白了，其实只是逻辑的推演，你内心并没有接受。比如说死亡，你认为你想明白了，知道死是必然的，人生是虚幻的，不要太在乎，但是你还是在乎啊。所以，佛教要有戒律和禅定，帮助你进入一种看破生死、超越生死的状态。

问：我也有记日记的习惯，但是现在有一个新的渠道，让你每天记录所思所想，比如微博。我想问一问，记日记是反思每天的心路历程，微博也是在做这个记录，您觉得这两种方式有什么不同？

答：我认为完全不同，我不主张用微博的方式写日记，把自己的所感所思随时向社会公布。并不是说有什么不可公布的内容，关键是写只给自己看的日记，和写给大家看的微博，写的时候心态是不一样的。写日记的时候，你要诚实地面对自己灵魂中的一切，去进行反思和分析，我觉得这种面对自己灵魂的诚实是一种根本的诚实，而写日记是培养这种诚实态度的重要方法。如果你要微博取代日记，你写的时候一定会考虑到看的人将怎么想，一定会有他人的眼光在里面起作用，甚至起支配的作用。我相信重视写日记的人是不会把他的日记公布于众的，一个最典型的例子是托尔斯泰，他写日记连太太也不让看，两口子为此吵了无数的架，最后他甚至因此离家出走，死在了离家不远的一个小车站上，所以我说他是为写日记而牺牲的烈士。（笑声）还有一点，我认为人的思想是需要沉淀和积累的，你在微博上随时发表，没有沉淀和积累的过程，思想就容易变得碎片化和浅薄。我不反对写微博，我自己也写，我反对的是完全用微博取代日记。如果要做取舍，我宁可写日记不写微博。

问：周老师您好，我上学的时候有一段时间记日记，但是过了很长时间再去看，发现记的都是一些很痛苦的事情。因此我发觉，当你自己去和自己交流的时候，往往会进入一个非常消极的状态，那种消极的东西会缠绕着自己。怎么样在独处的时候，在和自己交流的时候，让自己更多感受到一种光明？

答：痛苦出诗人，人的确在痛苦的时候最想写东西，那是一种宣泄，你无法对别人说，就只好对自己说了。宣泄也有作用，总比不宣泄好，写下来了会感觉轻松一点，它有一定的疗效。但是，你不要停留在宣泄上，当你面对这个痛苦的时候，你还要有你的思考，把自己的思考也写出来。这实际上是让你与痛苦的东西拉开了一个距离，站在痛苦之上，你习惯于这样一个角度之后，你的自我会变得越来越强大。另外，你不要光写痛苦，为什么不也写一写你的快乐呢？这样你就能感受到光明了。人在快乐的时候往往是顾不上写的，但是人生中的快乐并不多，你要珍惜，有了这个珍惜的心情，你就会想把这有限的快乐留住，就会去写的。

问：我非常喜欢您的文字，在今天的讲座中我也产生了共鸣。我有一个问题，您说我们不必刻意去追求成功，而要做到优秀，但是优秀是很难衡量的，是自己衡量就可以了，还是也要做到别人眼中的优秀？

答：这个问题提得特别好。优秀的判断好像是一个两难，如果光是用自己的眼光判断的话，可能是孤芳自赏，因为个人的感觉不具有客观性；但是如果用他人的眼光判断的话，可能又变成用成功来判断了，因为他人的认同往往是和成功挂在一起的。所以怎么办呢？就综合地考虑吧。首先自己的判断是重要的，自己就认为不优秀，这肯定不行，自己内心必须认可。他人的眼光可供参考，但是应该重视那些你心目中优秀的人、素质高的人对你的评价，不要太看重一般大众的看法，更不要用纯粹外在的成功来衡量自己。

问：请问周老师，人终有一死，我们人生中的一切都是过眼烟云，很多东西不必去计较，也不用太多地去进取，如果这样的话，人生的意义究竟在哪里？

答：是啊，人如果能不死就好了，死亡终归是人生最大的悲哀和困惑，我从小就为这个问题困惑，现在还没有真正想明白。不过我想，这个问题追问的是人生的绝对意义或者终极意义是什么，并没有否定你活着时所做的一切事情的相对的暂时的意义。也许人生只有相对的意义吧，立足于相对意义的存在，你可以去进取，立足于绝对意义的缺失，你就要超脱，反正你所得多的一切都是暂时的，最后都会归零。要是人生是有绝对意义的呢？基督教就是这样认为的，它得出的结论也是要你超脱，立足于灵魂的不朽，超脱肉身的世俗生活。

问：每一个宗教都有修行甚至苦修。有一种修行是有目的的，比如说朝圣者去拉萨，去麦加。另外一种修行没有目的，像达摩祖师在山上蹲了三十年，这种修行的最终意义在哪里？可能会说是精神上的升华，但是升华到哪里才是个头？

答：你说的那种有目的的修行，所谓目的指的是一个具体的目的地，但是我想，你说的另一种没有目的的修行，虽然没有一个具体的目的地，但是目的还是有的，这个目的应该是要进入某一种状态，从而有助于解决两大问题。一切宗教，无论是基督教还是佛教，它们的修行都是为了解决这两大问题，一个是灵和肉的问题，一个是生和死的问题。这两个问题的关键都是肉体，灵和肉的问题是要让灵魂摆脱肉体的束缚，不让肉体的欲望支配灵魂，生和死的问题是要让灵魂摆脱对肉体的依恋，坦然面对肉体的死亡。

问：您有宗教信仰吗，如果有，是什么？如果没有，您认为哪个宗教接近您的人生体验？

答：我不是任何宗教的教徒，但是我对基督教和佛教都感兴趣，

《圣经》和佛经我都看，我是把它们当作人生智慧来看的。我真的觉得，无论是佛经里佛陀的言论，还是《圣经》里耶稣的言论，都充满了人生智慧，对于解决灵肉问题和生死问题大有启发。从我的人生大困惑来说，我觉得佛教能解决得更好。

问：您有一个14岁的女儿和一个5岁的儿子，都正处在受教育期，请问您希望他们明白的最重要的人生哲理是什么？

答：儿女的教育，现在中国的父母都很纠结和焦虑，为他们的未来担忧，要为他们准备好的物质条件。我对我的孩子的未来只有一个抽象的定向，没有一个具体的定位，我不想为他们规定将来上哪个大学，要不要出国，这些让他们将来自己去选择。我的抽象定向有两条。第一，对什么是幸福有一个正确的认识，并且具备自己去争取幸福的能力。第二，懂得人生中必定有苦难，具备自己去承受不幸的能力。当然，这两条也不是去给他们讲大道理，而是贯穿在我自己平时的言行中。我一向认为，孩子将来的命运掌握在上帝手里，不掌握父母手里，他们会遇到什么事情，你根本没有办法预料，更没有办法设计，你能做的只有一点，就是不管他们会遇到什么事情，都让他们有一个好的素质和心态来面对，你真的做到了这一点，就是尽了家长的责任。

问：我自己认为的快乐和幸福，在社会上常常不被别人认同，我应该怎么办？

答：这没有关系啊，说明你有自己独立的思考。

问：这种快乐虽然满足了自己，但是很多时候会看重别人的想法，就觉得越来越不幸福。

202

答：如果你真正感到满足，就没有必要去管别人是怎么看的了。如果你过多地去关注别人的看法，这说明你不自信，你对幸福的认识还不坚定，发生了动摇。这可能有两种情况。一种情况是你觉得别人的看法可能有道理，你的看法可能有毛病，那你就要想清楚，如果确实这样，就要修正你的想法。另外一个可能是你仍然认为你是对的，但是可以说性格比较软弱，因为别人有不同看法，这种人际关系的氛围让你感觉难受，那我认为就不要太在乎了，坚持走自己的路，在这个过程中你会慢慢变得强大。

问：人是具有社会属性的，我觉得独处的同时具备一些开放性可能会更好。人性中有光明也有黑暗，自己很难把握，在与人交往的过程中，可能会根据别人的观点做一点调整。为什么要避开社会交往呢？

答：我没有说要避开社会交往啊，独处和交往两者都需要。我理解你的意思，人通过交往才能更好地认识自己和调整自己，我同意这个看法。我强调的是要有高质量的交往。我自己就有体会，高质量的有思想含量的交往对我的思考是一个刺激和推动，这是不能缺少的。但是，不管交往多么必要，独处也不能缺少。比如说我写书，把我的思想发表出来，会有读者的反馈，这本身就是一个很大的交往。但是，如果光有这个，没有一个我称之为私人写作的空间，我会变得越来越浅薄的。我必须有不为发表而写的东西，例如日记、随感、读书笔记，这是一个基础，从思想的原料来说是一个仓库，原料多而好，才能有好的产品，而为发表的写作实际上就是把产品拿到社会上去和别人交流。所以，独处是一个基础，在这个基础上才会有高质量的交往。

问：问一个关于快乐的问题。有那么一群人，我想在座也不少，他们学历很高，社会阅历很广，视野很宽，曾经在成长的历程中经历过不少快乐。到了今天这一刻，他的笑点已经非常高了，怎么样的笑话都让他笑不起来，因为这个笑话可能五年前或十年前已经让他笑过了。多大的成就他也没有成就感，因为他可能会觉得那是老板的一个恭维。他开心不起来，似乎不容易找到让他开心的事情。这群人非常理性，对很多事情都看得通透，知道是怎么回事，是什么逻辑关系。周老师，您给这群人什么建议？（掌声）

答：我想问一下，你是不是这群人的代表？（笑声，掌声）

问：我喜欢和周老师沟通，我不是这群人的代表，但是我也曾被别人描述过笑点很高，有时候脸上挂的笑容是替别人在笑，或者说给别人一个心情看。我身边确实有太多这样的情绪反馈，很多事项都会很理性地梳理和分析，没有惊喜，他做得好会觉得是应该的，凭什么做不好呢，全世界都说你会做得好。今天讲智慧的人生，可是有智慧的一群人怎么样快乐起来，我想听周老师对这些人的建议。

答：你描绘的是精英的困惑和苦恼。（笑声）曾经沧海难为水，什么都见过做过，非常优越，兴奋值就很高了。有这样的苦恼是一个幸运，别人还羡慕你们呢。我想他们应该会有一种智者的愉悦吧，看这些芸芸众生，你们还在低级的快乐里面折腾，我都经历过了，都看明白了，都不在乎了。像这样居高临下地俯视人间平常快乐的心态，我觉得应该也是一种快乐。如果这不算快乐，或者不觉得这是快乐，那就可能要去开发新的快乐源头了。（笑声）幸福不能只在职场上面找，你刚才讲的多半是职场上的感受，事业成功，得到承认，别人羡慕，前景一目了然，等等，我觉得应该超越这个层面，可能是走到这一步了。我不知道，因为我不是这样的人。也许需要做个体剖析，拿出一个例子，看看问题出在什么地方。人有时候必须幼稚一点，太成熟就有问题，要返璞归真，这样会重新获得一些幼稚的快乐。

问：哲学能让人跳离具体事物看世界，那为什么会有很大的认知差异，有唯心和唯物的不同，宗教反而能殊途同归？

答：大哲学家也能殊途同归，最后的方向是一致的，都是要守护人性，提升人类的精神水准。我不认为唯物和唯心的划分上有什么意义，我们把一个哲学家归类到唯物还是唯心，这常常是牵强附会的，是贴上一个标签。比如说尼采，历来被我们说成是一个反动的唯心主义哲学家，但是你真的去分析他的思想的话，根本就没有办法把他归类，他的主要概念权力意志，既可以解释为一种精神力量，也可以解释为一种生命能量。了解一个哲学家，不要带着标签去看，应该看他思考的核心问题是什么，他是怎么解决这个问题的，这样才有意义。凡是大哲学家，各有各的精彩，你要会欣赏他的精彩之处。

问：您在自我介绍的时候说您已经67岁了，但是我觉得您好像37岁一样。

答：过奖了，但我喜欢你这样感觉。

问：学哲学的人不是都用脑过度吗，请问您是怎么保养的？是不是有时候不思考也是一种思考呢？（笑声）

答：我觉得主要是心态好，心态好是最好的养生。学哲学对我心态好起了很大的作用，小事情看开一些，烦恼就比较少。大烦恼会有，那些想不通的大问题，但是我发现想大问题不会伤身体，最伤身体的是为小事纠结和烦恼。

（举行此讲座的时间地点：2012 年 8 月 31 日广州新世界地产。根据录音整理。）

第三辑　　谈精神品质

善良，丰富，高贵
——做一个有灵魂的人

朋友们好！我特别高兴能够回到我的家乡来和大家交流，尤其是在上海图书馆这样一个地方，我对上海图书馆怀有深厚的感情，可以说我的一生是在读书和写作中度过的，而这条路正是从上海图书馆开始的。我在十一岁的时候就来上海图书馆了，当然不是在这个新馆，是在南京西路的旧址。上小学六年级那一年，我们家搬到了人民广场附近，黄陂北路 184 号，从我家的窗口正好可以看见上海图书馆的大钟。我路过上海图书馆的时候特别想进去，当时有露天阅览区，我看见很多人坐在那里看书，心里特别羡慕。可是，小学生是不让进的，必须是中学生，或者身高一米四五以上也行，而我还没有到。我问清楚了，凭考初中的准考证也可以进，因此，我拿到准考证后的第一件事就是来上海图书馆，我的读书生涯就是从那个时候开始的。

第一次踏进上海图书馆，真觉得是走进了一个圣地。我太喜欢图书馆的氛围了，四周摆满了书，所有的人都埋头安静地看书，这样一种氛围深深地感染了我，给我的感觉就是神圣、高贵。那年我十一岁，现在正好五十年过去了，回过头看，这五十年一路走来，我非常感谢上海图书馆，是它最早启迪了我，引我走进了书的宝库，逐渐找到了那些精神大师的书。通过读他们的作品，我结识了人类历史上一些优秀的灵魂，明白了一个人应该成为什么样的人，决心要做像他们这样的人，而他们的灵魂的最重要特点就是今天我要讲的主题：善良、丰富、高贵。从社会现状来看，我们今天最缺乏的也正是这些品质，比比皆是精神上的冷漠、贫乏、卑俗。我相信，如果这些精神大师复活，来到我们这个时代，最感到震惊的一定是善良、丰富、高贵这些品质的缺失。下面就谈谈我对这三种品质的理解。

善良——生命的同情

善良，就是生命对生命的同情，这应该是做人的最基本的品质。无论东方的哲学家还是西方的哲学家都认为，同情心是人和动物区分的开始。孟子说的"恻隐之心""不忍人之心"，就是指同情心，认为这是道德的开端，没有同情心就是"非人也"。西方的哲学家也是这样看的，比如亚当·斯密认为，人不光有利己本能，还有同情本能，能够推己及人，这是人比动物高的地方。他强调同情心是人类社会一切道德的基础，人类社会有两种最基本的道德，正义和仁慈，正义是不可损人，仁慈是不但不可损人，还要助人，这两种基本道德都是建立在人能够将心比心也就是同情心的基础上的。

人和动物的区分是从同情心开始的，从这个意义上说，人沦为兽就是从同情心的麻木、丧失开始的。一个人要是没有了同情心，他就是孟子所说的"非人也"，什么坏事都能干出来。我看一个人的好坏，第一就看他对生命的态度，看他是不是善良。一个优秀的灵魂，他对生命一定会有一种感动，看见幼儿、小动物乃至一朵小小的野花，心里会有一种柔情。我特别注意观察一个人对孩子的态度，如果他看见一个可爱的孩子竟然无动于衷，我基本上可以断定他的人性是有问题的。相反，如果他看见孩子是情不自禁地喜欢的，那么即使他有许多别的毛病，我仍相信这个人本质上是好人。如果一个社会普遍缺乏同情心，缺乏善良，或者一部分人邪恶、不善良，而又不受制裁，在这样的环境中，善良的人反而受害，于是不敢善良，这样的社会就不是人待的地方。一个好社会和一个坏社会最基本的分别就是能不能给人以安全感，如果普遍没有同情心，在这样的社会里生活是不可能有安全感的。

这正是我们今天所看到的社会现状，触目皆是对他人生命的冷漠，假药、伪劣食品、矿难、凶杀、野蛮执法、见死不救等等，这类事件层出不穷，善良似乎成了稀缺的品质。原因何在？按理来说，同情心是人的第二本能，虽然比第一本能利己心弱一些，终归也是本能，每个人的人性中都是有善良种子的，但为什么这么多人的善良种子烂在里面了呢？很多简单的道理为什么大家都好像不懂了呢？我们这个社会到底怎么了？

当然，这肯定和商业化的发展、人们过分地追求物质有关。善良，同情心，是人与人之间互相作为生命来对待，我是一个生命，别人也是一个生命，我要将心比心。要能够把别人当作生命来对待，前提是先要把自己当作生命来对待，对自己生命的感觉是敏锐的。可是，一个人如果完全受物质欲望支配，整天为赚钱和花钱而忙碌，他对自己生命的感觉就不可能是敏锐的，因为他根本没有时间去感觉，去想一想自己作为一个生命到底需要什么。如果大家对自己生命的感觉都趋于麻木，不是作为生命在活，而是作为利益的载体在活，那么，这样的一群人之间当然就不可能作为生命和生命互相对待了，而只能是利益和利益的较量了。所以我认为，现在人和人之间的关系变得很复杂，一个重要原因是作为个体活得不单纯，背离了生命之道，个人生命状态的异化导致了人和人之间的同情心的缺失。

不过，我不认为商业化必然会造成这种情况，西方社会早就是市场经济了，可是人家对生命普遍是很尊重的，当然也会有残害生命的事情发生，但那就会成为大新闻的，受到全社会的关注和谴责。为什么会有这个区别呢？我分析下来，可能有两个原因。

原因之一，我想追问我们的传统。儒家文化虽然也很讲究同情，把"仁"树为道德的核心，可是，我们想一想，中国两千年的专制社会对生命是什么态度？基本上可以说，在专制权力面前，生命等于零，"君命臣死，臣不得不死"，人命是不值钱的。为什么儒家的仁义道德在政治上、实践上却导致了这样的结果呢？我觉得儒家伦理本身是有毛病的。西方哲学家认为人有两个本能，第一是利己本能，然后，把利己之心推己及人，知道别人也是爱自己的，这就是同情本能。儒家伦理在这两点上都有毛病。首先，儒家伦理是否定利己的，而如果不让每个人爱自己的生命，追求自己的利益，那又用什么来推己及人呢？其次，儒家伦理在推己及人上也有问题，推的范围局限于宗法关系，"仁"蜕变成了"孝"，"孝"在国家层面上又演变成了"忠"，结果皇帝拥有绝对的权力，全国百姓和官员的生命都掌握在他手中，生杀予夺由他一个人说了算。在我们的文化传统中，个体生命价值和生命权利的观念从来没有真正确立，这个毛病影响到了今天，影响到了国民心理，很容易导致对自己生命和他人生命的冷漠。

原因之二，正因为个体生命价值和生命权利的观念没有真正确立，就使得法治社会的建设面临重重困难。法治社会的出发点就是保护每个人的生命权利，包括追求自己利益的权利，而对损害此种权利的行为加以制止和惩罚。在健全的法治社会里，无论法律的制定，还是政府的职能，一定都是围绕着这个出发点，以此为最高原则和取舍标准的。可是，我们仍然有不少的法律和准法律、不少的行政条例和政府行为是违背这个原则的，比如广受诟病的城管条例。

前不久有一个报道，我看了非常难受。一个外地妇女在北京借了间屋子，开了个裁缝铺，这间屋子是房东搭的违章建筑，城管就来执法了，要把它拆掉，来了好几辆车。当时这个妇女见了特别焦急，昏了过去，小便失禁。房东老太太是学医的，知道小便失禁非常危险，就恳求城管把病人送医院，城管拒绝了，说自己是来执法的，不管这个。房东就上街拦出租车，拦了十辆都没拦下，直到第十一辆才成功，但送到医院时，这个妇女已经死了。我觉得这些城管尤其可恶，竟然以执法的名义见死不救，可见他们心目中的所谓法是和生命敌对的。出租车司机们是怕给自己惹祸，毕竟有这么多令人生畏的城管在场。前两天还看到一个报道，一对夫妻吵架，妻子想不开，就自残，用手敲打玻璃窗，结果玻璃碎了，把动脉割断了。丈夫这时急了，没想到会这样，就抱着妻子上街拦车，也是很多司机不肯停，好在最终还是拦到了。

现在这种事很多，碰到需要救人的场合就躲，我觉得不能说人心都变坏了，有时候是不敢善良，做了好事倒霉甚至受诬陷的情况时有发生。所以，关键是要建立一个法治健全的社会。首先政府自己必须尊重老百姓的生命权利，在这方面要有严格的法律约束。针对野蛮执法，第一要检查这个法本身是否侵犯了生命权利，废除那些侵犯生命权利的恶法，第二要用法律来规范执法的方式，野蛮执法就是犯法，坚决予以惩罚。其次，对社会上侵犯生命权利的行为也坚决予以惩罚，使不善良的人受到警示，善良的人得到保护和鼓励。在一个法治健全的社会里，人们普遍地有安全感，这是最有利于同情心生长和表达的环境。

丰富——心智的优秀

人不仅是生命，而且有精神能力，是精神性的存在，这是人和动物更重要的区别。其实，人作为生命能够将心比心，对别的生命有同情心，其中已经是精神能力在起作用，而动物因为没有精神能力，所以不能将心比心。那么，我们讲丰富，就是要让人的精神能力生长、开花、结果。事实上，我们在现实生活中会看到，那些精神上丰富的人，往往生命的感觉也更敏锐，更有同情心。

所谓精神能力，就是上天赐给人的高级属性，人因此而被称为万物之灵。大致说来，精神能力包括智、情、德三个方面。智是思考能力，情是感受能力，德是道德能力，与此相应，智力品质、心灵品质和道德品质组成了人的精神品质。我在"丰富"这个题目下讲智力品质和心灵品质，合称为心智品质，而把道德品质放在"高贵"那个题目下讲。一个人既有活跃的智力生活，又有丰富的心灵生活，就可以说他的心智品质是优秀的。这叫作智情双修，智商和情商都高，就是有才，加上道德品质高尚，就是德才兼备。智情双修，德才兼备，应该是做人的目标。

首先，人应该有活跃的智力生活。头脑是上天给人的伟大恩赐，因为人有头脑，所以对世界充满好奇心，能够进行独立思考，这是人类最宝贵的禀赋，运用和发展这种禀赋本身就是莫大的享受。许多哲人都谈到，精神能力的运用是人的高级享受，好奇心的满足和思考的过程本身就充满着快乐，这种快乐是任何物质享受不能比的。我相信这是一切优秀者的共同感受。可是，如果一个人始终沉湎于物质的快乐，从来没有体会过精神的快乐，他就会把物质的快乐看得高于一切，甚至以为是人生在世唯一的快乐。借用英国哲学家约翰·穆勒的说法，每个人的天性里都有一个"不满足的苏格拉底"，可是许多人天性里的这个"苏格拉底"始终是沉睡着的，甚至再也醒不过来了，这是很可悲的。

我想强调一点：人的智力属性的满足本身就是价值和目的，我们不可以用物质成果来衡量它。有一种观点认为，人的头脑的价值就在于认识世界，而认识世界的目的则在于改造世界，乃至征服世界，从而让人过上越来越富裕的物质生活。我至少可以指出，这根本不是马克思的观点。恰恰相反，马克思的一贯观点是，只有当人不是为了制造和获取物质财富而活动，而是为了发展和享受自己的精神能力而活动之时，人才不是作为动物，而是真正作为人在生活。把头脑贬低为解决物质生活问题的工具，保证躯体生存和享乐的工具，这是价值的颠倒，是对上天伟大恩赐的亵渎。

每个人的天赋能力的性质是不一样的，有的人适合做这个，有的人适合做那个，这很可能是老天安排的。很多人可能不知道自己的天赋能力到底在哪里，一个人能发现自己的天赋能力之所在是很幸运的。但是，我觉得这不完全是运气的问题。你首先要对智力活动有兴趣，要能够从精神能力的运用中品尝到快乐，然后才可能逐渐发现自己的能力在哪里，那多半是你最感兴趣和快乐的事情。杜威说过，兴趣是才能的可靠征兆。当然，所谓兴趣是指事情本身对你的吸引，因为利益的吸引而产生的强烈动机不是兴趣。内在的优秀是最重要的，在条件合适的时候，它就会表现出来，你就会找到真正属于你的事业。

其次，人还应该有丰富的心灵生活，不只是认识世界，还要感受人生，有对情感和美的体验，对人生真理的体悟和思考。怎么样让自己的心灵变得丰富呢？我提两条。第一是要养成独处的习惯。我们这个时代，能够忍受独处的人越来越少了，往往把独处看成一种痛苦、一种惩罚，仿佛一个人待着，日子就没法过了，就怀疑自己是不是出了问题。相反，大家都很看重交往，还出了许多书教你怎么交往，什么《能说会道者赢》之类，在我看来都是垃圾书。我一向认为，独处是比交往更重要的能力，一个人不擅交往，可能会丢掉一些利益，吃一些亏，可是，不能独处丢掉的是灵魂，人会变得浅薄，那么，我宁可丢掉利益，而不愿丢掉灵魂。而且，真正高质量的交往是以交往者内在的丰富为前提的，因此是以独处为前提的。我的体会是，独处实际上是给内心生活一个空间，自己和自己谈心。所谓自己和自己谈心，就是在人世间活动的那个自我和一个更高的自我交谈，这个更高的自我，哲学称作理性，宗教称作灵魂。其实每个人的身上本来都是有这个更高的自我的，问题是怎样让它觉醒和成长壮大。这就要说到第二条了，便是阅读。正是通过读好书，受大师们的熏陶，把人类所创造的精神财富"占为己有"，这个更高的自我就逐渐丰满起来了。我强调一定要读好书，现在书太多了，必须有所选择，读书的品位要高，这样对你的精神生长才有助益。多看一点经典作品，多和大师们交流，你的心灵和大师的心灵就越来越接近了，你能更加智慧地看世界和人生了，这是多大的快乐啊。我们这个时代很看重享受人类的物质财富，享受高科技的成果，但是在书籍中保存着人类最重要的精神财富，你不去享受就可惜了。

我不反对人们争取做物质上的富翁，但我深信精神上的富有是更可靠也更幸福的。如果把全部的幸福寄托在外在的东西上，这是很不可靠的，而一旦财产、地位没有了，人就垮了，这种例子太多了。心灵的财富是任何变故夺不走的，而且能够支撑你承受住外在的变故。现在人们普遍很浮躁，总是生活在外在世界，没有自己的内在世界，或者内在世界很单薄，全部生活仿佛就是挣钱和花钱，这是很可悲的。如果一个人一辈子都是这么过的，纵使他再有钱，我都要说，他是度过了贫穷的一生。个人如此，人类也是如此。科技越来越发达，物质产品越来越新奇，人类就幸福了吗？我不这么认为。在我看来，西方的古希腊时代或文艺复兴时代，中国的先秦时代或唐宋时代，人才辈出，文化繁荣，创造了大量的精神财富，比我们现在幸福得多。和那时候的人相比，我们的心灵单调而贫乏，在人性上不是进步了，而是退步了。

高贵——灵魂的尊严

最后讲一讲高贵。我们这个时代很少提到高贵了，或者更糟糕，把高贵庸俗化、丑化，好像住豪宅、开名车就是"高贵"，房地产广告上充斥着"高贵""至尊"这类大词，完全是在亵渎。在历史上，高贵曾经是一种非常重要的精神价值，它指的是灵魂的尊严，精神上的高贵。古希腊、罗马时代就是如此，我从古希腊的哲学家身上深深体会到这一点，就像尼采所说的，古希腊的哲学家是一些具有帝王气派的精神隐士。

这方面有两个最著名的故事。一个是关于第欧根尼的，他是希腊划时代非常有名的一个哲学家，提倡过简朴的生活，他自己就露宿街头，住在一个木桶里，靠乞讨为生，完全是一个乞丐的模样。那时候统治欧亚大陆的是亚历山大大帝，他在历史上也是一个伟大人物，有一天，他在巡游时遇见第欧根尼，就告诉他说：我是大帝亚历山大。第欧根尼回答说：我是狗崽子第欧根尼。狗崽子是他的绰号。亚历山大顿时肃然起敬，问他：我能替你做些什么？他的回答是：你只能替我做一件事，就是请你走开，不要挡住我的阳光。

亚历山大乖乖地走开了，边走边对侍从说：如果我不是亚历山大，那我就愿意做第欧根尼。

还有一个例子是关于阿基米德的。他所在的城市被罗马军队攻陷了，当时他已年老，正蹲在沙地上专心研究一个几何图形。罗马士兵看见了他，要抓他走，他不肯，还在研究那个图形，罗马士兵不耐烦了，一剑把他刺死了。当剑朝他刺来时，他只来得及说了一句话：不要踩坏我的圆！

从这两个例子中，我们可以领会什么是真正的高贵，那就是对精神生活的珍爱，一种灵魂上的骄傲。人的高贵在于灵魂，在灵魂的高贵面前，权势、武力、财富都显得如此渺小。

我们批判贵族，可是，在西方历史上，贵族对于高贵这种品质的传承贡献良多。贵族不仅是门第，而且要有和门第相称的高贵的教养和风度，世代传承，几乎化作本能。法国大革命杀了很多贵族，许多人在走上断头台时仍保持着高贵的风度。一个贵妇人临刑前不小心踩了刽子手的脚，立即向他道歉，然后就被这个刽子手绞死了。另一个贵妇人坐着等待行刑，人很多，坐得比较拥挤，她旁边一个老太太一直在哭，她就站起来，让老太太可以坐得舒服一点，老太太觉得自己失态了，立刻不哭了。这两个贵妇人临刑前所表现的从容与优雅是装不出来的，那是骨子里的高贵。

灵魂的尊严和高贵尤其体现在道德上。康德认为，人是由两个部分构成的。一方面，人是肉体的存在，属于现象界，服从自然法则，是不自由的。另一方面，人是精神的存在，属于本体界，不受自然法则支配，是自由的。他的意思是说，作为精神的存在，人能够按照道德法则生活，而道德法则和自然法则在某种意义上是相反的，自然法则决定了人仍然是动物，受本能支配，道德法则要人超越动物本能，真正作为人来生活，体现出人身上的精神性、神性。所以，康德说，人是自己行为的立法者，这是人的高贵之处。

在这个意义上，康德说，人是目的，在任何情况都不能把人当作手段。这里所说的"人"，是指作为精神性存在的人，这是人之为人的本质之所在，人因此而与其他动物有了根本的区别。不能把这个意义上的人当作满足物欲的手段，如果人为了满足物欲做不道德的事情，他实际上就是把自己当作手段而不是目的了。对他人也是这样，不能把他人当作满足自己物质欲望的手段，应该把每个人都看成是有尊严的精神性存在，互相作为灵魂和灵魂对待，自尊并且尊重他人。

我觉得，我们这个时代一个很大的问题是普遍缺乏尊严感，人们互相打交道时很少想到自己是一个灵魂，对方也是一个灵魂。解决所谓道德滑坡的问题，不能光靠爱国主义、集体主义这类意识形态性质的教育，真正的道德教育应该是针对灵魂的，如果大家都追求灵魂的高贵，都懂得做人的尊严，相互的关系必然是道德的。人与人之间应该普及尊严感，讲道理，守规则，从而良性竞争，这样的社会才会是美好的社会。

最后我想说，我从上海图书馆开始，读了很多书，收获很多，最大的收获是认识到，做人最重要的品质是善良、丰富、高贵。我们应该有善良的天性、丰富的心灵和高贵的灵魂，这样才是真正的人。我怀念这些品质，让我们共同努力，从自己做起，成为具备这些品质的人。

（举行此讲座的时间地点：2006 年 8 月 6 日上海图书馆；2007 年 9 月 1 日武汉市名家讲坛。根据上海图书馆录音稿整理，内容作了修订。）

拥有内在生活

前 言

今天我和大家交流的这个话题，是有感而发的。我们身处一个竞争非常激烈的时代，大家都想成功，都不愿意被淘汰，生活得很匆忙。成功几乎成了人们在世上生活的唯一目标，而衡量成功的标准又往往只是财富，是物质的东西，在这样的情况下，我有一个强烈的感觉，就是出现了一种外在生活膨胀、内在生活萎缩的倾向，大家都把自己的精力投向外部，很少关注自己的心灵，外在生活越来越厚，内在生活越来越薄。所以我觉得有必要做一个提醒，让大家重视内在生活。

人的生活可以相对地划分为外在生活和内在生活两个部分。外在生活就是物质生活和社会生活，解决的是生存问题，以及生存问题的延伸，就是在社会上立足和成功。外在生活是很现实的，你要生存，并且要生存得好，必须做很多事情，包括职业，包括和人打交道，这都无可非议。但是，人的生活不能只有这个部分，还应该有内在生活。内在生活就是精神生活，是要解决生存的意义问题。人不光有物质的需要，更有精神的需要，因为人是有精神能力的，在人的一生中，精神能力的运用、生长和发展给人带来的满足感是更大的。

我不否认，我们每一个人都要生存，要在社会上立足，应该去争取成功。但是，我认为，人的生活的品质归根到底是由内在生活的品质决定的，只有在内在生活光芒的照耀下，外在生活才会是有意义的。灵魂照亮肉体，没有灵魂，灵魂里没有光亮，不管肉体过着多么奢侈的生活，在社会上多么招摇，都只是一具行尸走肉。一个人到社会上去活动，必须有自己的根据地，这个根据地就是你的内在生活。

人身上最宝贵的东西是生命和灵魂。换句话说，人有两个最重要的身份，一个是自然之子，一个是万物之灵。作为自然之子，我们不要让物欲损害了生命。作为万物之灵，我们不要让外在生活挤压了内在生活。这是人生最要紧的两件事情。

精神能力是上天赐给万物之灵的高级属性，精神能力的生长和运用是高级属性的实现，使人真正作为人而生活。那么，人有哪些精神能力呢？按照柏拉图和康德的分法，可以相对地分为三种。一是智力，就是认识能力，人有理性，有一个会思考的头脑，能够认识事物，获取知识，追求真理。二是情感，就是感受能力，人不光能用头脑思考，而且对世界和人生有情感的体验，能够感受到事物的美和丑，生活的意义或无意义。三是意志，康德称之为实践能力，他说人不是只像动物那样凭本能做事，人能够为自己的行为立法，按照道德法则做事，这实际上就是指道德能力。康德的的三部主要著作，就是分别考察人的三种精神能力的。《纯粹理性批判》考察智力即理性能力，《判断力批判》考察情感即审美能力，《实践理性批判》考察意志即道德能力。在柏拉图那里，意志只是执行能力，属于比较低级的功能，他的哲学中的相应概念应该是灵魂，灵魂具有追求善的生活、正当生活的能力。

这样，我们可以把内在生活相应地划分为三种生活：一是智力生活，即对真的思考，相关的精神品质是头脑的自由；二是情感生活，即对美的体验，相关的精神品质是心灵的丰富；三是道德生活，即对善的追求，相关的精神品质是灵魂的善良和高贵。拥有内在生活，也就是拥有自由、丰富、善良和高贵的精神品质。

事实上，这三种精神能力是人人都具有的，不过就像孟子说的，它们是作为萌芽隐藏在人的天赋中的，必须去发展它们，否则很可能会被扼杀掉。现实的情况是，在有些人身上，这些能力始终没有觉醒，他们完全受外在的功利支配，几乎没有内在生活。有的人可能会说，外部竞争太激烈，没有工夫去关注你说的内在生活。表面看来，一个人的精力是有限的，两种生活之间似乎有冲突，关注内在生活多了，似乎会减少投入外在生活的时间和力度。但是，我刚才说了，外在生活的质量取决于内在生活的质量，它们本质上是一致的。虽然解决生存问题是前提，但你不能等到完全解决后再来关注内在生活，压力和诱惑永远存在，那样你就走上了一条永远被外部环境支配的不归路。我一直主张，做人应该以优秀为第一目标，成功为第二目标。什么是优秀？就是拥有高质量的内在生活。如果没有，所谓的成功无非是虚名浮利而已。如果有了，你的外在生活一定也是高质量的，即使你无名无利，你自己心里明白，你过的普通日子仍是充满了意义的。

一、拥有智力生活：头脑的自由

智力生活有两个要素，一是好奇心，二是独立思考。好奇心，就是面对未知世界、未知事物的惊奇，以及去解开谜底、寻求答案的冲动。这实际上就是对知识的兴趣，一种认知的渴望。人类所有智力活动的形式，比如哲学、科学，都是从好奇心开始的。个人也是这样，我们可以看到，孩子的好奇心都特别旺盛，不过爱因斯坦说好奇心是一棵脆弱的幼苗，是很容易被摧残的。事实上，随着年龄的增长，大多数人的好奇心是越来越微弱了。尤其是我们现在的教育制度，基本上是和好奇心作对的，无用的问题不让你去想，无用的书不让你去读，所谓有用仅仅是对考试有用。扼杀好奇心，就是在源头上扼杀了智力生活。

智力生活的另一个要素是独立思考。如果说好奇心是对知识的渴望，那么独立思考就是对真理的认真。你不能光有渴望，你还必须有认真的态度，对于引起你兴趣的事物，你要用自己的头脑去思考，用自己的理性能力去寻求答案。对于一切现成的答案，你不要轻易接受，你要去追问它的根据，在弄清有无根据之前，你要存疑。这就是笛卡儿说的"怀疑一切"。"怀疑一切"不是虚无主义，不是不承认任何真理，而是一种对真理的认真态度，是要把对任何真理的承认建立在独立思考的基础之上，这是思想者的必备品质。

爱因斯坦说过，独立思考能力是人的内在自由，这是大自然不可多得的恩赐。也就是说，能够保持这种内在自由的人是很少的，是很幸运的。我喜欢引用爱因斯坦的话，我认为他非常了不起，不只是一个大科学家，而且是一个大思想家、大教育家，对人类的心智品质有非常透彻的了解。人类精神的发展，个人心智的成长，需要两个自由，一个是外在的自由，一个是内在的自由。外在的自由主要是两条，一条是言论自由，包括法律的保障和全民的宽容精神，另一条是自由时间，就是从物质生产和外在事务中解放出来，有充分的闲暇从事精神活动，进行学习和思考。内在的自由就是独立思考的能力，具备这个能力的人能够不受权力、利益、舆论、定见的支配，所以说是内在的自由。从个人的角度来说，内在的自由更重要，它可以使你超越外在环境的不自由。相反，如果没有内在的自由，无论外在环境多么自由，你仍然是一个盲从者。

　　所以，我觉得，无论在怎样的环境中，个人总是可以有主动权的。现在的应试教育体制的确不利于智力素质的培养，但是，你仍然可以做自己学习的主人。学习说到底是自学，自主学习的能力是一切有大成就的人都具备的能力。在一切体制化教育中，一流人才遭到排斥和非议几乎是通例。我曾经在海德堡大学当客座教授，那里出了好些当代重要的哲学家，例如本雅明、布洛赫、卢卡奇，而这几位都通不过教授论文。我还参观过图宾根神学院，那里墙上刻着几位著名毕业生的浮雕，有黑格尔、谢林、荷尔德林等，而在当年校方的眼中，他们都不是好学生。陈列室里展出当年的一些文件，我看到校方对黑格尔的评语是：学业上兴趣广而不专，无大出息。各领域杰出人物的共同特点，第一是超越体制和环境，自主学习，直接向以前的大师学习，第二是超脱表面的成功，比如应试成绩、职称评定之类，走自己的路。所以，我一直对学生，尤其是有天赋的学生说的一句话是：向教育争自由。作为一个学生，你无法改变教育体制，但是你完全可以在这个体制中争你自己的自由。

学生阶段智力素质发展得好不好，会影响到一辈子。保持旺盛的好奇心，具备独立思考的能力，头脑始终处于活跃的状态，智力生活就有了良好的基础。这样的人走出学校之后，不管进入哪个领域，都会有成就的。事实上，所谓事业与是否拥有良好的智力生活有密切的关系，它实际上就是高质量的智力生活的一个外在的载体和表现。现在有一个普遍情况，就是许多人觉得所找到的工作不是自己的事业，这里面可能有客观的原因，比如说你确实有你感兴趣也具备能力的方向，但是找不到与此相应的工作，这个我觉得没有关系。只要你内在的东西强大，总会有机会的，就怕你那个内在的东西太弱了，所以首先要把这个内在的东西变得强大，这是最重要的。衡量一个工作是不是你的事业，我觉得有三个标准，其实也就是我今天讲的内在生活的三个方面。首先就是智力，你有良好的智力素质，而这个工作与你在智力上的兴趣和能力是一致的。第二是情感，做这个工作能让你享受到情感的满足和精神的愉悦。第三是道德，做这个工作能让你感到对社会尽到了你的责任，实现了你的价值。其中，智力方面是关键，如果你压根儿没有自己的智力上的兴趣和能力，那么，就不可能有什么工作会让你感受到情感的满足和社会责任的实现。

二、拥有情感生活：心灵的丰富

人不但要有活泼的智力生活，还应该有丰富的情感生活，情感能力也是人的一种高级属性。我讲的情感是广义的，不光指爱情、亲情、友情等具体的情感形态，这些是狭义的情感，广义的情感包括这些，但不限于此。广义的情感是指对世界和人生的审美体验，这是人的内在的情感生活。

一谈到审美，好像就比较复杂了，对于什么是美，美学中有许多说法，谁也说服不了谁。我的看法是，审美和情感必定是有密切联系的，有情感才有审美，有情感也必然有审美。情感和理性的区别在于，理性要认识事物是什么，力求客观，而情感是比较主观的，有浓厚的主观色彩，它看事物并不是看事物本来是什么，而是看事物对于自己的生命、对于自己的心灵具有什么样的意义，能不能让自己感到精神上的愉悦，美感最重要的特点就是精神上的愉悦。并不是说一个事物客观上是美的所以你喜欢它，而是因为你爱它才觉得它美。我比较倾向于美学上的主观学派，但是这个主观并不是纯粹的幻觉，实际上审美是有人的内在生命力发动的，就像尼采说的，你对生命的爱是美感的根源。所以，一个人如果要对世界有丰富的情感体验，前提就是热爱人生。所谓"情人眼里出西施"，我们都应该做世界的情人，做人生的情人，你爱这个世界，爱自己的人生，你就会发现世界的美，就会对人生有丰富的体验，所以前提是对人生的爱。

审美和功利是两种相反的生活态度。美学中有一派是用功利来解释审美的，我非常不喜欢。当然，人的所有精神能力，包括理性、情感、道德，在某种意义上都可以找出功利的起源，也都可以有功利的效用，但是，在人的高级属性的意义上，它们都具有超功利的性质。尤其是美感，它在本质上是超功利的。审美的生活态度看重的是事物对于自己人生的意义，对于自己心灵的意义，功利的生活态度看重的则是事物的功用，事物能够给自己带来的实际利益。我把审美的生活态度用一个概念来概括，就是真性情。所谓真性情就是看重内心的感受而不是外在的功利。在这个功利世界中坚持做一个性情中人，这就是审美的生活态度。一方面注重积累内在的精神财富，另一方面摆脱了外在功利的诱惑，就能获得一种丰富的安静，我认为这是人生最好的境界。最可悲的是一种贫乏的热闹，看上去生活得很热闹，其实里面空无一物。

我们在这个功利世界上生活，当然不能完全没有功利的考虑，但是更不能只有功利的考虑。只有功利考虑的人，他的内心世界是很贫乏的，他眼中的外部世界也是很贫乏的，一切事物都被缩减成了功用，这样的人是活得最没有意思的。只用功利眼光看生活，看到的都只是功利的东西，功利的东西有一个特点，就是即使得到了，也都会被消费掉，结果什么也留不下。相反，用审美眼光看生活，是一个内心积累和丰富的过程。事实上，每个人都赋有情感的能力、感受的能力，虽然天赋有差别，有的人感受力更强烈和敏锐，有的人弱一些，但后天造成的差别更大。在有些人身上，正因为功利态度的主宰，他的感受力可能始终是沉睡着的，在审美方面从来没有觉醒过。所以，我的意思不是要你完全排除功利的考虑，你至少应该同时保有审美的眼光，不断积累内心的财富。人人都应该也可以在一定程度上是艺术家，这可以使你不成为一个彻底的俗物。

怎样来积累内心的财富，使心灵越来越丰富？我提两条。一是珍惜自己的经历，用心灵去感受自己每日每时的生活，把外在经历转化为内在财富。我一直主张每个人都应该养成写日记的习惯，我自己从上小学开始就养成这个习惯，从中学到大学，我花时间最多的就是写日记。因为我觉得每天的经历都是宝贵的，都是不可重复的，我一定要把它留下来。就是这种珍惜生命的心情促使我坚持写这个东西。这个写的过程，实际上是在你的内心用另一种眼光把你的日子重新过了一遍。我自己体会，通过写日记，最大的好处是从自己的经历中体悟了人生，经由解剖自己洞察了人性，得到的是精神财富。真正珍惜自己的生命，你就不能只珍惜那些外在的东西，真正留得下来的东西是你内心的收获，那才是你最应该珍惜的。

我甚至主张，人人都应该写自传。到一定的年龄，你回忆一下你的生活，把那些你最珍惜的人和事，最让你悲让你喜的经历，对你的心灵发生最大影响的事件，做一个仔细地回顾，把它们写下来。不要以为只有大人物才能写自传，如果没有内心感受，大人物的自传也是苍白的，无非是罗列一些丰功伟绩。现在有许多明星写自传，多数是圈子里的那些事，迎合大众的低级趣味，唯畅销是求，没什么价值。其实，无论大人物、明星还是普通人，经历中真正能打动人的是那些真实的东西，而在这一点上，普通人反而有优势，没有虚名浮利的干扰。你是为自己写，不是为市场写，就容易做到真实。

我看西方人是有这样的习惯的，不管从事什么行业，包括医生、企业家、政治家，到一定的时候就写自传或回忆录，我觉得这个很好。

二是阅读好书，通过阅读把人类的精神财富"占为己有"。一定要读大师的作品，现在市场上书太多了，像我这样的读书人进了书店也像进了迷宫一样。我的建议是一定不要跟风，不要什么书畅销你就读什么书，媒体宣传什么书你就读什么书，一定要有自己的选择，自己的品位。开始时选择会有困难，怎么办？我说你就尊重最权威的一位大师的选择吧，这个大师就是时间，时间已经替你做了相当精确的选择了，那些被选中的书叫作经典。我自己的感受是，读这种书真的受益无穷，让我看到了那些伟大的头脑是怎样认识世界的，那些伟大的心灵是怎样感受人生的。在读的过程中，你心中最美好的思想、最有价值的能力被唤醒了，你会发现，虽然能力有差异，但你是和这些伟人走在同一条人类的精神之路上，属于同一个伟大的人类精神传统。

三、拥有道德生活：灵魂的善良和高贵

内在生活的第三个方面是道德生活。关于道德，我强调两个东西，一是要有同情心，做一个善良的人，二是要有做人的尊严，做一个灵魂高贵的人。（略，参看本书中《道德的根本》一文。）

结语

综上所述，拥有内在生活，就是拥有活跃、自由的智力生活，丰富的情感生活，善良、高贵的道德生活。也就是拥有自由的、丰

富的、善良和高贵的精神品质，我认为这样的人就是优秀的人。只有拥有高质量的内在生活，外在生活也才会是高质量的，个人是这样，一个国家、一个民族也是这样。

对于一个国家，一个民族来说，同样存在处理好内在生活和外在生活的关系的问题。不妨说，经济是一个国家的外在生活，文化是一个国家的内在生活。现在中国在经济上越来越强大、富裕了，已经是一个经济大国，但是这就够了吗？我认为是不够的，中国还应该成为一个文化大国，你有五千多年的文明，又处在前所未有的大变局之中，思想资源很丰富，你有这个责任。从现在的情况看，我们离这个目标还很远。在现代世界上做一个文化大国，光靠历史悠久是不行的，光靠宣传和输出国粹也是不行的。要靠什么呢？

我在这里想引用我的一个朋友的话，他叫邓正来，在最近出版的《中国法学向何处去》一书中提出了一个观点，我觉得很有道理。他说，中国现在加入了 WTO，加入了很多国际条约，这是一个很大的变化，意味着中国已经真正进入到世界结构里面去了，对世界结构规则的修改或制定有了发言资格。但是，这种形式上的发言权并不等于实质上的发言权。现在我们当然可以投票，对于别人的观点、提案，我们可以赞成、反对或者弃权，这说明我们是一个主权国家了。但是，一个"主权的中国"并不等于一个"主体性的中国"，现在的形势要求中国从一个主权国家变为一个主体性的国家。什么是主体性的国家呢？就是不光有投票资格，有形式上的发言权，而且在世界范围内能做精彩的发言，有实质性的发言权，你不只是基于国家利益说"是"或"不"，而且有你自己的"理想图景"，你的发言真正能够对世界发生重大的积极的影响，能够推动世界朝好的方向发展。

按照我的理解，这实际上就是要求中国产生真正世界性的大思想家。中国现在能吗？我想还不能。如果我们光顾发展经济，不注重国民精神素质的提高，恐怕永远也不能。中国要真正成为二十一世纪的文化大国，归根到底有赖于我们民族整体内在生活的质量，精神上优秀的人越多，就越有希望做出世界性的文化贡献。

浙江人文大讲堂现场互动

问：请问您是如何看待孤独的？学生应该参加到热闹的活动中，还是活在一个人的自在中？

答：我的体会是两者都需要。当然，因为性格和志向的差异，两者的比例可能是因人而异的。我不排斥与人交往和参加活动，关键是交往有没有质量，活动有没有意义。如果只是图热闹，怕孤独，我觉得你就应该反省了。卢梭说，独处是最美好的享受，最受不了的是跟人聊天。我和他有同感。我一直认为，独处也是一种能力，而且是比交往更重要的能力。不能独处的人，内心一定是空虚的，这样的人聚在一起，是空虚的相加，得出的仍然是空虚，会有什么意思？你应该是自己有了丰富的积累，然后去见同样有积累的人，互相馈赠，彼此受益，这才是高质量的交往。

问：请问周老师，为什么古希腊的灿烂文化只是昙花一现？

答：不能说古希腊文化只是昙花一现。你这样说，可能是因为今天的希腊只是一个小国，文化也比较落后。这是两个概念。其实，作为欧洲文明的主要源头，在雅典城邦制度解体以后，经过希腊化时期，古希腊文化已经从一个地区扩展到了整个欧洲，它并没有消亡，而是成了西方文化的一个有机部分。

问：您谈到对应试教育的无奈，在座有教育专业的同学，您能不能对他们提一些要求和期待？

答：要改变应试教育体制，教师作为个人当然无能为力。但是，有一个东西叫良知，即使在这个体制中，你仍然可以有良知，这能让你守住底线，不会去干那种羞辱理智、折磨学生的事情。在同一个体制中，对于坏的东西是积极贯彻还是消极抵制，能否利用有限的空间尽可能多做好事，其间大有区别。我能说的只有这个。

（举行此讲座的时间地点：2006年12月8日浙江人文大讲堂；2007年6月8日佛山图书馆南风讲坛；2009年8月1日常州龙城讲坛；2010年10月23日顺德文化沙龙。根据备课提纲和浙江人文大讲堂录音整理。）

道德的根本

前　言

　　道德问题是人生哲学的重大主题。在中西哲学中，从源头上看，道德问题的探究都占据了重要的位置。在中国，孔子创立的儒家哲学基本上就是一种道德哲学。在西方，苏格拉底探究的主要问题是什么是善，也就是什么是好的生活，正当的生活，道德的生活。人不但要过幸福的生活，让自己满意的生活，人还应该过正当的生活，作为人来说应该过的生活，配得上"人"这个称号的生活。所谓道德，就是真正作为一个人，作为一个大写的"人"生活在这个世界上。

　　探究道德问题，不能局限在规范上，停留在规范上，比如说五讲四美、遵守纪律之类。也不应该与意识形态相混淆，我们是有这个毛病的，往往一讲道德教育，就是爱国主义啊，集体主义啊，这些东西严格地说来不属于道德范畴，而是属于意识形态范畴。这些东西当然也可以谈，但至少没有触及道德的根本。真正谈道德问题，我觉得应该从根上去谈，就是道德在人性中的基础究竟是什么，一个人怎么样才是配得上"人"这个称号的,一个社会怎么样才是适合于人真正作为"人"生活的。

我一直强调,人身上有两个东西是最宝贵的,一是生命,二是灵魂。我讲幸福问题抓住的是这两个东西,得出的结论是幸福就在于生命的单纯和灵魂的丰富。现在我讲道德问题,抓住的也是这两个东西,道德的基础也是在这两个东西里面。作为生命,人对其他生命应该有、按理说也确实会有同情心。那么,这个同情心就是道德的一个基础。所谓同情心,无非是指人和人之间互相都把对方当作生命来对待,这是生命与生命之间应该有的情感。作为灵魂,人是有尊严的,应该尊重自己也尊重他人。那么,这个尊严感就是道德的另一个基础。所谓尊严感,无非是指人和人之间互相都把对方当作灵魂来对待,这是灵魂与灵魂之间应该有的态度。

在西方哲学中,哲学家们正是从这两个方面来论述道德的基础的。大体来说,英国哲学家比较强调同情心,德国哲学家比较强调尊严感。我本人觉得两者都对,可以把它们结合起来,不妨说同情心是道德的初级基础,尊严感是道德的高级基础。有同情心,作为生命对别的生命有同情的感应,就是善良;有尊严感,意识到并且在行为中体现出做人的尊严,就是高贵。所以,最重要的道德品质是善良和高贵。

我们谈论道德,理应从人性出发,抓住生命和灵魂这两个最重要的东西,抓住人性的这两头,生命是人性的地基,灵魂是人性的上层建筑,不能光从中间的社会层面来谈。中国的儒家,虽然也有这两方面的谈论,比如孟子讲的恻隐之心就是同情心,荀子讲的人因为有"义"所以"最为天下贵"接近于灵魂的尊严，但是，总的来说，儒家传统太看重社会这个层面了，主流是从维护宗法社会的秩序来谈道德问题。其实，一个社会，只有其成员生命的质量高，灵魂的质量高，社会整体的质量才会高。社会是干什么用的？我说社会应该是为生命和灵魂服务的。一个好的社会秩序，应该保护生命的权利和灵魂的自由，让两者得到很好的生长，这两头有好的状态，当中那个社会层面就自然会有好的状态。如果只顾社会的稳定，为此牺牲生命和灵魂，这个社会就一定有问题。生命的同情，灵魂的尊严，这两条是道德的根本，有了这两条，那些具体的道德规范就能纲举目张，很自然的事情，用不着你去盯着，道德本来就应该是一种自律。

一、道德的基础之一：同情心

1. 同情心是道德的初级基础

在中西哲学家中，都有人主张同情心是道德的基础，我觉得比较有代表性的，在中国是孟子，在西方是亚当·斯密。

孟子说，人都有"恻隐之心""不忍人之心"，就是看到别人在痛苦，你会感到难受，其实他说的就是同情心。他说这个东西是"仁之端"，是道德的开端。如果没有这个东西呢，就"非人也"，就不是人，人和禽兽的区别是从有没有同情心开始的。

亚当·斯密，他是英国古典经济学家，也是一个哲学家。他一生写了两本大书，一本是《国富论》，是市场经济理论的奠基之作，另一本是《道德情操论》，就是谈道德问题的。他是怎么谈的呢？他是立足于人性来分析的。他说，从人性来说，人有两个方面。一方面，作为生命的个体，人都是利己的，是趋利避害的，对生命有利的就追求，对生命有害的就逃避，这是生命的本能。但是，另一方面，人还能将心比心，推己及人。你是利己的，别人也是利己的，你爱自己的生命，别人也爱自己的生命，你能够推己及人，通过自己的感受去体会别人的感受，这就是同情心。同情心比利己心可能弱一些，但也很强烈，可以说是生命的第二本能。这个同情心就是道德的根源，在同情心的基础上形成了社会的两种最基本的道德，即正义和仁慈，而人类所有其他的道德都是从这两种基本道德派生出来的，因此归根到底也都是从同情心发端的。

正义，简单地说就是不能损害别人，不能侵犯别人，不能给别人造成痛苦。你自己觉得有害的东西，你不要强加到别人头上，用孔子的话来说，就是"己所不欲，勿施于人"。你看到有人在做损害他人的事情，你要反对，要站出来主持公道，要尽你的力量去制止，从社会来说则要通过法律予以惩罚。这就是正义。

另外一种基本的道德是仁慈。如果说正义是不损人，仁慈就是不但不可损人，还要助人。看到别人有困难、有痛苦，你要去帮助他，要帮助弱者，帮助遭受苦难的人。你觉得好的东西，作为人应该享受到的东西，也要让别人享受到，用孔子的话来说，就是"己欲立而立人，己欲达而达人"。

一般来说，正义被称为消极道德，是不做坏事并且与坏事作斗争，仁慈被称为积极道德，是要做好事。对于一个社会来说，这两种道德都很重要，而它们都是建立在同情心基础上的，都是将心比心的结果。

我本人认为，同情心又是建立在珍惜生命的觉悟的基础上的。生命是最基本的价值，是人生其他一切价值的基础。每个人都只有一条命，都爱自己这唯一的生命，那么，当你看别人的时候，你要看到别人也只有一条命，也是爱自己这唯一的生命。你要用你对自己生命的这种感觉去将心比心，推己及人，去体会别人的同样感觉。所以，同情心的前提是对生命要有一种敏感，真正把自己当生命对待，这样才可能也把别人当生命对待。人与人之间作为生命和生命互相对待，珍惜自己的生命也珍惜每一个他人的生命，这就是同情心。如果生命感麻痹，同情心也一定麻痹。

我觉得现在这个问题是存在的。当我们在社会上奋斗的时候，我们常常会忘记自己是一个生命，常常会把那些后来附加在生命上的东西，那些身份、地位、财产、权力等等当成了自己，总是为这些东西活着。那么人和人之间势必也是这样，你都没有把自己看作一个生命，怎么可能把别人看作一个生命呢？结果，人和人之间往往是身份和身份的比较，利益和利益的较量，同情心就没有了立足之地。这非常可悲。所以，必须回到本原——每个人都是一个生命。你是一个生命，别人也是一个生命，要有这种强烈的生命意识，才会有同情心。

2. 做一个善良的人

人作为生命，作为能够意识到生命的珍贵的一种生命，同情心是人性中的一个基本成分，是道德的一个重要基础。一个有同情心的人，也就是一个善良的人。所以我认为，善良是做人的基本品质，是最基本的道德品质。看一个人的好坏，我第一就看他对生命的态度，看他面对生命现象是否感动。比如说，面对幼儿或者小动物，有的人不由自主地喜欢，有的人却无动于衷，我觉得是很能反映这个人的人性的。是不是善良，这是区分好人与坏人的最初界限，也是最后界限。一个人如果不善良，你就别跟我谈道德，你是虚伪的，什么爱国主义啊，什么集体主义啊，与道德都不搭界。你首先要善良，你有基本的善良，才配谈道德。

作为个人，你必须善良，才算是一个人。一个人不善良，没有同情心，就什么坏事都会做，还真不能算是一个人。善良、同情心是道德的底线，按照孟子的说法，是人与禽兽区别的开端，人和禽兽的区别就这么一点点东西，要把它发扬光大，如果泯灭了，人就成了"非人"，人沦为禽兽就是从同情心的麻木、死灭开始的。

在我看来，一个人如果不善良，没有同情心，对生命冷漠、冷酷，其实连禽兽也不如，比禽兽坏得多。那些猛兽，你站在弱小动物或者站在没有防护的人的立场上可以说它们残暴，但它们的残暴仅仅是一种本能，仅仅是为了满足生存的需要，不会超出这个生存需要的范围。但人不一样，人残酷起来没有边儿，什么坏事都能干，完全不是为了生存，和生存毫无关系，那样的坏事也会干。人会以残酷为乐，从残酷中得到快乐，而且可以把人特有的精神能力，把智力、想象力都用在这上面。人的这种残酷的能力要远远超过动物，动物不会有法西斯，不会有恐怖主义，不会有形形色色的酷刑，只有人类才会有。

如果说个人没有同情心就不是人，那么，一个社会，如果普遍没有同情心，善良成为稀缺品质，那就不是人待的地方。生活在这样的社会里，没有安全感，没有温暖，没有幸福。一个好的社会，起码的条件是它的成员普遍有同情心，善良是占主导地位的品质。现在这个问题比较严重，从社会现状看，伪劣食品、假药泛滥、矿难、公共安全事故频繁，野蛮执法、见死不救的事件触目惊心，种种现象让人感到善良缺失，对生命的冷漠、冷酷比比皆是。我认为，除了从个人的生命觉悟找原因外，更应该从社会的角度反思，根本的原因是法治秩序没有真正建立起来，对残害生命的行为不能有效地防止和惩罚，相反，善良的人往往处于弱势，甚至因为善良而招祸。在这样的环境中，同情心得不到鼓励和保护，使得人们不敢善良。所以，从社会的角度讲，唯有健全法治，扬善惩恶，才能形成良好的道德氛围。

二、道德的基础之二：做人的尊严

1. 道德的高级基础：做人的尊严

在西方哲学史上，还有一些哲学家强调，人是有灵魂的，而作为有灵魂的存在，做人是有尊严的，这个做人的尊严是道德的基础。主张这样一个观点的，古希腊从苏格拉底开始，近代主要是康德这一派德国哲学家。我本人认为，这一派的观点与主张同情心是基础并非不相容的，因为人性本来就包含两个层次，一是生命，二是精神性，二者都可以是道德的基础，从二者谈道德都是言之成理的。

人不仅仅是一个生命的存在，而且是一个精神性的存在，这是人比动物高级的地方，是人之为人的特点。作为精神性的存在，人不但要活，而且要活得有意义，有对超出生存之上的意义的追求。所谓灵魂，就是指这样一种超越性，要超越生存，追求比生存更高的意义。在一定意义上可以说，这是人身上的神性。人的高贵在于灵魂，人不可以亵渎自己身上的这个神性，要有做人的尊严。和基于生命的同情心相比，这个基于灵魂的尊严感确实是道德的更高基础。

关于人的尊严，康德有一个经典表述，他说：人是目的，在任何情况下不可以把人用作手段。这句话什么意思呢？康德说，人有两个方面，一个是身体，身体是物质的东西，人作为身体是属于现象世界的，受自然规律支配，是不自由的。但是人还有另一方面，就是灵魂，灵魂是超越物质的，人作为灵魂是属于本体世界的，因而是自由的。怎么证明人是自由的呢？康德说，证据就是道德，道德证明了人能够支配自己的行为，能够为自己的行为立法，证明了人是自由的。人的身体受自然规律支配，要趋利避害，是利己的，但是，人不仅仅是受本能的支配做事情，当人按照道德做事情的时候，人其实站得比本能高，超越了本能，做应当做的事。这时候，他是在用一个高于自然规律的法则指导自己，这个法则有时候甚至是对抗自然规律的，不但不利己，而且损害自己，牺牲自己。这是一个至高无上的法则，它不是自然界规定的，必定另有崇高的来源、神圣的来源。那么，康德说的人是目的，就是指这个作为灵魂的人，作为精神性存在的人，作为本体世界的人，这是人的真正本质之所在，人身上的这个最高贵的部分、神圣的部分是目的，永远不可以把它用作手段。

按我的体会，康德说的意思就是要把人当人，当那个大写的"人"，对自己、对别人都应该这样。从对自己来说，你要清楚，你是一个精神性的存在，你是有灵魂的，你的肉体的存在只是手段，精神性的存在才是目的。肉体要为灵魂服务，使灵魂的生活更有品质，不能颠倒过来，灵魂为肉体服务，为了肉体过得好什么坏事都干。如果为了满足肉体的欲望，为了物质的利益，不要道德，不要人格，什么坏事都干，那样的话，你实际上就是把自己身上那个高级部分当作为低级部分服务的手段了，你丢掉了那个使你成其为人的东西了。从对他人来说，道理也相同，你要把每一个人都当作是一个灵魂，是有尊严的，不可把任何人当作满足你的私欲的手段。

如果说同情是人和人之间互相作为生命对待，那么，尊严就是人和人之间互相作为灵魂对待。尊严体现在自尊和尊重他人，自尊是把自己当作灵魂，尊重他人是把他人当作灵魂，与同情相比，尊严在道德上提出了更高的要求。只有同情是不够的，比如说，按照同情的要求，你认为好的东西，应该将心比心，让别人也享受到。从生活基本需要譬如温饱来说，这是对的。但是，涉及生活方式、精神趣味、政治观点等等，就不能这样了，己之所欲也不应该强施与人，你必须尊重他人的选择。这就属于尊严的范畴。有的哲学家，例如尼采，很反对同情的道德，理由就是同情会侵犯他人的尊严。我的看法是，两种道德都需要，各有其领域，在涉及生命的事情上要讲同情，在涉及灵魂的事情上要讲尊重。

事实上，现在社会上很多人是没有做人的尊严感的，所谓道德滑坡、道德沦丧，尊严观念的缺乏是一个重要根源，道德上的很多问题可以从这里面找到答案。反省我们的文化传统，我觉得缺两个东西，一个是对个体生命价值的尊重，一个是对个人灵魂的尊重，而这两个东西恰恰是普世道德的两个最重要的基础。这个问题我就不多说了。当然，问题的解决还是要靠法治，建立健全的法治秩序，让那些没有同情心、没有尊严感的人受到孤立，触犯法律的受到惩罚，这是必由之路。

2. 做一个高贵的人

做人不但要善良，而且要高贵。善良是有同情心，高贵就是意识到做人的尊严，并且在行为中体现出做人的尊严。我认为最重要的道德品质是善良和高贵，一个心地善良、灵魂高贵的人，就是一个完整意义上的有道德的人。

灵魂高贵者的特点是自尊和尊重他人，而且正是在对他人的尊重中，最真实自然地体现出了他的自尊。自尊绝非唯我独尊，恰恰相反，高贵的人待人一定是平等的，他在自己身上体会到了做人的尊严，因此很自然地把别人也看成有尊严的人。他把自己当人看，所以也把别人当人看。那些不把别人当人的人，暴露出的正是也没有把自己当人。

高贵曾经是人类一个特别重要的价值，古希腊人和古罗马人都讲高贵。欧洲长期的贵族制度当然有种种弊病，但也有功劳，就是培育了高贵的仪态和风度。法国大革命时期，国王路易十六和王后都上了断头台，王后在上断头台的那一刻，不小心踩了刽子手的脚，她留下的最后一句话是一声优雅的道歉："对不起，先生。"不管人们对她生前的行为有怎样的非议，我们看到，她在临死前证明了做人的尊严。

我们现在很少说高贵这个词了，或者滥用这个词，在房地产广告上用得最多，好像住豪华别墅就是高贵，就是至尊。当然，这是伪高贵。人的高贵在于灵魂，在于尊敬和发扬自己身上的神性。那些精神性薄弱的人，灵魂没有被光照亮的人，他没有内在的东西，就必定把外在的东西看得很重，就会用财产、权力、地位为自己估价，也为他人估价，以为这些东西就代表高贵。一个流行的说法，身价多少万多少亿，觉得很了不起，庸俗到了极点，也可笑到了极点。尊严无价，只有无尊严者才会用金钱、用物质的东西为自己定价。

今天有很多人真是不把尊严当回事，为了金钱、权力出卖自己的尊严，又依仗金钱、权力凌辱他人的尊严。一个人有没有做人的尊严，是处处体现出来的。开一辆宝马，就觉得自己非常了不起，横冲直撞，飙车，如入无人之境，把人撞伤撞死。我觉得开车特别能显示一个人的品德，你是不是尊重行人，是不是尊重别的开车的人，发生刮蹭时你的态度，可以清楚地看到你的人品和教养。比如说下雨的时候，我在路上走，路很窄，路上有积水，这个时候我就注意观察。有的车经过你身边的时候，就放慢速度，生怕把积水溅到你身上，这时候我就对自己说，车里坐着一个有灵魂的人。有的车开足马力驶过去了，溅你一身水，这时候我就对自己说，车里面坐着一个没有灵魂的家伙。他目中无人，不把你当人，也就是不把自己当人，此时此刻他就的确不是人，他对别人身上和自己身上的那个"人"毫无概念。

我认为"精神贵族"是一个褒义词，人应该做精神贵族，做灵魂高贵的人。灵魂、精神属性本来就是人身上最高贵的部分，你要让它在你身上也高贵，不能让它蒙羞。即使你在社会上是一个平凡的人，但做人有尊严，你就是上帝喜欢的人，换一种说法，你的人生是成功的，如果有一个最高评判者，他会把你归到优秀者的阵营。相反，不管你在社会上多么吃得开，做人却很下作，你就只是一个有权有势有钱的精神贱民，你的人生是失败的，上帝算总账的时候会把你打入另册。

从幸福观的角度看，做人做得好是人生的最高幸福。这一点，尤其是完善主义那一派所强调的。苏格拉底把照料灵魂视为人生的主要使命，认为德行就是幸福，意识到自己一生过正义生活的人是最幸福的。儒家也有类似看法，把立德视为人生的最高境界，认为一个人的道德修养本身就有自足的价值，是幸福感的源泉。当然，基督教就更强调灵魂的修炼了。《约翰福音》里说：光明来到人世，人们宁爱黑暗不爱光明，这本身即是审判。也就是说，拒绝光明，灵魂始终在黑暗中，一生未曾享受过做人的快乐，这本身就已经是最严重的惩罚。那么相反，灵魂被照亮，做一个有道德、有信仰的人，这本身就是奖赏，就是幸福。

其实，当我们把道德建立在做人的尊严基础之上，就已经进入信仰的领域了，这个道德本身就具有信仰的性质了。什么是信仰？

无非是相信人身上是有神性的，不可亵渎它，要有做人的尊严，或者按照佛教的说法，人身上是有佛性的，不可埋没它，要有做人的觉悟。无论什么宗教，最后都落脚到开发内心的光明，在这个基础上处世做人，殊途而同归。

（在以《哲学与人生》为题的讲座中，皆包含关于道德的内容，详略有别，本文把这部分内容独立出来，单独成篇。根据相关讲座的备课提纲和浙江人文大讲堂录音整理，内容作了修订。）

成功是优秀的副产品

励什么样的志？

今天的时代，大家都很看重成功，据说还有了一门专门的学科，叫成功学。各地有形形色色的培训班，所谓名师、大师在那里传授成功的秘诀，非常兴旺。就我自己所见，我看到的是所谓的励志书泛滥。每次出差，我会进机场的书店里看看，卖的书大同小异，基本上是三类，经管类、谋略类和励志类，都是用不同方式教你成功的。到处的书店里还播放视频，专家、大师们眉飞色舞地现身说法，说实话，我的感觉是丑态百出，不忍卒睹。机场是人流汹涌的黄金地段，在那里兜售的书应该是很畅销的。让我百思不得其解的是，这种垃圾出版物居然有人买，居然还畅销！

翻开这些所谓的励志书看一眼，它们的内容无非是两个，一个是教你怎样在名利场上拼搏，赚钱，发财，出人头地，另一个是教你怎样精明地处理人际关系，讨上司或老板的欢心，在社会上吃得开。光看那些书名，什么"经营自我""人生策略""财富圣经"，我就觉得恶心，把"自我""人生""圣经"这些神圣的价值与"经营""策略""致富"这些庸俗的操作或目标捆绑在一起，亵渎啊。自我是经营的对象吗？从古希腊开始，那些哲学大师们谈到自我是怎么谈的？是让人发现自我、认识自我，去认识自我的价值，去实现自我的价值。现在自我竟然成了一个经营的对象，要用它去赚钱，去谋一些表面的成功。"人生策略"，以前的哲学家是不谈人生策略的，他们谈的是人生意义、人生理想，现在却把人生当作一桩生意来做了，当作一场战争来打了。"圣经"本来是最高价值的象征，"财富圣经"的概念公然把财富抬到了最高价值的宝座上。

据我所知，这样的书大多是那些层次极低的书商炮制的，他们瞄准现代人渴望成功的心理，出一些迎合这种心理的题目，用低廉的价格雇一帮穷困潦倒的写手来写，那些写手自己是极不成功的倒霉蛋，能教给你什么成功的诀窍吗？完全是垃圾书。我在媒体上骂它们是垃圾书，竟然还有人为此跟我打官司。我过了一个本命年，一辈子没有打过官司，本命年一下子打了三个，三个官司都和书有关。其中两个，是因为这年出了两本冒我的名字的伪书，这两本书，一本叫《纯粹的智慧》，一本叫《读禅有感悟》，同一个书商做的，用周国平的名字出版。我发现以后，就请律师打官司，告那个书商。中央电视台报道了这件事。现在出书，出版社是要作者的身份证复印件的，身份证上的名字的确是周国平，湖南常德一个村的农民。中央电视台在做节目之前，记者特地向湖南方面调查，常德市公安局出示证明，户口库里面没有这个人，身份证完全是伪造的。证据确凿，所以我赢了。其中的那本《纯粹的智慧》，就是所谓励志书，内容乌七八糟，特别恶心，可是因为用了我的名字，书名似乎也挺高雅的，许多读者上当购买了，很畅销。我当然生气，在接受中央电视台采访的时候，我就说这本书完全是垃圾书，即使不是伪书也不应该出。那个事实上的写手就跳出来了，说你可以批评伪书，但你不能批评书的内容，你说它是垃圾书就是侵犯了我的名誉权。他把我告到了法庭，这个官司我成了被告，但我也赢了。当时那个写手折腾得很厉害，一审败诉了又上诉，有家报纸采访他，问他为什么要这样，他倒很坦白，说就是想通过告我来出名，他认为这样他就能成功了。

我谈自己的这个经历，是想告诉大家，大量的所谓励志书是怎么出笼的。当然，像这样公然冒名出的是少数，多数是用一个化名，不信你们去查一查，找不到作者的，书商操纵写手来写，没法署真名。其实书商心里也明白，这种书没什么价值，只是利用社会上急功近利的心态赚一笔而已。你们想一想，这些自己也很不成功的人，怎么能够教你成功呢？所以，这种书畅销真是笑话，是国人的耻辱。我呼吁大家一定不要买这类低俗的励志书，要以读这种书为耻，因为这证明你水平太低，口味太差。我不反对励志，问题是励什么样的志。现在大量的励志书，励的不是志，而是欲。社会上物欲膨胀，名利欲膨胀，励欲的书才会有市场，图书市场的怪象多少反映了社会上的普遍心态。

优秀第一，成功第二

"志"本来是一个好词，人生在世，应该有志气，有志向。志气是对自己人生的责任心，志向是为自己人生确立的目标。真正的励志，应该是对自己的人生负责，为自己的人生确立一个正确的目标。什么样的目标是正确的目标呢？在我看来，首要的目标应该是优秀，立志做一个优秀的人，在这个基础上去追求真正的成功。也就是说，第一目标应该是优秀，成功最多只是第二目标，不妨把它当作优秀的副产品。现在的情况正相反，大家都太看重成功，不是第一目标，几乎是唯一目标，根本不把优秀当回事。可是，我敢断定，没有优秀，所谓的成功一定是渺小的，非常表面的，甚至是虚假的成功。

我说的优秀，就是我一直所强调的，要让老天赋予你的各种精神能力得到很好的生长，智、情、德全面发展，拥有自由的头脑、丰富的心灵和高贵的灵魂，这样你就是一个在人性意义上的优秀的人，同时你也就有了享受人生主要的、高级的幸福的能力。

为什么要把优秀放在第一位，把成功放在第二位呢？

首先，优秀是你自己可以把握的，成功却不然。我们说的成功，一般是指外在的成功，就是你在社会上是否得到承认，承认的程度有多高，最后无非落实为名利二字，外在的成功是用名利来衡量的。这个意义上的成功，取决于许多外部的因素，包括环境、人际关系、机遇等等，自己是很难把握的。一个人把自己不能支配的事情当作人生的主要目标，甚至唯一目标，我觉得特别傻，而且很痛苦，也许最后什么也得不到。荀子说得好：君子敬其在己者，不慕其在天者。你自己能支配的事情你要好好努力，由老天决定的事情你就不要去瞎想了。尽你所能地成为一个优秀的人，把你身上的人性禀赋发展得好一些，这是你能够做主的，你把功夫下在这里就行了。至于优秀了怎么样，有没有机会让你的优秀得到展现，顺其自然就可以了，最多适当留心就可以了。这样来定位，你的心态就会非常好。你的力气花在了优秀上，这个力气是不会白花的。你把外在的成功看作副产品，在那上面没花多少力气，那么，这些名啊利啊，如果你得到了，当然很好，对于你是意外的收获，你比那些孜孜以求才得到的人快乐多了。如果没有得到呢，也没什么，反正你在那上面没花力气，种瓜得瓜，不种就没得，很公平嘛。

其次，如果你真正成为一个优秀的人，而在社会的意义上并不成功，我认为你的人生仍然是充满意义的，在人性完善、自我实现的意义上你是成功的。在历史上，有相当一些优秀的人，比如有些创作了伟大作品的艺术家、作家，生前很不成功，他们的名声是死后才到来的。他们在贫困和默默无闻中度过了创造的一生，和那些一时走红的名利之徒相比，谁的人生更有价值、更成功？历史已经做出了结论，我们每个人凭良知也可以做出结论。一个不求优秀的人，一个心智平庸的人，如果他又把外在的成功看得很重，就只能是靠庸俗的手段，垃圾励志书宣扬的那一套，工于心计，巴结奉承。最后，他即使得到了一点所谓的成功，当个小官呀，发点小财呀，在素质类似的一伙人中比较吃得开呀，在那里沾沾自喜，可是你站在他上面俯看他一眼，他真是个可怜虫，他的人生毫无价值，他的人生是失败的。

最后，我相信，在开放社会里，一个优秀的人迟早有机会获得成功的，而且一旦得到，就是真正的成功，是社会承认、自己内心也认可的成功，是自我实现和社会贡献的统一。当然，开放社会是一个前提，在封闭社会里就不行。比如改革开放前，每个人都被锁定在一个单位里，命运由长官意志决定，上司不喜欢你，你再优秀也白搭，怀才不遇、抱恨终身的人多了去了。不光是单位，整个国家是封闭的，关起门来搞政治运动，枪打出头鸟，优汰劣胜，优秀者遭扼杀。今天这个时代仍有种种毛病，但是和以前比，毕竟开放得多了，优秀者获得成功的机会多得多了，这一点无人能够否认吧。

要耐得住寂寞

我强调优秀第一，不要太在乎成功，有的人可能会说，你是站着说话不腰疼，你自己成功了，才可以这么说。我承认，现在的青年人面临很大的压力，这是事实。但是我想说，每一代人有每一代人的压力，我们当时面临的压力和你们不一样，但也是很大的压力，不比你们小。不成功的压力，在社会上失败、被压在底层的压力，在哪个时代都有，只是表现形式不同罢了。所以，无论在什么时代，都存在优秀和成功的位置怎么摆的问题。

其实我跟你们说的正是我的切身体会，是我从自己的经历中体会到的。现在我在社会上好像是有一点成功了，写了一些书，书还比较好销，小有名气，经济收益也不惜，完全超出了我的预期。一个学哲学的人，能够拥有相当广的读者群，二十年前的书今天还能每年几万几万地印，我真的没有想到。我这个人是比较自卑的，我年轻的时候设想我的人生蓝图，绝对没有将来成为一个著名作家这样的目标，绝对没有，想都没有想过，做梦也没有梦到过。所以我现在得到的所谓的成功，这种外在的成功，完全是出乎我的意料的，绝对不是我原来追求的目标。事实上，这种外在的成功也是很晚才到来的，如果把我的书被许多读者接受作为成功的标志的话，那应该算是 1986 年，我的第一本书《尼采，在世纪的转折点上》出版，那时候我已经 41 岁了，很晚了，你们到 41 岁还早，不要着急。回想起来，我觉得这种外在的成功对于我来说其实是很偶然的东西，我可能得到，但也很可能得不到。我只是坚持做自己喜欢做的事罢了，在读书、写作中自娱自乐，它们真的是副产品。

在很长的时间里，用外在的标准来看，我是一个很不成功的人，我的朋友们都说我是一个倒霉蛋。大学毕业以后，我被分配在广西的一个小山沟里，在那里度过了差不多十年的光阴。后来从那里考研究生出来，然后留哲学所工作，在单位里也不能算成功，许多年默默无闻，而且因为不会也不想搞人际关系，挺受气的。这里我可以跟大家说说我在广西的那段经历。

我是 1968 年离开北大的，当时正是"文革"，毛泽东说我们必须接受工农兵的再教育，学生基本上都分配到了边远地区。我去的那个地方是湘桂交界的山区，一个很闭塞的小县。当时有六十多个大学生被分配到这个只有十万人口的小县，到了县里以后，只有我一个人留在县委机关，其余都分到了乡里甚至村里，所以大家都很羡慕我。我在县委宣传部当理论干事，我的工作无非是给县里的干部们讲课，所谓讲课其实就是读报纸，宣传当时报纸上的中央政策和意识形态，还有就是领导让干什么就干什么，替领导写讲话稿，给学习毛主席著作的积极分子写讲话稿，诸如此类，很没有意思的工作。在当时的情况下，如果我想成功的话，唯一的一条路就是走仕途，让领导喜欢我，争取一步一步升上去。因为当时还是"文革"时期，根本没有从事研究的可能性，你写了东西也没有地方发表，学术的路完全堵死了。

可是我很快就发现，升官这条路根本不适合我，我不可能走得通。一个原因是说真话的脾气改不了，认为领导的看法不对，我就忍不住要说，甚至和领导争论，这当然让领导很不高兴了。更重要的一个原因是，我真是喜欢读书、写作，到了那样一种环境里还是改不了，一下班就把自己关在屋子里做这两件事。其实很难找到可读的书，县委宣传部就两个书柜，基本上是学习资料，但是有一套《马恩全集》，一套《列宁全集》，各 39 卷，我通读了一遍。读完以后没有书看了，我就去县中学，那里有一个图书室，当时没有开放，锁着，图书管理员是一个爱书的人，惺惺相惜，给我吃小灶。我在那里发现了一套中华人民共和国成立前商务出的《万有文库》，当然不全，其中有一些世界文学名著，我如获至宝啊，一批批拿回来看。"文革"后期，搞"批林批孔""评法批儒"这些政治运动，对我的一大好处是有些古籍重新出版了，比如二十四史，《史记》《三国志》《汉书》我就是在那时候买来看的。读了书我还记笔记、写论文，也写诗歌、散文，完全没有发表的可能，就是喜欢写，自己看看而已。

如果我当时很看重那种外在的成功的话，我就应该戒掉读书、写作的爱好，这种爱好对成功不但无用，而且起相反作用。在当时那种环境里面，少看点书，多跟大家一起打打牌啊什么的，会有用得多。我不打牌，别人为此很看不起我，说他哪会打牌呀，他只会看书。事实上，同时分去的大学生，许多人被这个环境同化了，就是过小日子了，没有任何的追求。我也不是有什么追求，就是喜欢读书啊，没有办法。于是领导和同事就批评我，说这个人知识分子的臭毛病没有改，脱离群众，骄傲。我不是不想得到提拔，在那个时代，你求上进没有别的路可走啊，可是要我改掉他们所说的我的缺点，就意味着我必须放弃读书和写作，花很多时间去搞人际关系，这我做不到。如果不让我读书、写作的话，我真的觉得生活没有意义了。所以我就想算了，认了，我就这么过吧。

对于我来说，下这个决心既容易，又不容易。说容易，因为我就是这么一个人，是我的天性在做决定。说不容易，因为当时根本想不到四人帮会倒台，有一天我能从那个山沟里出来，绝对没有想到，我以为自己一辈子就待在那里了。我就想，一辈子就一辈子吧，坚持读书和写作，有比较充实的内心生活，这是我在这个环境中所能过的最有意义的生活了。后来，有些分到乡里的大学生当上了县委宣传部、组织部副部长之类的官，分到广西的北大老同学也纷纷从各县提拔到省里了，而我正相反，因为没有培养前途，还被往下放，放到了离县城很远的县党校里，但我心里很平静。党校是在一个乡里，四周一片旷野，没有人烟，就我们一座简陋的平房，是五七干校的原址。全部人员就是一个校长、两个教员、一个炊事员，四个人住在这个破平房里。到了夜晚，真是万籁俱寂，无边漆黑，与世隔绝，周围一点声音、一点灯光也没有，只有鬼火闪烁。我还挺高兴的，离开了宣传部，我不用坐班了，整天在屋子里看书也没人说闲话了。当然，那种寂寞的感觉简直难以形容，那段生活的一大收获是练出了耐寂寞的功夫，多么寂寞也不怕了。一个人在认准自己的目标以后，就应该耐得住寂寞，甘于受冷落。

现在我出版的书比较多了，有许多读者喜欢，但我回过头去看当时写的东西，看那些日记和随感，其实现在的很多想法当时就已经写过了，是有连贯性的，不是现在突然冒出来的。如果没有那个时候的坚持，就不会有我的现在。如果那个时候我很看重外在的成功，走的就不会是这一条路了，现在我很可能在某个地方当个小官什么的。

我说这些想说明什么？我是想告诉你们，对于你真正喜欢的东西，你要坚持，不要去想有没有前途。兴趣是一个人能力的征兆，你真正喜欢做的事就是最适合你做的事，你在那个方面很可能是有天赋的，你不要放弃，你有可能成为那个方面的优秀者的。也许你暂时不成功，这没关系，你的内心是充实的，你的生活是有意义的。我们不要用外在的指标去衡量别人的价值，更不要用这个来衡量自己的价值。摆在首位的应该是内心的标准，要经常问自己的心，怎样的生活能使它真正快乐，你就选择过那样的生活。你这样做，外在的压力和诱惑再大，你的心是宁静的。你不要过于关注最后能不能有一个结果，你太关注结果，这就已经不纯粹了。我觉得还是纯粹一点好，你纯粹一点，第一你心里高兴，第二实际上更容易成功，你是不求而得，成功自己来找你，这多好。事实上，你做自己真正喜欢做的事，在这个过程中，你的最好的能力在发展，这本身已经是在为成功做准备了，只是你不知道罢了。

优秀第一，成功第二，这是我从自己的经历中总结出来的定位，我把它也贯彻到了对孩子的教育中。其实，在上学的阶段，素质教育与应试教育的关系就相当于优秀与成功的关系，我的想法很明确也很坚定，把孩子的素质培养摆在第一位，应试成绩顺其自然，这样做，孩子心态好，轻松愉快，应试成绩也不会差。

快乐工作的能力

　　现在有一个普遍现象，许多年轻人工作得不快乐，他们生活中也会有快乐，但快乐和工作是分开的。那么工作和快乐是什么关系呢？工作本身不快乐，工作对于快乐的贡献是，通过工作可以挣到钱，然后用这个钱在工作之外、在业余时间去买快乐，去消费和娱乐，基本上是这样一个关系。我觉得这是不正常的，是违背人性的。从人性来说，人是精神性的存在，精神能力的发展和实现应该是快乐的最重要源泉，做自己真正喜欢做的事，在这个过程中感觉到自己的能力在生长，自己的生命价值得到了实现，这是人生的莫大快乐。人不只是在娱乐的时候快乐，工作的快乐远胜于娱乐的快乐，人之为人的快乐很大一部分是在工作中感受到的。艺术家就是这样，创作本身是最大的快乐。各行各业的优秀者也是这样，主要的快乐是在工作中获得的。在工作中获得快乐，这不是少数人的特权，人人都有老天赋予的精神能力，都应该享受这种快乐。当然，只有真正喜欢这个工作，工作才会成为快乐，仅仅为谋生而做的工作是不快乐的。比如说我的工作是写作，但是如果我只把写作当作一个谋生手段，从写作本身中感受不到快乐，那我和别的打工仔就没有什么两样。每一个人在世界上都应该有这样一件事情，你真正喜欢它，做这件事情本身就是享受，这是幸福感的一个重要来源。

有的青年人说，他是为生计所迫做现在这份工作的，所以不快乐。我说这不可悲，可悲的是什么？世界上根本就没有一份能够让你快乐的工作，不是说你找不到，而是你根本就没有自己真正喜欢做的事，你没有了快乐工作的能力，这才是最可悲的。你说你不喜欢现在这个职业，那好，我就假定你可以自由地选择，你选什么职业，你觉得做什么工作你是快乐的？恐怕很多人会想不出来，不知道自己喜欢什么。最后，选的往往是薪金高一点儿的工作，仍然是为了谋生谋得好一点而已。前几年有一个机构做过调查，调查青年人的就业意向，有很多指标，绝大多数人放在首位的就是薪金，薪金高的职业最受追捧。现在公务员成了热门，因为大形势是国进民退，民营企业凋敝，公务员又成了铁饭碗，从个人来说，考虑的还是谋生。只有待遇、薪金、利益的外在标准，没有兴趣、能力、理想的内在标准，这一点没有变。

为什么许多人没有了自己真正的兴趣，没有了快乐工作的能力？我认为问题就出在价值观。不求优秀，只求成功，而成功又只是用外在标准衡量，结果一定是不快乐，不成功当然非常不快乐，成功了也只是薪金、利益带来的肤浅的快乐，工作本身仍然是不快乐的。

要具备快乐工作的能力，学生时代非常重要，要为这个能力打好基础。你在学校里有快乐学习的能力，出了学校才可能有快乐工作的能力，那实质上是同一种能力，是从学生时代延续下来的。学习的快乐，工作的快乐，都是智力活动的快乐，都是在发展和享受自己的能力。你在学校里基础打得好，智力发展得好，找到了自己的兴趣方向，并且坚持下去，到了社会上就不会被职场淹没。即使你的职业暂时和你的兴趣方向不一致，没关系，只要你足够优秀，迟早会有机会的。

现在的应试教育体制把学习变成了一件很不快乐的事情，功利化的教育目标又只求应试和谋生的成功，不求素质的真正优秀，正因为如此，大量的年轻人走上社会以后没有快乐工作的能力，没有自己的目标，在职场上痛苦挣扎，茫然无助。教育给学生的自由空间的确非常小，但是，要记住你不是一个被动的个体，在任何情况下，人都是可以发挥自己的主动性的。我经常鼓励学生的一句话是：向教育争自由，做学习的主人。既然这个体制不为你负责，你就要自己为自己负责，为你的一辈子负责，你不要被它牵着走，你要自己筹划你的学习，而这就意味着筹划你的未来。走上社会以后，环境更复杂，可能支配你、干扰你的因素更多，你更不能被它们牵着走，更要掌握自己的主动权，而这个主动权是从学校开始培养和掌握的。

我再三强调，一个人在世界上生活，一定要有自己真正喜欢做的事，一定要有自己的真兴趣和真本事，这是人生幸福的重要源泉。一个什么兴趣也没有的人是最可怜的，这个世界上没有他的位置，他只能任人摆布，任命运摆布。相反，你有自己真正喜欢做的事，不管是作为专业还是业余爱好，你钻研进去，乐在其中，把它做到你所能做得最好的程度，你的心情是快乐的，你的生活是充实的，你在这个世界上就有了一个家园，这个家园是外界的一般风雨摧毁不了的。当然，风雨太大，十二级台风，大灾难，大动乱，那就不好说了，谁也跑不了。

现在的年轻人面临很大的生存压力，走上社会以后，往往在相当长的时间里很无奈，不得不为谋生而工作，去做自己不感兴趣的事。这也许是没有办法的，你只能忍受。我想强调的是，在这个过程中，你一定要保持清醒，你的路还长，你不能一辈子这样。只要你是有自己的真兴趣的，你就要坚持，哪怕是在业余时间里慢慢地做。一个是兴趣，一个是毅力，这两个东西不要丢。我相信，只要这样，你就会在你感兴趣的那个领域里越来越优秀，机会也就会越来越向你靠近。总有一天，你能够把你的爱好变成你的职业，把事业和职业统一起来。如果始终不能呢？那也没什么，无论如何，比起那些不喜欢自己的职业、在职业之外又没有自己的爱好的人来，你的快乐多得多，你的生活也有意义得多。为你自己考虑，比起只是埋怨工作不称心，同时又完全放弃和荒废了自己的爱好，岂不也是好得多吗。

（以《成功是优秀的副产品》为题的讲座举办了两次：2006年12月9日珠海北师大校区；2008年11月27日安利公司。在以《幸福的哲学》为题的讲座中，也多包含这方面的内容，详略有别。本文根据相关讲座的备课提纲和部分录音整理，内容作了修订。）

第四辑　谈人文精神

人文精神与中国社会转型

1. 中国社会转型的历史和现状

我今天讲的题目是"人文精神与中国社会转型"。人文精神这个概念，我们现在谈得很多。到底什么是人文精神，它有什么重要性，尤其在今天这个社会转型时期，它到底重要在什么地方，我想谈谈我的看法。

现在中国处于社会转型时期，就目前来说主要是经济转型，计划经济转变为市场经济。从二十世纪八十年代初开始，这个过程就一直在进行，但是这个过程很艰难。你说现在已经实现市场经济了没有？表面看来，很多领域似乎已经是市场经济了，但是市场经济本身是一种严格的秩序，这个秩序有没有建立起来？并没有。经济转型过程中出现了很多问题，比如说诚信缺失，腐败严重，现在这种腐败大家都看得到，可以说是很广泛的腐败，包括老百姓最痛恨的教育腐败、医疗腐败，这些现象都是在转型过程中出现的。

这就提出了一个问题，市场经济、经济转型不仅仅是一个经济问题，实际上它背后应该是有一个秩序的支撑，一种思想的指导，而我们在这两方面都是缺乏的。西方成熟的市场经济搞了几百年，它不是凭空而来的，而是有很坚实的基础。什么基础呢？就是法治社会的基础。法治社会背后是什么在指导？就是人文精神，古希腊以来的人文精神是他们市场经济的强大的思想背景。我们在这方面是需要补课的，这个课不补，我觉得转型就很难。

这个问题，我们在一百多年前清末民初就已经遇到，那个时候中国实际上也搞过一次社会转型，也要搞现代化，当时同样是困难重重。开始的时候，普遍认为中国主要是一个落后的问题，经济和军事落后，很贫弱，没有实力，所以老是受帝国主义的欺负，所以一定要在经济上和军事上强大起来。但是，一个甲午战争，我们强大的海军跟日本弱小得多的海军一打，我们全军覆没，这才开始反思，发现问题不在经济和军事上，而是在政治制度上，我们的政治制度不行，日本明治维新引进了西方的民主制度，我们仍然是君主专制，必须改变政治体制，要搞君主立宪或者民主共和。

可是，政治体制的改变也是困难重重，见效不大，搞了辛亥革命，成立了民国，中国仍然是军阀混战，内外交困。当时的思想家们、学者们，基本上得出一个共同的结论，中国的问题到底在哪里呢？在于国民素质太差了。比如梁启超认为，中国的主要问题是中国人的公德太差。在这方面，严复的观点最为典型。他这个人对西方是很了解的，曾在英国留学两年，回国后与西方人接触也非常多，后来潜心做翻译，把他认为重要的西方政治学名著译成汉文。他有一个强烈感觉，中国人如果国民素质不改变的话，什么都是空的。最后他得出了一个结论，中国的根本问题在于民力、民智、民德太差，也就是国民的生命素质、智力素质、道德素质太差，要改变这三项，中国才有希望。严复不主张革命，也不主张急忙引进西方的民主制度，因为他认为中国人素质太差了，不具备搞民主的条件，前提是要把中国人的素质提高。他后期转向保守就是因为这个原因，主张渐进地改良，实际上他改变中国的愿望非常强烈，但是最后很失望。

现在我们面临同样的问题，搞经济体制的改革，从计划经济转型到市场经济，但是因为法治秩序没有建立起来，就不可能有一个成熟的、完整的市场经济。和计划经济相配套的是人治，和市场经济相配套的就必须是法治，因此在社会秩序上应该实现从人治到法治的转型。而在这个过程中，国民素质的问题也凸现出来了，成为这两个转型的阻碍。所以，在这两个转型之外，还要有第三个转型，就是信仰的转型，从大一统的意识形态向多元化的个人精神追求的转型。大一统意识形态是和计划经济相配套的，和市场经济相配套的应该是公民觉悟，在多元化的个人精神追求中体现出道德的共识。我们必须有这三个互相配套的转型，否则市场经济不可能单独成功。在这三个转型的过程中，人文精神是重要的思想资源。

2. 人文精神是社会转型的思想资源

我所说的人文精神，作为市场经济和法治社会的思想资源的人文精神，到底是什么呢？简单地说，就是以人为本，尊重人的价值。

西方是有这个长久传统的，但是作为合乎人性的普适价值，它就不只是西方的，应该属于全人类。在这方面，我们要有全人类眼光，破除狭隘的民族主义。人家早已经配套了，我们为什么不学？把人家的好东西学过来，改正我们的缺点，一定会有利于发扬我们文化传统中的优点，而不是相反。

那么，怎么样才算是尊重人的价值呢？人身上有什么价值应该得到尊重？我认为人身上有三个最宝贵的东西。第一是生命，生命是最基本的价值，是人的其他一切价值的前提。第二是头脑，人是有理性的，有思维能力的，这是人优越于动物的地方。第三是灵魂，头脑和灵魂是不一样的，头脑是对外部世界的认识和思考，灵魂是一种内心追求，是对生命意义的追求，对精神价值的追求。那么，尊重人的价值，就是要尊重这三样东西，尊重生命的价值、头脑的价值和灵魂的价值。这实际上和严复说得很相近，严复说的民力相当于生命，就是国民的生命素质，民智相当于头脑，就是国民的智力素质，民德相当于灵魂，就是国民的道德素质。人文精神就是要解决这三方面的问题，提高这三方面的素质。

首先是尊重生命的价值，这个观念和我们今天转型的关系特别密切，是经济转型和社会秩序转型的思想基础，是建立法治社会的根据和目的。为什么要搞市场经济，为什么要建立法治社会，就是为了尊重生命的价值。尊重灵魂的价值则是信仰转型的思想基础。在大一统的意识形态体系中，是没有灵魂的位置的，灵魂是一个要被压制、改造、消灭的对象。可是，真正的信仰本来就是灵魂的事，是灵魂的追求和提升。我觉得当今社会存在的两个最大问题，第一就是秩序的重建，以前是人治，和计划经济相适应，完全靠行政命令来指挥整个社会包括经济的运行，搞市场经济就不能这样了，人治已经成为对市场经济的严重扰乱，妨碍了新秩序的建立，所以必须从人治转型到法治。第二是信仰的重建，现在信仰缺失的情况非常严重，而过去那种用意识形态抹杀灵魂的习惯性方式也在干扰着信仰的重建。一个社会没有秩序，没有信仰，这是非常可怕的，我们现在面临的正是这样一种状况，所以今天我想着重讲这两个问题。在这两个重建之外，还有一个重建，就是文化的重建，我们需要一种什么样的文化，要从实用型文化转型到创造型文化，其思想基础是尊重头脑的价值。这个问题有时间就讲一讲，没有时间就不讲了。

一、尊重生命：社会秩序从人治向法治的转型

1. 保护生命权利是法治社会的出发点

生命是最基本的价值，我想这一点是没有疑问的。对于每一个人来说，你只有一条命，只有一次活的机会，死了以后再也不可能复活。当然有的人相信宗教，相信灵魂可以永生或者可以轮回，但是即使有这种信仰，也无法否认我们今生今世的生命是永远不能重现的。每个人在这个世界上只能活一次，只有一个人生，所以对于每一个个体来说，生命是他最宝贵的东西。同时，生命是人生所有其他价值的一个前提，一个基础，你没有了生命，其他价值都无从谈起。曾经有一个学校搞生命教育，让我题词，我当时写了三句话：热爱生命是幸福之本；同情生命是道德之本；敬畏生命是信仰之本。

人生的一切重要价值，都是建立在对生命的正确态度上的。现在我要加上一句：尊重生命是法治之本。这正是我今天要讲的第一个问题。

尊重生命要落实到个体生命，让每个人的生命权利得到保护，同时也使每个人对他人的生命权利予以尊重，这正是法治社会要解决的问题。法治社会的出发点，就是要寻求一种能够最大限度保障生命权利的社会秩序。在西方为法治社会奠定理论基础的是英国古典自由主义哲学，代表人物有洛克、亚当·斯密、休谟、约翰·穆勒等人。洛克可以说是近代法治理论的创立者，他在《政府论》下卷里说，政治社会的目的是保护天赋人权，也就是保护老天、大自然给每个人的权利，这个权利是什么呢？他列出三条：生命、自由和财产。生命是每个人最基本的自然权利，而要保护生命权，就必须保护自由权，让每个人拥有实现自己生命价值的自由。同时，生命的维持需要物质资料，而经济领域的自由也是落脚到财产的获得，因此西方法治理论家都特别重视保护财产权，在他们看来，如果财产权没有保障，对生命和自由的保护就成了空话。

英国古典自由主义哲学最基本的道理其实很简单，归纳起来就是两条，一个是个人自由，一个是规则下的自由，也就是法治，这是两个基本的原则。把这个道理讲得最清楚的是亚当·斯密，他是从分析人性着手的。他说，人性中有两种基本的自然情感，一是利己，二是同情。首先，每个人都是一个生命个体。作为生命，趋利避害、趋乐避苦是本能，对于生命本能你不能去做道德评判，说它是坏的。同时，作为生物学上的个体，每个人必然对自己的苦乐和利害有最直接的感受，不管你和别人多么亲，多么爱别人，你仍是一个和他不同的个体，跟他隔了一层的，你无论怎么设身处地去体会他的感觉，总还不是你自己的感觉。他举了一个例子，比如说，有一个不相干的人死了，那个人也许是你认识的，但关系比较远，当然你会难过，但是这种痛苦还不如你自己牙痛时的痛苦来得直接和真切。你想牙痛是多么小的事，人死了是多么大的事，但是因为你是一个和那个人不同的个体，你对自己的小痛苦的感受要强烈得多。从这一点来说，人都是利己的，每一个人对自己的关心要超过对所有别人的关心，同时世界上所有别人对他的关心也比不上他对自己的关心，这是由生命本能决定的自然趋势。所以他说，每个人都比别人更适合于关心他自己。既然如此，就应该顺应这个自然趋势，创造一个制度、一种秩序，能够让每一个人去关心自己，去追求自己的利益。这就是个人自由。

但是，你是利己的，别人也是利己的，你要追求自己的利益，别人也要追求自己的利益，这就产生了一个问题，就是你在利己的时候不能妨碍别人利己，你在追求自己利益的时候不能损害别人的利益，这就必须有规则了，而这个规则简单地说就是不能损害他人。所以，利己是允许的，损人是不允许的，如果发生了是要受到惩罚的。这就是规则下的自由。其实，不损害他人，这在人性中也是有基础的，就是同情本能，人能够把自己的利己本能推己及人，体会并且尊重他人的相同本性。可是，如果没有规则，损人的行为不受惩罚，同情本能就得不到鼓励，会变得越来越弱。

法治社会的基本道理就是这样，用我的话来说，就是保护利己、惩罚损人。按照经典的说法，就是一个人只要他的行为仅仅涉及自己，他就拥有完全的自由，任何人包括政府不能对他实施强制。这就是个人自由的原则。同时，任何人也不能侵犯他人的自由，不能对他人实施强制。这就是法治的原则。法治是规则下的自由，核心理念是保护个人自由，而规则实际上也是根据保护个人自由这个核心理念来制定的，重点是防止对个人自由的侵犯。政府的责任是什么呢？就是保护所有个人的自由，防止侵犯他人自由的行为发生，如果发生了，就要依据法律进行惩罚。

所以，一个好的社会应该是保护利己，鼓励利己，同时防止损人，惩罚损人，一方面鼓励大家追求自己的合理利益，追求自己的幸福，另一方面在这个追求的过程中，不允许任何人损害他人的利益。利己而不损人，这是西方伦理所提倡的个人主义。我们以前往往把损人和利己合在一起说，好像个人主义就是损人利己，这是不对的，让利己蒙受了不白之冤。其实损人和利己是两回事，利己不一定损人，我们当然要反对损人，但是不能反对利己，这是人的行为的一个巨大动力，关键是要因势利导，把它引导到一个合理的方向上，达到一个对大家来说最好的结果。

如果一个社会既保护利己，又惩罚损人，每个人都可以自由地争取自己的幸福、自己的利益，同时又不允许对他人进行侵犯，如果发生侵犯就必定受到惩罚，这样的一个社会就一定既是充满活力的，又是非常有秩序的。所以，应该说法治社会是最合乎人性的，是从人性出发可以设想的最好的政治体制。

2. 中国缺乏尊重生命的传统

我在北京看一份《新京报》，经常会有一些报道，让人看了非常难受。前不久北京发生这样一件事，城管执法，拆违章建筑。确实是违章建筑，街旁边原来的房子前搭了一个裁缝铺，城管开着车去拆。那个外地来的女裁缝就哀求，当然不答应，她就晕倒了。房东是一个懂医的老太太，她一看这个女裁缝大小便失禁了，就知道事情不好，非常危险，就求城管，因为他们有现成的车，求他们赶紧送医院，要不然就没救了。城管说这不是我们的事，我们只管执法。女房东只好在街上拦出租车，一辆辆都不停，最后她跪在马路中间拦，终于拦上了一辆，可是这个女裁缝送到医院时已经没有气了。这件事引起了舆论的强烈批评，那些城管听了满不在乎，仍然强调他们的职责是执法，不是救人。一个人只要有一点儿仁慈之心，对生命怎么会是这种态度！

这两天我还看到报纸上说一个事。沈阳有一个女孩，16岁的中学生，家里穷，老是饿肚子，实在太饿了，在便利店偷了一个面包，被老板娘抓住了。这个女孩就求饶，说我实在太饿了，请你原谅，我再也不敢了。老板娘说不行，我一定要报告你的学校。这个孩子特别害怕，报告了学校，她一定会受羞辱，可能还会受处分，就自杀了。她留了一份遗书，说知道自己做了错事，但是我真的太饿了。事后记者采访那个老板娘，老板娘说我抓小偷有什么错，死了就死了，和我有什么关系。对生命冷漠到这等地步，真是令人发指。

我还看到一个报道，在重庆街口，一个妇女马上要临产了，在路上拦出租车，拦了12辆，没有一辆停下来，最后她在街上生下了孩子。带一个重病人拦出租车，遭到拒载，这种事情在北京也时有发生。

中国有许多世界第一，比如矿难死亡人数，车祸死亡人数，等等。自杀人数也是世界第一，卫生部2003年的统计，每年至少有25万，这个数字肯定是保守的，其中15岁到34岁的人群居首位。现在大学生自杀的特别多，北京的大学，今年5月8日到17日的10天里，就有5个大学生自杀，有3天是连续的。我看《新京报》，头一天看到的是清华大学一个研究生自杀，第二天人民大学，第三天北京师范大学，三个都是女生。我看到报道，北师大的那个学生自杀以后，《新京报》的记者打电话采访这个学生所读的艺术和传播学院的院长。院长的回答是什么呢？他说听说有这么一回事，具体情况不了解。另一个学生自杀以后，记者也打电话，要采访她的导师，导师说没有空，我在开会。我心里难受啊，你的学生啊，你就这样无所谓。大学里的一些现象，我看了真是寒心。用罗素的话来说，老师应该以学生为目的，绝不允许把学生当作手段。现在大学里的许多老师忙于所谓科研，就是报课题拿经费，然后让学生给自己打工，真正把学生放在心上的人有几个？学生自杀率这么高，绝对和我们现在的教育体制有关，也和我们现在教师的素质有关，他们推托不了这个责任。

在今天的中国，对生命冷漠乃至冷酷的现象比比皆是，恶性事件经常发生，包括野蛮执法、医疗事故、见死不救、假药、伪劣食品、矿难、交通事故、凶杀等等，使人感到在中国生活没有安全感，中国人的命是不值钱的，不知道什么时候就被剥夺了。面对种种现象，我真的感到心痛，感到不可思议。我们这个民族怎么啦？这还是人待的地方吗？在一个社会里，绝大多数人是善良的，有同情心的，人们才会有安全感，那才是一个人待的地方。其实从天性来说，人没有那么恶，我相信孟子的说法，孟子是性善论者，人都有善的萌芽，同情心应该是人性里普遍的东西。但是，为什么我们社会上能看到的同情心这么少？为什么本来人人都应该有的东西没有表现出来？原因在什么地方？有的人说是因为市场经济，导致了人人追逐利益，因而漠视生命。我说不对，这个账不能算在市场经济头上。同样搞市场经济，西方国家很少出残害生命的事，当然也会出，往往是个案，一个疯子搞出校园枪杀案之类，一旦出了，那就是特大新闻，全社会震惊。他们没有那种对生命的普遍冷漠，在日常生活中，人们是有安全感的。

真正追究起来，原因恰恰是我们的市场经济秩序还没有建立起来，法治还没有建立起来，合理的利己得不到保护，损人的行为得不到惩罚，在这样一种环境里，善良的人可能倒霉，谁还敢善良啊？自顾尚且不暇，久而久之，对他人的同情就会越来越弱。一个社会如果许多天性善良的人都不敢善良了，这个社会就一定是出问题了。要让人们敢于善良，乐于把同情心表现出来，施之于人，要让尊重生命成为社会上的一个常态，不是只在发生重大灾难时表现一下，过了又一切照旧，那就必须改变这个社会环境，根本的出路在于建立法治社会。

现在种种不尊重生命的现象，从制度层面上看，原因在于法治的缺失，这是一个方面。另一方面，如果要追溯根源，我认为有历史的原因，就是在我们的文化传统里，个体生命的价值是始终没有受到尊重的。每个人都只有一条命，每一个人的生命都是宝贵的，理应得到全社会的尊重，这样的一个观念，我们一直是缺乏的。按理来说，中国文化的主体是儒家伦理，儒家伦理最强调的是仁义道德，强调人和人之间要有同情心、要有仁爱，可是结果在政治实践中，这个仁爱根本没有体现出来，在专制体制下，个体生命完全没有价值，这里面就有一个矛盾。毛病出在哪里？我认为出在儒家伦理本身。

人有两种本性，第一本性是利己，是爱自己的生命，第二本性才是推己及人，对他人的生命发生同情。所以，同情心是由利己心派生出来的，它有一个前提，你只有爱自己的生命，你才可能推己及人，将心比心，从而同情别人的生命。如果你对自己的生命都不爱，怎么可能对别人的生命产生同情呢？不可能的。你首先对自己的生命要有一种敏感，才可能对别人的生命也有一种敏感。一个对自己的生命麻木的人，他对别人的生命一定是冷漠的。儒家伦理的问题在哪里？它对第一本性也就是人的利己本能是否定的，你不能追求自己的利益，如果追求，你就是小人。在我们的文化传统里，追求自己的利益不但得不到鼓励，而且受到压制。利己原是本能，压制的结果，人们都羞言个人利益，造成了普遍的虚伪。一个社会如果把生命本能当作万恶之源予以杜绝，就会使人们的生命感觉普遍趋于麻痹,同情心怎么可能发达呢。儒家这个否定利己的传统根深蒂固,直到改革开放以前,我们批判得最多最厉害的仍然是个人主义,把利己和损人捆在一起予以否定。

另外,在推己及人的时候也有问题,按照孔子的说法,叫作"能近取譬",就是能够从自己身边开始贯彻道理。可是,这个身边太局限于、太强调家庭和宗族了,结果儒家伦理的仁爱就归结为两条。一个是孝,父子关系,儿子要忠于老子,另一个是忠,父子关系在社会上的一个放大,臣民要忠于君主,忠于皇帝,于是形成了全中国的一个宗法等级秩序。在这个宗法等级秩序中,父命子死,子不得不死,君命臣死,臣不得不死,个体生命毫无价值,毫无权利。皇帝是天子,天的独生子,是寡人,天下独此一人,权力至高无上。就像严复说的,中国哪有国啊,没有国,整个国都是皇帝的私产,在皇帝面前,人人都是奴隶,都等于零。孟德斯鸠说得好:在民主政体下,人人平等,每一个人什么都是;在专制政体下,也人人平等,每一个人什么都不是。

3. 中国的人治传统

法治的出发点是尊重生命价值,保护生命权利。既然中国文化传统中缺乏尊重个体生命价值和权利的观念,法治就无从谈起。因此,在中国的政治传统中,也就没有个人自由这个观念,而保护个人自由正是法治的基本原则。一百多年前,严复已经明确指出了这一点,他说:与西方比,中国最缺的就是个人自由的观念,自古至今讲治理国家的书浩如烟海,但是没有认为让老百姓自由就是最好的治理办法的。

我们可以做一个对比。西方的政治传统发端于古罗马时期，随着希腊城邦解体，人不再是城邦的一员，获得了两个身份，一方面是独立的个人，另一方面是全人类的一员，是世界公民。由此形成了两个重要观念：第一，个人自身就是价值，拥有不可转让、不可剥夺的天赋权利；第二，人人生而平等，有共同的人性，是人类世界的平等成员，服从于普遍正义，法律面前人人平等。这就是自然法的思想，法治理论实际上是从自然法思想发展来的。中国的政治传统由儒家奠定，在汉代得到确立，基本上是宗法伦理、君臣父子那一套，找不到这两个重要观念的影子。

不过，道家是有初步的个人自由观念的。老子的政治哲学是无为而治，郭象注庄子说："人皆自修而不治天下，则天下治。"严复认为这是最接近西方自由主义的政治理念，可惜没有得到运用。从人生哲学看，庄子非常推崇个人的精神自由，提倡独与天地精神相往来的境界。儒家重宗法关系，道家重个人独立，但是道家思想对中国政治传统影响甚微，只是成了知识分子在政治上失意时的精神安慰。

为了保护个人自由，法治理论强调私域和公域的划分。严复把穆勒的《论自由》翻译为《群己权界论》，就是强调这个划分。私域是个人享有充分自由的领域，任何他人包括政府不能侵犯，不能实施强制。比如私人住宅，欧洲中世纪有一句谚语：风能进来，雨能进来，国王不能进来。公域涉及公共利益，每个人都必须承担责任。但是，自古以来，我们没有私域与公域的划分，既没有受法律保护的私人领域，也没有人人必须负责的公共领域。梁漱溟说得好：

在西方，公众的事大家都必须参与做主，个人的事大家都无权过问；中国恰好相反，公众的事大家都不必参与做主，个人的事大家有权过问。严复也说过，在中国，人人对自己私人的事情都没有权利，所以也就对公共的事情都不负责任。他形容中国人对于公共利益实行的是两个政策，一个叫无后政策，不为子孙留余地，还有一个叫短命政策，也不为自己计长远。鲁迅也说，中国人对于公共财物，内行就把它偷走，外行就把它毁掉。西方人把利己本能引到对大家有利的轨道上，倡导一种建设性的自私，我们压制利己本能，结果反而促成了一种破坏性的自私。法治是规则下的自由，我们是既没有自由，也没有规则，个人利益和公共利益两方面都受了损害。

中国没有受法律保护的私人领域，这个情况在改革开放之前非常突出。完全私人的事情，包括恋爱、结婚、生孩子，谁都可以管，首先是行政当局，你的上司，有当然的权力来过问和干预，你必须向他汇报，服从他的决定。情人在结婚前发生了性关系，这本来是人家的自由，没有损害任何人，可是就会有人去检举你，然后单位就处分你。那时候的单位就是一个牢狱，个人在单位里没有任何自由权，没有任何隐私权。现在这方面的情况好多了，这要归功于市场经济，个人可以自由选择职业了，打破了个人对于单位的人身依附关系。随着市场经济的发展，受法律保护的私人领域正在逐渐地形成。

在西方历史上，市场经济和法治秩序之间有一种共生并长的关系。市场经济不是无序状态，而是一种秩序，它要遵守一定的规则，而这个规则是在市场经济发展过程中自发形成的。在漫长的过程中，人们逐渐形成了一些共识，比如公平竞争、诚实无欺、守信用等等，这样才能大家都得到利益、不受损害，这些共识就成了规则。用亚当·斯密的话来说，在人人追求经济利益的过程中，仿佛有一只看不见的手，整理出了一种对人人都有好处的秩序。当然，在秩序形成的过程中，西方社会尊重个人权利的传统起了重要的作用。市场经济的规则是生长起来的，而不是政府制造出来的，这一点很重要。因此，政府的职责是保证规则的遵守，惩罚违反规则的人，也就是为个人和企业从事经济活动、展开公平竞争创造良好的环境。就像英国自由主义哲学家斯宾塞所强调的，政府的责任不是直接为人们提供幸福，而是保护人们追求幸福的自由。西方尤其英国长期的传统是政府不参与、不干涉经济活动，只管依据法律裁决纠纷，另外就是收税并且合理地使用。

但是，在中国，从秦朝开始就是政府管一切，掌握着国家的经济命脉。在中央集权的家长式管理方式下，市场经济的发展相当微弱，使得市场经济的规则也难以自发形成。在中国，人治是极其强大而悠久的传统，它实质上是宗法等级制度，是一种家长式的秩序，长官意志决定一切。市场经济和法治秩序本来是共生并长的，可是，在我们这里，一方面，在牢固的人治秩序下，市场经济难以发展，另一方面，在市场经济微弱的条件下，法治秩序又难以形成，这成了一个困局。这正是我们面临的问题。

4. 市场经济必须有法治秩序配套

二十世纪七十年代末，我们国家重新开始搞市场经济。以前搞计划经济是靠人治，现在搞市场经济就必须靠法治。市场经济实质上就是经济领域里的法治，要保护人们以正当手段追求个人经济利益的自由，防阻强制的发生。西方的历史证明，市场经济的发展和法治秩序的形成是互相依存、同步发展的，这个规律在我们这里仍然成立。但是，我们面临一个巨大的困难，就是中国的人治传统，这个传统在计划经济时代变得格外强大，政府拥有支配和管理经济的全部权力。西方的政府本来就是有限政府，政府的权力受到严格限制，在经济领域里尤其如此。我们的政府是拥有无限权力的政府，从人治向法治的转变意味着要政府放权，而这个转变是由政府来领导的，权力的本性是扩张而不是收缩，最大的困难是在这里。

法治社会当然必须有政府，立法机构把合乎法治理念的规则制定为法律，而法律的执行要靠政府。按照法治理论，政府的职责是依据法律保护个人自由，防阻侵犯的发生。但是，政府一旦存在，因为它是唯一合法掌握强制权力的机构，又最容易侵犯个人自由。所以，法治理论的重点是防范政府对个人自由的侵犯，在这个方面做了很多研究。它强调以下几点：

第一，法律的根本目的是保护个人自由，防阻强制的发生，因此，有悖于这个目的的法律条文，即使是由立法机关颁布的，本质上也是非法的，应该废除。

第二，法律是普遍性的规则，不针对具体的人和事，法律面前人人平等，任何人都没有特权。

第三，法律至上，政府必须受法律支配，在法律的范围内施政。

第四，权力制衡，立法、司法、行政三项主要权力分立，以保证法律的制定和司法的判决不受行政干预，同时监督政府对法律的遵守。

这些是一般性的原则，要真正付诸实现，仍有赖于市场经济和法治秩序的共生并进，使秩序逐步形成。现在我们市场经济的秩序远远没有形成，规则还很不完善，已经有的一些规则没有得到遵守，还有很多所谓的规则不符合法治精神，对个人自由构成强制，不是真正的规则，是人治的东西。

从市场经济来说，规则可以分两类，一类涉及私人领域，另一类涉及公共领域。私人领域的规则，主要是对自主经营权和财产权的保护，在这个基础上实行公平竞争。其中，财产权是重中之重。所谓市场经济就是允许每个人凭自己的能力和运气去争取自己的经济利益，这个经济利益最后就体现为财产。如果财产不受到保护，可以被任意剥夺，所谓经济自由就是空话。私有财产得不到保护，市场经济就不可能实行下去。所以你看，一切实行市场经济的西方国家，都必定要把私有财产神圣不可侵犯写在他们的宪法里。现在我们在观念上也基本上解决了这个问题，把保护财产包括私有财产写入了宪法。最近《物权法》终于通过了，原来对要不要保护私有财产的问题有争论，一拖再拖，今年总算明确了，保护私有财产已经确立为国家的法律。当然，这离真正付诸实现还有相当的距离，现在民营企业家处境十分艰难，政府会以各种名目剥夺他们的财产，权力寻租导致侵犯私产和不公平竞争的事情经常发生。我认识一个企业家，苦心经营许多年，办了一个旅游项目，地方政府看见有利可图，就给他设置种种障碍，最后逼迫他把这个项目廉价卖给了政府下属的一家公司。

公共领域的规则，包括两个方面，一是公共财政的管理，二是公共价值的保护。前者主要是税收及其合理使用。在西方法治国家，纳税是公民最重要的义务，逃税是大罪，必定会被追究。当然，税收应该公平合理，中国现在民营企业的税收负担太重，根据2005年福布斯全球税务负担指数报告，中国税收负担在全世界排名第二，这个负担大部分落在了民营企业家身上。政府拿了纳税人的钱，无非是用于行政、国防、公共安全、医疗、教育、社会救济等方面的开支，这里面就有一个合理使用的问题，真正做到对纳税人负责，取之于民也用之于民。这是规则，如果使用得不合理，就是不守规则。现在大家都知道，我们的政府不太守规则，挥霍纳税人的钱，三公消费达到天文数字。腐败也很严重，2004年著名反腐败组织"透明国际"清廉指数排名，中国排在第71位。医疗和教育是最应该花钱的领域，但政府却舍不得花，负担落在老百姓身上，大量穷人看不起病、上不起学。2000年世界卫生组织医疗公平性评估，在191个成员国里，中国排在第188位，倒数第四。从支付能力也就是学费在居民收入中所占的比例看，中国大学的学费也是世界最高的。

公共价值的保护包括环境保护、生态保护、资源保护、文化遗产保护、自然遗产保护等等，这也是公共领域里的重要规则，政府的责任是制定相关的法律，并且严格执行，对于违背的企业予以处罚。可是现在的情况是，许多违背这方面规则的项目恰恰是政府批准和支持的。为了做大项目和形象工程，或者出于权力寻租的需要，官商勾结，肆意破坏环境，破坏资源，破坏文物，这种事情实在太多了。瑞士达沃斯世界经济论坛2005年环境可持续指数的排名，

在 144 个国家和地区里，中国排在第 133 位。世界卫生组织 2005
年公布全球空气污染最严重的 10 个城市，中国占了 7 个，其中包
括北京，太原名列第一。

症结在哪里？就是政府的权力太大了，缺乏约束的机制，实际
上还是人治，使得权力有巨大的寻租空间。一个典型的例子是药监
局，现在在审判郑筱萸，药监局原来的局长，他下面的几个司长也
都是贪官，这一窝贪官把中国的药品市场搞得乱七八糟。他们居然
有这样的能耐，上台之后开始搞所谓新政，把地标改为国标，批药
的权力全部收归药监局，所有的药进行重新认证，以前认证了的都
不算数。三个月内居然批了十几万种药品，怎么审查得了呢？其实
就是要药厂用钱去买批文，一个批文几百万元，在这个过程中他们
就索贿受贿。这个药的成本就非常高了，药厂也有办法对付，很多
老药改一个名字，把价格提高几倍甚至几十倍。为了推销这些价格
高得离谱的药，药厂就派出大量所谓医药代表跑医院，给医院和医
生回扣。这个负担最后当然是落在病人身上，2002 年他们上台之
后药价飞涨，看病贵成为非常突出的问题。现在审判他们的一个主
要罪名是玩忽职守，我就想不通，他们怎么能这么长久地玩忽职守，
老百姓早就怨声载道了，怎么就没有人管他们，没有人管得了他们？
在一个法治社会里，这是不可想象的，就那么几个人把药品市场搞
得一团糟，不但药价飞涨，而且假药泛滥，造成极其严重的后果，
这是不可能的。

这个事例充分说明，在我们国家，市场经济真正的、健康的秩
序还远远没有建立起来，政府在市场准入和商品流通的环节拥有巨

大的权力，这个权力其实是扰乱市场的主要因素。市场经济成熟的过程，秩序形成的过程，就应该是政府权力逐步受到限制、逐步退出经济领域的过程。事实上，什么地方政府对经济管得少，那个地方市场经济的秩序就比较好，民营经济发展得就比较快。权力必须与市场脱钩，否则法治建设无望，市场经济发展无望。

二、尊重灵魂：信仰从大一统意识形态向个人精神生活的转型

1. 人的高贵在于灵魂

我们现在面临的另一个大问题是信仰的缺失。现在大家普遍感觉我们这个社会道德状况很差，根源在什么地方？我认为一个是因为前面说的法治秩序还没有建立起来，缺乏一个奖善惩恶的制度环境，另一个就是许多人没有信仰，缺乏一个扬善贬恶的精神环境。

人为什么要有信仰？因为人是有灵魂的。所谓人有灵魂，是说人有精神上的追求，如果让人像动物那样仅仅过肉体的生活、物质的生活，吃饱喝足，这样过一辈子，作为人来说是不会甘心的。人不但要活，而且要活得有意义，人的这种灵魂的追求，可以说是人身上的神性，它正是人比动物高贵的地方。这个神性应该有一个来源，所以基督教就创造了一个上帝，或者用某些哲学家的说法，就是宇宙应该有一个精神性的本质。我们的确很难用科学来解释人的这种灵魂追求，比如用进化论也许可以解释猴子怎么变成人，在适应环境的过程中，最后怎么产生了人的大脑，但是没法解释人的灵

魂追求是怎么产生的。事实上，从进化论的角度来看，那些有精神追求的人在生存斗争中往往是处于不利地位的，一个人太看重灵魂生活，在实际生活中很可能会倒霉，未必有利于生物学意义上的生存。那么，这种把灵魂生活看得比肉体生存更重要的价值取向，它必定有一个超越于生物学的来源，不管你把那个来源叫作上帝还是别的精神实体。我想我们不管信不信基督教，信不信某一种宗教，我们起码要承认，人应该有一种更高的生活，比纯粹的物质生活、世俗生活更高的生活，承认了这一点，我认为就是一个有信仰的人。

一个人有信仰，有灵魂的追求，最突出的表现就是做一个有道德的人。道德有两个基础，一个是同情，我在前面已经谈到，这可以说是道德的初级基础，是人与兽的区别的起点。另一个是尊严，这可以说是道德的高级基础，是人与兽的区别的顶点。如果说同情是人与人之间以生命相待，那么，尊严就是人与人之间以灵魂相待。在中国古代哲学中，同情相当于孟子说的恻隐之心，是仁的开端，尊严相当于孟子说的羞恶之心，是义的开端。荀子也强调，义是人与万物的区别之所在，是人的尊严之所在，人因为有义，故最为天下贵也。

在西方哲学中，关于人的尊严，讲得最好的可能是德国哲学家康德。他说人有两个部分，作为肉体，人生活在现象世界里，跟其他生物差不多，要服从自然规律，是不自由的。但是，作为灵魂，人是生活在本质世界里的，是自由的。何以见得呢？他说从这一点可以看出来，就是人能够为自己的行为立法。他说的这个"法"就是道德法则，人能够按照道德法则来做事。作为生物学意义上的人是不可能这样做的，他受自然法则支配，而道德法则和自然法则往往是相反的。自然法则要人趋利避害，而作为道德的人却要让自己的行为体现出做人的尊严。用康德的话说，你要这样行为，可以让你的行为准则成为全世界的人的行为准则。

康德由此提出了一个著名命题，就是人是目的，永远不能把人当作手段。他说的应该是目的的这个"人"，就是作为精神性存在的人，这才是人的真正本质之所在。这个意义上的人是目的，无论对自己，还是对他人，你都不能把这个意义上的人当作手段。对自己来说，你不能为了满足肉体的需要而出卖灵魂，把你身上的高级部分作为手段去为低级部分服务，那样你就不是把自己当作目的，而是当作手段了。对他人来说，你也要把每一个人都看作是一个灵魂，你要尊重他，如果你为了满足自己的欲望和利益而损害他人，你实际上就是把他人用作手段了。不光是这样，当你不把别人当目的而是当手段的时候，当你不把别人当作灵魂的存在而予以尊重的时候，你是侮辱了人性中的高级部分，因此是侮辱了所有的人，也因此是侮辱了你自己。一个人如果不尊重他人的尊严，就是不尊重所有人的尊严，包括你自己的尊严。

一个人意识到并且在行动中体现出做人的尊严，他就是一个高贵的人。真正讲道德，我认为应该强调两个品质，一个是基于同情心的善良，一个是基于做人的尊严的高贵。我们讲道德，往往容易从意识形态着眼，一些具体的道德规范，爱国主义、集体主义、守纪律等等，这些都是表面的东西，没有触及道德的根本。真正的道德应该建立在人性中善的成分的基础之上，就是同情和尊严，善良和高贵，这才是道德的根本。人要活得高贵，活出人的尊严来，做一个大写的人，一个精神性的人，而不光是一个肉体的人。一个人对自己有这样的要求，他就一定会是一个有道德的人。在古罗马和欧洲中世纪，高贵曾经是一个非常重要的价值，贵族不只是门第和身份，在待人接物上是有很严格的要求的，要让人感到你值得被尊敬。在今天这个时代，人们很少把高贵看作一个重要价值了，或者是把它庸俗化，好像拥有豪宅、名车、品牌奢侈品就是高贵。那算什么高贵啊，不过是钱多罢了。人的高贵在于灵魂，灵魂都丢了，还有什么高贵可言。

一个灵魂高贵的人，他的突出特点就是待人平等，尊重他人，把每个人都当作有灵魂因而有尊严的人对待。一个人尊重他人，实际上也就是尊重自己，在对他人的尊重中，体现出了他的自尊，体现出了做人的尊严。相反，如果一个人不把别人当作人对待，实际上也就没有把自己当作人，他根本不知道生而为人有多么宝贵。现在就有很多这样的人，有钱就自以为了不起了，开着宝马横冲直撞，轧死了人也无所谓。一个没有灵魂的人，往往就只用物质来给自己估价，也给别人估价，因为他没有别的标准嘛。有灵魂的人之间，一定是互相尊重，诚信相待。两个没有灵魂的人在一起，无非是狼狈为奸或者彼此恶斗。最麻烦的是有灵魂的人遇见没有灵魂的人，真是秀才遇到兵，既不愿和他斗，又没法讲理，完全不在一个层面上。

2. 中国缺乏尊重灵魂的传统

如果说法治社会的出发点是对个人生命权利的尊重，那么，信仰的实质就是对个人灵魂生活的尊重。在中国文化传统中，这两种尊重都相当欠缺。儒家很重视道德，把道德看作人与动物的根本区别之所在，但是在儒家学说中，你找不到灵魂的概念，看不到对灵魂生活的描述，道德缺少信仰的根据，最后看重的就只能是道德的社会功能。

这是中西道德的重大区别。西方人的道德是有信仰作为背景的，这和西方哲学的传统有关系。从古希腊开始，他们的哲学是所谓形而上学，就是对世界本质和人生意义的追根究底的追问，到了基督教，便形成了灵魂来源于并且回归于上帝的信仰。在这个信仰背景下，道德实质上是个人的灵魂生活，是绝对命令意义上的自律。个人要对自己的灵魂负责，对上帝负责，要带着一个干净的灵魂去见上帝。上帝无所不在，无所不知，哪怕没有任何人监督我，总有上帝在监督我。

在中国哲学中，形而上学就相当薄弱，缺少那种终极追问。儒家哲学基本上是道德哲学，关注的主要问题是怎么样维护好社会的宗法等级秩序，维护好社会的稳定。在缺乏信仰背景的情况下，道德就成了意识形态，成了社会义务和他律。在儒家经典里，我们也能看到一些言论，强调慎独，强调个人道德修养本身就是价值，甚至是最高价值，比如孔子说的"古之学者为己""人不知而不愠"，孟子说的"天爵"。但是，从总体上看，儒家伦理具有强烈的社会功利目的，所谓修齐治平，修身归根结底是为了治国平天下。

人性有两端，一端是兽性，就是生命本能，另一端是神性，就是灵魂追求，处在这两端之间的是社会性。西方传统的特点是肯定两端，中间的社会性是为两端服务的，这样建成的社会一定是高质量的。中国正好相反，压制两端，只要中间，结果反而得到了一个低质量的社会。我认为这个情况特别值得我们深思。

3. 信仰的重建

中国人缺乏信仰，这是一个老问题，不是一个新问题。我上面讲了，我们的文化传统就有这个毛病。这个毛病在改革开放前的那个时代也是存在的，严格地说，我们当时有的是意识形态，不是信仰。意识形态和信仰是有区别的，意识形态解决的是社会层面的问题，就是要建设一个怎样的社会，而信仰解决的是形而上层面的问题，人生意义的问题，就是人怎样活才有意义。以前我们把这两个不同的层面混为一谈了，改革开放以后，这个问题就暴露出来了。

所谓信仰危机，实际上是人们发现不能再用意识形态来指导自己的人生了，每个人必须自己去寻找信仰、去解决人生意义的问题了。你活着到底是为了什么，怎么活才有意义，以前是没有这个问题的，起码表面上是没有这个问题的，党都给你解决好了，一切交给党安排，你就为共产主义奋斗一生吧。现在你如果还是这样解决的话，就不太够了吧，当然你可以为共产主义奋斗一生，但这基本上是社会层面的理想，不能取代你自己对人生意义的思考。以前常常说共产主义人生观，其实严格地说，共产主义不是一种人生观，而是一种社会历史观，是解决什么样的社会是好社会这个问题的，并不是解决什么样的人生是好人生这个问题的。现在每个人必须自己去解决为什么活的问题，我认为这是一个进步，而不是退步。

现在仍然有人鼓吹要建立一种大一统的信仰，比如把儒家思想做一番改造，树为当代中国人的统一信仰。这可能吗？我认为不可能，因为它基本上是一个社会层面的东西，缺乏作为信仰所必须具备的形而上的深度，而且它事实上也解决不了现代人所面临的复杂问题。我还认为，即使可能，也不应该人为地树立一种信仰，因为按照本义来说，信仰就应该是每个人灵魂中的事情，不应该是社会统一规定的事情。不过，我并不因此就认为儒学对当代中国人的信仰无所贡献，它可以成为我们确立信仰的思想资源之一，同时如果有些人自愿把它当作自己的唯一信仰，当然亦无不可。

我想强调的是，信仰理应由社会的意识形态回归为个人的灵魂生活，把恺撒的给恺撒，把上帝的给上帝，这才是正常状态。作为个人的灵魂生活，信仰必须是自觉的，是个人的一种自觉追求和选择，因为这个原因，信仰又必然是多元的，不可能也不应该强求统一。有的人信基督教，有的人信佛教，只要是真诚的，都很好。有的人什么教都不信，但是很严肃地对待人生问题，在认真地思考，也很好。一个人怎样算有信仰？我提两条标准。一条是重视灵魂，把灵魂看得比肉体重要，把精神生活看得比物质生活重要。这实际上就是相信人身上是有神性的，灵魂是人身上最高贵的部分，要好好照料它。另一条是道德自律，有做人的原则。这实际上也是相信人身上是有神性的，灵魂是人的尊严之所在，不可亵渎它，要有所敬畏，有一些事情是决不能做的，做了就不复是人。

现在信教的人越来越多了，说明有这个精神需要。宗教的积极作用，一是有精神寄托，二是有道德约束，这对个人、对社会都是好事。但是，一个人有没有信仰，不在于是不是信教，宗教只是信仰的形式之一。事实上，信教的人里有有信仰的人，也有没有信仰的人，不信教的人里同样也有有信仰的人和没有信仰的人。现在寺庙里香火鼎盛，佛的本义是觉悟，可是在烧香拜佛的人里面，真正觉悟的人有多少？大多是在求佛为自己做一件什么事，满足自己一个什么愿望，用史铁生的话来说，他们在向佛行贿。

不要说香客，就是佛庙里的僧人，许多也不是真正有信仰的。前些年我去普陀山的法雨寺，那是一个很壮观的佛教寺庙。当时和尚们都在做法事，中间休息时，一个小和尚出来，坐到我旁边，我就和他聊天，问他做法事挺累的吧，他说是啊，赚钱真不容易。他很可爱，说了老实话，出家是他的职业，不是他的信仰。

两年前，我陪藏区的一个活佛上五台山。这个活佛很年轻，当时29岁，从来没有到过内地，因为听上师说他是文殊菩萨转世，毕生的理想就是要上一趟五台山，前年我的一个朋友帮助他实现了这个理想。他看到的是什么样的景象呢？五台山兼有藏传佛教和汉传佛教，我们看见喇嘛们有的在打手机，有的在打台球，真的是乱七八糟。我问他有什么感想，他说了两点，第一点是他实现了自己的梦想，为此高兴，第二点他说他不知道这些穿着跟他一样衣服的人，在这样嘈杂混乱的地方怎么想佛的道理。我在那里还遇到了拦路抢劫，进一个小庙，被一个穿袈裟的人缠着算命，然后逼我交出身上的钱。

现在佛门已经不是清净之地，有一些所谓的高僧也完全不是方外之人了，他们活动在大都市，奔走于权门和豪门，瞄准了这些有权有钱的人对未来命运的恐慌心理，投其所好，靠宗教——确切地说是伪宗教——大肆敛财。我深切感到，正是这种亵渎宗教的现象最醒目地证明了当今许多国人的没有信仰。

一个社会没有法治，许多国民没有信仰，这是最可怕的，什么坏事都可做，什么坏事都会出。我坚定地认为，中国的出路在于法治和信仰。

三、尊重头脑：文化从实用向创新的转型

因为时间关系，这个问题我就简单提示一下。人文精神就是要尊重人的价值，具体体现为对生命、灵魂、头脑的尊重，尊重生命是秩序转型的基础，尊重灵魂是信仰转型的基础，而尊重头脑就是文化转型的基础。

现在人们对创新谈得很多，在我看来，创新型文化正是以尊重头脑的价值为其根本的，为此必须改变我们文化的实用品格。最重要的智力品质是好奇心、独立思考能力和对智力活动的热爱，这些也是创新型人才的主要特征。心智生活是人的高级属性的满足，本身就有独立的价值。我们应该鼓励纯粹的科学兴趣、艺术兴趣、理论兴趣等等，在这片非功利性的纯粹兴趣的肥沃土壤上，最容易诞生大师。

为了实现从实用文化向创新文化的转型，当务之急是改革我们的教育体制，实现从应试教育向真正素质教育的转变。没有这个转变，我们只能培养出许多谋生型、实用型的劳动力，培养不出真正创新型的人才，中国最多只能成为一个经济大国，不可能成为一个

文化大国，在世界上终究是一个二三流国家，开多少孔子学院都没有用。

结 语

最后，我想用我的朋友邓正来的话来结束今天的讲座。正来最近出版了一本书，题目是《中国法学向何处去》，实际上谈的不只是中国法学界面临的问题，也是中国整个思想界面临的问题。他在书中提出一个观点，就是通过入世和加入一系列国际条约，中国已经真正进入到了世界结构之中，意味着对世界结构规则的修改或制定有了发言资格，这才是"三千年未有之真正的大变局"。但是，要从形式资格亦即投票资格变为实质性的发言权，就必须由"主权的中国"进而成为"主体性的中国"，不能只是基于民族国家利益说"是"或"不"，而必须有中国自己的"理想图景"。

按照我的理解，这就是要求中国真正形成自己成熟的核心价值观，在思想上对世界向何处去发挥重大的、积极的影响。只有做到了这一点，中国在今日世界上才可以称为文化大国。这是一个伟大的使命，它的实现有赖于人文精神指导下的转型之成功。我今天所谈的秩序转型和信仰转型，实际上就是要我们国家在政治文明和精神文明上与世界接轨，成为世界合格的乃至优秀的成员，如此才能拥有正来所说的实质性的发言权。

广州讲坛现场互动

问：我在马王堆博物馆看到一个现象，在有中文提示的情况下，许多中国游客在拍照的时候仍然使用闪光灯，但是一些外国游客却没有使用。这引起了我的忧虑，能不能这样说，有一天在中国会发现对自己的文化缺乏一种自豪感，或者说不知道中国的文化到了哪里，也许要到韩国、日本寻找回原本优秀的中国文化？

答：这也是我的忧虑。现在实际上已经有这样的趋势了，中国历史上一些优良的传统在日本、韩国和中国台湾地区可以找到，在中国大陆反而很少了。我觉得重要的是应该深思一下原因是什么。日本、韩国和中国台湾地区有一个共同特点，一方面注意保存东亚传统文化，另一方面又注意吸取西方文化中的普世价值，建设民主和法治社会。他们的经验证明，传统文化与政治和经济的现代化是可以很好地结合的。我们的有些做法正好相反，一方面以发展经济的名义毁坏文化遗产，另一方面又以特殊国情的名义拒绝普世价值。我由此看到，狭隘民族主义是最恶劣的，既不能珍惜自己的好东西，又不能接受人家的好东西。我们必须有开阔的全人类眼光，立足于普世价值，这样才能把人家的好东西拿过来，又能珍惜和不丢掉自己的好东西。学习人家的好东西，改掉自己的缺点，我们的优点不会因此就没有了，只会发挥得更好。我相信，不管哪一个民族，它的文化中最好的东西，它的伟人思想中真正的精华，一定是具有普世价值的，因此一定是属于全人类的。其实孔子也是这样，我们应该好好发掘他的思想中具有普世价值的精华，这样在人家面前才有说服力，而不光是办许多孔子学院，用孔子的名义去推广汉语。

问：记得罗曼·罗兰曾经说过，真正的英雄是那些在看透生活真相之后仍然热爱生活的人。阅读您的作品，我觉得您是一直在奋斗而且走得很远的人。您在探讨人生真谛、探讨人生真相的路上，是怎么做到面对种种困惑而不愤世嫉俗的？

答：我想我还没有做到这一点，我仍然在奋斗的路上艰难行走。在这方面，尼采给我很大的启发。应该说我的天性是比较悲观的，这和我的性格有关。我从小很内向、敏感，在外界受了挫折，郁闷往往不能发散。我也很早就考虑死亡的问题，心中有绝望的感觉，仿佛看到了人生虚幻的真相。我和尼采相同的一点，就是我不甘心如此，我一方面对人生有悲观的看法，另一方面还是觉得人生太有意思了，我太想经历人生的各种可能性了。我觉得这种对人生的爱不是一种理论的东西，而是一种本能，我相信这说明我还是很有内在生命力的。这样两个矛盾的东西促使我更深入地思考。正如尼采所说的，看到人生意义阙如，这对一个人的生命力、意志力是一个考验，看清了人生的真相，你仍然勇敢地跋涉在虚无的荒原上，这是一种凯旋。其实这还真不是一个理论问题，我是尘缘未尽，生命的本能在起作用，就是爱这个人生，归根到底是因为这种爱，所以能保持一个向上的状态。另外，看到人生虚无也有好处，使我在热爱人生、执着人生的同时，能够保持一种超脱，这可能是悲观的那一面带给我的好处。我再热爱人生，我也看到它是有限度的，因为这个限度，我不会太沉溺在里面，一旦遇到了挫折和苦难，我能够跳出来看，心想不过如此，人生的一切悲欢都是暂时的，反正结局都一样。有超脱的一面很重要，反而可以保持比较好的心态，反而不容易被生活打败，反而能够让我继续爱人生，这是一种辩证的关系。

问：我是广州电台的记者，想请教您一个问题。就我的理解，西方的人文观念讲得更多的是权利、平等、自由等，我们儒家的人文思想讲得更多的是义务、规范，比如仁义忠孝。西方两百多年来解放了人的思想，使人的创造力得到了充分的发挥，但是其实这并不利于社会的凝聚，而我们的儒家思想却实现了中国几千年的统一。您觉得二十一世纪是不是轮到西方社会应该向东方儒家思想学习的时候了？

答：我不这样认为。现在很多人有这样的说法，说西方文明遇到了危机，要靠东方文化来拯救，包括季老先生也说二十一世纪是东方世纪，我是根本不同意这种看法的，完全没有根据。从你说的角度看，为什么以权利为本位的文化要让位于以义务为本位的文化，这也根本没有道理。这两种文化比较起来，我认为以权利为本位的文化是更加对头的。要说社会秩序，我认为建立在个人自由基础上的秩序是更好的秩序，既能调动个人的积极性，又有人日必须遵守的规则，因此社会更有凝聚力，社会的基础更稳固。我很不喜欢东西方文化谁好谁坏的争论，应该把注意力放在道理本身上，今天我说了西方人文精神的优点，也只是因为道理本身，我的确认为我们现在迫切需要这样一种尊重生命、头脑和灵魂的文化。从长远来说，我的看法是这样的，人类社会越往前走，它并不是说越靠近西方文化，或者越靠近东方文化，而是越来越把各民族好的东西融合起来，应该是走这样的一个方向。实际上也是这样，越来越全球化的时代，文化交流最后的结果是各民族的好东西越来越成为全人类的财富。

问：我是广东外语外贸大学法学专业的学生，谢谢您的讲座。在第一部分您谈到了建设法治秩序的问题，在我们中国的法治进程里并不缺乏法律，问题在于怎样执法，社会现象给了大家这样一种感觉，就是我们的政府或者说执法人员在执法过程里造成了很多对生命价值的漠视，比如说几年前很著名的孙志刚事件。请问在您看来，我们的政府、我们的官员应该怎样去平衡这种执法和尊重人的价值的矛盾，法治和人性的矛盾？

答：首先，法律和法治是两个概念。一个以人治为本位的社会也有立法机关所制定的一系列法律，我想任何一个国家都是这样的，但是这并不等于就是一个法治社会。我所理解的法治社会，它有一个原则，就是保护所有个人的自由，这是它的出发点和基础。如果某项法律违背了这个原则，那么这项法律恰恰是对法治的违背，是和法治相反的东西。你举的例子实际上也说明了这个问题，在孙志刚事件中，收容条例作为法规是违背个人自由原则的，所以不是法治，而是法治要废除的东西。事实上，通过这个事件，社会上很多学者呼吁，最后的确把这个条例废除了。我们长期是人治社会，有很多这样的东西，会逐渐发现它们是违背法治的，逐渐把它们废除掉，我们是在慢慢进步。作为行政机关应该怎么做，我认为现在主要问题是政府权力太大，不受约束，无法监督，人治的成分太重，所以关键在于缩小人治成分，逐步健全法治。至于具体执法人员应该如何做，如果他觉悟和水平足够高，就应该尽量低调执行那些违背法治精神的法规，他没法废除它，但是可以掌握好一个度，采取通情达理的立场。制度恶，人可以是善的，可怕的是制度恶人更恶，老百姓就遭殃了。

问：我一直有一个困惑，按照达尔文的进化论，人类其实是很偶然诞生的一个生物，我们人类活着究竟有什么意义，有没有一个终极的意义？我也对宇宙学感兴趣，霍金认为地外智能生命体存在的可能性很大，并且可能比人类智商更高，请问您对此有怎样的看法？

答：第一个问题我回答不了，也许所有的哲学家都回答不了，这是永远的困惑，而哲学存在的理由可能就在于此。人类生存的终极意义，或者我们每一个人人生的终极意义，这是哲学一直在追问的问题，但是给不出答案，如果给出了一个答案，你会发现那一定是宗教性质的答案。说宇宙是一个物质的宇宙，人类是这个物质宇宙中非常偶然的产物，这是自然科学的解释，按照这样的解释，就的确没有终极意义可言。所以，面对终极意义的问题，哲学只好向宗教求援，也就是相信宇宙具有一种永恒的精神实质，这个东西保证了人类存在具有永恒的精神意义。第二个问题，关于高智商外星人存在的可能性，我说不出什么看法，我希望它们不存在，否则人类的生存就更没有意义了。

问：我是华南农业大学的学生，您说人性的高贵和尊严是道德的根本，但是现在中国不是知识分子的人还有很多，如果要让农民提高自身的道德，您会如何向他们解释人性的高贵和尊严？

答：其实很多没有文化的人，包括农民，他们对人性的高贵和尊严已经有自己很朴素的理解，他们会说这个人不是人，人要像人，不能做不是人做的事情。

问：作为一个老党员、老同志，我想向您请教中国社会转型的问题。我清楚地记得，毛泽东时代甚至于包括国民经济面临崩溃边缘的十年动荡时期，中国也不存在所谓新的三座大山，政府公务员和企业职工看病是免费的，大学教育中包括农林牧副渔还有师范大学也都是免费的，住房子也不贵。经过二十多年的改革开放，我国取得了举世瞩目的经济成就，但是现在反而干什么都要钱了，看病、上学、买房都贵，压得人喘不过气。这一点我就不理解了，以前经济那么困难，都不要钱，现在经济发达了，反而都要钱了。我觉得中国社会的转型是转坏了，而不是转好了。这个问题请周教授能够给我指点一下。

答：我也认为在这些年转型的过程中，教育和医疗完全转错了方向。在任何现代国家，教育和医疗的主体部分都是公共财政拨款的公益事业，不能市场化、产业化，但是我们却推行所谓产业化，实际上是一种畸形的产业化，教育和医疗部门垄断了公共资源，又利用垄断优势来高收费，这本身是极大的不公平，实际上侵吞了公共财政中老百姓应得的份额，而且必然导致腐败。但是，不能因为这些现象的存在就否定中国社会转型的必要，关键是朝什么方向转。经济上的转型应该是放开市场与保障民生并重，而且把放开市场得到的税收主要用于保障民生。现在我们的问题是该放开的市场没有放开，该保障的民生又没有保障，原因还是在于法制不健全。

问：周老师您好，一直以来，我很希望成为像您一样的学者，可是在我人生的转折之际，很不幸我的恩师告诉我一句话，他说在中国做一名学者或者要去做学问是不可能的，因为你们都是被体制化了的。当时，我几乎面临整个之前所建立的东西的一个崩溃，我无法找到自己的去向了。我很迷惘，希望得到您的指点。

答：你的恩师怎么能这样对你说呢？你是一个活生生的人，一个人是不是被体制化，主动权在他自己。在体制内，你也可以主动地自我边缘化，现在许多有良知的学者就是这样做的，也包括我。

问：我看过您写的自传，包括您的北大岁月那一段，我感觉知识分子对于社会有一个适应不适应的问题，这和人文精神关系不大，因为在您那个时代，有人文精神的知识分子好像多得多，但是对社会也是无能为力。您认为知识分子应该怎样适应社会？像于丹这样适应的，可能只是一个知道分子，您怎么评价这样的知识分子？

答：知识分子如果只是适应社会，还要知识分子干什么？知识分子的责任在于坚持人文精神，坚守人类那些最重要的精神价值，包括人性层面的善良、丰富、高贵，社会层面的自由、正义、公平等等，为此必须和社会保持一个距离，对于违背这些价值的倾向进行批判。所以，你说的对于社会适应不适应的问题恰恰和人文精神有很大关系，而不是关系不大，一个知识分子不去适应社会，正是因为他有人文精神，有自己的独立思考和价值立场。当然，你说的对社会无能为力的情况也是存在的，虽然反对社会的某种主流倾向，却无力改变它。但是，这并不意味着他的努力是徒劳的，因为第一，改变社会是一个长久的过程，是许多力量作用的结果，他的努力也加入了这个合力；第二，即使暂时改变不了社会，他没有被社会改变，这本身就是一个成就。

问：我是华南农业大学哲学系的学生，很高兴今天能够听到您的演讲。您谈到信仰的问题，说中国没有本土的宗教，我认为儒家文化深入到了每一个中国人的意识当中，您不认为儒家文化是一种宗教？还有道家算不算中国的本土宗教呢？中国人信的佛教、道教都是很实用的，你信仰它是对它有所求，而西方人似乎比较空灵一些，中国人的确比较务实一些，但是为什么我们这种务实的信仰就不是信仰呢？

答：我要反问一句：务实的信仰还是信仰吗？信仰一定是务虚的，解决的是灵魂的问题，终极意义的问题。这样来看，我认为儒家和道家都不成其为宗教，因为它们都不是灵魂对终极意义的追问。你说道教务实，的确如此，它想通过炼丹、练功做到长生不老，追求的是长生不老、肉体不朽，无关乎灵魂，而这恰恰说明它不具备信仰的品格。但是佛教不同，佛教本来是十足务虚的，是要透彻地想明白人生的道理，它是被我们中国人尤其是今天的中国人弄得实用了，离佛教的本义已经很远了。

（举行此讲座的时间地点：2007年5月25日广州讲坛；5月28日岳阳楼论坛；10月13日长春市委组织部讲坛；10月29日、11月1日海南省第二届社会科学普及周。根据备课提纲和广州讲坛录音稿整理，内容作了修订。）

医学与人文（节录）

人们常说，医学是科学与人文的最好的结合点，我认为很有道理。一方面，医学无疑是一门科学，是关于人体疾病及其治疗的知识。另一方面，医学的对象不只是疾病，在医疗实践中，医生真正面对的是活生生的人，医疗质量和效果不仅取决于医生所具备的知识、技术、经验，也取决于医生有无责任心，是否善待病人，病人与医生之间能否亲密合作。作为科学，医学应该是对疾病原理和治疗方法的精湛研究。作为人文，医学应该是对作为整体的人的关爱和人性化服务。人人都会生病，医学直接关系到全部人口的健康和生命安危，这就对医学的人文维度、医院的人文风气、医生的人文修养提出了很高的要求。

我对医学完全是外行，对人文精神多少有一些思考。按照我的理解，人文精神的涵义如果用一句话概括，就是要尊重和实现人的价值。对于个人来说，就是要让那些人之为人的品质在自己身上得到充分的生长和体现，所以实质上是做人的问题。在这一点上，各行各业都一样，医生也不例外。今天我想和大家探讨一下，从医学专业和医生职业的角度看，医生最应该具备的人文品质是什么。概括地说，我认为医生应该是有感情的人、有道德的人、有信仰的人。

医生应该是有感情的人

我这里说的有感情，首先是指有同情心。人人都应该有同情心，但是有同情心对于医生来说是第一重要的。什么是同情心？就是作为一个生命，对于其他生命的感受有一种推己及人、将心比心的能力。医生工作的对象就是生命，在相当程度上掌握着病人的命运，所以医生有同情心格外重要。中国古代把医学称为"仁术"，就是强调医学的本质是仁爱，是对生命的同情。不分国别和信仰，医生最起码的品质是善良。一个不善良的人，一个内心冷漠的人，他当了医生，对于相当数量的病人就意味着灾难。

和常人比，医生对于生命的痛苦有更多的感知。一位医生如此描绘：一般人只在生病的时候到病床上去，最后或许也是死在病床上，医生不一样，他一辈子围着病床转，直到最后自己躺倒在病床上，直接从病床到病床。医生对生老病死看得最多，这使他对生命的痛苦有最具体的观察，但也可能使他在感觉上趋于麻木。做医生的人，神经必须坚强，可是心肠不能变硬。做到这一点不容易，但必须做到，也能够做到。

我建议大家看一看美国医学人文学家刘易斯·托马斯写的《最年轻的科学——观察医学手记》，是一本好书，对医学人文谈得非常到位。书中讲了一个例子，有一回他去一所医院访问，看见一个年轻医生在哭，一问原因，原来是因为所收治的一个病人生命垂危，医学已经无能为力。托马斯说，他当时立刻肃然起敬，断定这是一所好医院。在我们这里，即使因为治疗不当导致病人死亡，医生大概也不会伤心落泪，而是赶快推卸责任。

几年前协和医科大学办全国医学人文教师研讨班，邀请我讲座。吃饭的时候，学校姓管的教务长讲一件往事，我听了特别感动。当时他在丹麦实习，跟随一个女医生，那天是给一个艾滋病人治疗，病人突然情绪激动，咬住了女医生的胳膊，管医生赶紧用力把病人推开。事后女医生哭了，管医生以为是因为怕被感染，就去安慰她，没想到女医生气愤地责问他说：你为什么打我的病人！她丝毫没有去想自己有可能感染艾滋病，只担心她的病人受委屈，人家这才是真正把病人放在第一位。

医生首先要有同情心，除此之外，我想医生最好还是一个内在情感丰富的人，有非职业阅读的习惯，在人文领域有自己的爱好，不论艺术、文学、哲学都可以。医生有没有人文修养，可以从他对病人的态度中看出来。医生自己是一个人性丰满的人，才会把病人也当作一个完整的人来对待。相反，片面技术型的医生只是把病人当作一个病例，平庸谋生型的医生只是把病人当作一次收费机会。

医生应该是有道德的人

中外医学历来都非常重视医德。中国古代医家有五戒十要之说，版本不尽相同，内容都是给医德立规矩。我梳理了一下，强调的重点有两个，一个是自律，戒除名利色欲，一个是博爱，贫富亲疏一视同仁。唐朝名医孙思邈有一篇名著叫《大医精诚》，题目就特别好，点明了伟大医生的两个特点，一是在医术上精益求精，二是在医德上诚心诚意。关于医德，《大医精诚》讲了两个层次，第一个层次是"大慈恻隐之心"，就是同情心，能将心比心，"见彼苦恼，若己有之"，第二个层次是发愿"普救含灵之苦"，实际上是佛教大乘普度众生的信仰。

西方两千多年来流传一篇希波克拉底誓言，据推测早先是在医生中代代口头相传，公元前五世纪希腊名医希波克拉底把它记录为文字。这个誓言主要也是对医德的规定，现在许多西方国家医生在就业时仍然按照它举行宣誓。其中有这样的内容：不论病人在何地点、是何性别、有何身份，我的唯一目的是为病人谋幸福，并且约束自己，不做任何损人劣行，尤其不做诱奸之事。

阿拉伯世界也有医生专门的祈祷文，叫迈蒙尼提斯祷文，其中说，既要爱医术，也要爱病人。关于医德，同样是强调两点，一是杜绝名利心，诚心为病人服务，二是无分爱憎，不问富贫，对病人一视同仁。藏医也有类似誓言，从医者自幼就要背诵《四部医续》等医典中的医师戒誓，内容包括：对病人要慈悲，治病不分亲疏，治病施药不设定条件及固定回报，不贪钱财名利，不视病人的排泄物为污秽。

我们可以看到，不论中外，不论民族，医界历来重视医德，内容则大同小异，共同的是强调同情心、慈悲心、爱心，强调不求名利和一视同仁。

按照我的理解，医德其实就是做人的道德在行医中的体现。人第一是生命，第二是灵魂。做人的道德，第一是作为生命，对他人的生命要有同情心，第二是作为灵魂，对他人的灵魂要有尊重心。所以，医德的核心就是要同情和尊重病人。我上面讲医生要有感情，已经讲了同情心，现在只是换一个角度讲。我们要记住，病人不是病，而是有自己的生命依恋和灵魂尊严的活生生的个人。同情病人的生命，尊重病人的灵魂，有了这个出发点，不求名利和一视同仁就是很自然的事情了。

生病是一个人最脆弱的时刻。我自己就有体会，一般不愿意进医院，怕进医院甚于怕得病。一个人在受病痛折磨的同时，如果在医院里还受气，他的心境会沮丧到极点，会觉得世界丑恶，人生黯淡。相反，遇到一个好医生，哪怕只是对你和颜悦色，整天的心情都会很好。求医的经历的确会影响一个人对世界和人生的感想。所以，医生善待病人，不但是挽救了生命，而且是挽救了病人对世界和人生的信心。

医生应该是有信仰的人

我刚才谈到灵魂，我说的灵魂是指人有精神追求，人不甘心于仅仅活着，还要活得有意义，这样一种追求使人不同于动物，无愧为万物之灵。我把人的这种追求生命的精神意义的特性称作灵魂。人的这种特性的来源是什么？自然科学无法解释。我们一直受唯物论的教育，否认灵魂的存在，只承认思维能力的存在，而把思维能力看作肉体的一个器官即大脑的功能，肉体死亡之后，这个功能也不存在了。但是，思维能力和精神追求显然是两回事，你不能把精神追求也说成是大脑的功能。托马斯在他的那本书里也探讨过这个问题，他说：作为一个医生，我经常有机会用仪器观察自己的体内，但是在这些松软的构件中找不到"我"，"我"一定是在别的地方。他说的这个"我"就是指灵魂。因此，我们必须假设，而基督教则肯定地说，灵魂是人身上的神性，它有一个神圣的来源。虽然我们无法确证灵魂的来源，但是我们起码可以确认人是有精神追求的。如果一个人仅仅满足了生存的需要，物质生活再好，仍然会感到空虚，是什么东西在感到空虚？当然是灵魂。灵魂的需要没有得到满足，所以才会感到空虚。

什么是信仰？信仰有种种不同的形式，共同之处是相信人身上有我所说的这个意义上的灵魂或者说神性，相信对于人来说精神生活高于肉体生活。作为一个医生，我认为具有这样的信仰是很重要的，不能把行医仅仅当作一种职业，更应该当作一种精神事业，如果说是职业，也是一种神圣的职业，要感受到它的神圣性。

在历史上，医疗与宗教有着密切的联系。比如说基督教，在《圣经》中，耶稣显示神迹的基本方式是治病，治愈了很多麻风病人。在中世纪，教堂同时也是医院，当时没有专门的医院，人们有了病就往教堂送。行医又是传教的一个重要方式。鸦片战争后，西方传教士在中国开办了许多医院和诊所，到民国初年发展到了五百多所，中国的现代医院原先大多是教会医院。这些传教士中有许多人品德高尚，事迹感人。美国传教士罗感恩在湖南常德创办广德医院，1920 年他被一个精神病人枪杀，他的妻子继续办这个医院，当时美国领事向她征询赔偿事宜，她回答说这是一个不幸事故，赔偿不符合丈夫生前的志愿。

佛教也是如此。佛经中有药师佛、药王菩萨等形象，有记载印度古代医学理论的《佛医经》等典籍。有一部佛典叫《四分律》，其中佛教导说：凡是供养我的人，首先要供养病人。在多数佛教传统中，医方明亦即医学是出家人的必修课，寺院同时是培养医生的地方。寺院还常常开诊所，乃至收留病人。对于僧人来说，行医是修持的重要方式。《高僧传》中多处记载，瘟疫流行时，有高僧深入疫区，不怕传染，直接接触病人，为其治疗和照护。

在现代世界上，医疗和教育是慈善事业的两大重点，因为它们直接关系到弱势群体的生存和发展。比尔·盖茨设立基金会，救助的重点就是全世界范围内尤其是非洲地区艾滋病的防治。

奥地利医生史怀泽，1951 年诺贝尔和平奖的获得者，他早年其实是一位著名的神学家和音乐史家，那时候已经立下志愿，从 30 岁开始要寻找一种最好的方式为人类服务。30 岁时他找到了这种方式，在得知非洲缺医少药之后，决心去非洲行医。他用 8 年时间获得了医学博士学位，38 岁就到非洲的一个小地方，在那里建立医院，行医 50 余年，直到 90 岁去世。他认定行医是实践信仰的最好方式，并且用一辈子的时间来印证了这个信念。

为信仰而行医，这是崇高的精神事业。当然我们不一定要做基督徒，在我看来，通过行医解除人们身体上的痛苦，通过行医的人性化方式增添人们精神上的信心，这就在为信仰而行医了。

（举行此讲座的时间地点：2006 年 8 月 19 日协和医科大学主办教师研讨班；2007 年 8 月 17 日协和医科大学承办双语教师培训班；

2008 年 4 月 8 日上海新华医院；4 月 9 日医院管理协会；5 月 8 日卫生部文化讲坛；10 月 21 日北京大学医学部；2010 年 7 月 29 日《医疗管理杂志》研讨会。根据备课提纲和《医疗管理杂志》研讨会录音稿整理，内容作了删节和修订。）

中国企业家的人文修养

　　主办方让我来谈谈中国企业家的人文修养这个话题，我首先要承认，我不懂企业和企业文化，恐怕很难结合企业家的实践来谈。不过我想，人文修养其实是不分职业的。你们是企业家，我是学者，我们做的事不同，但是做事归根到底都是做人，而做人的道理是共通的。所以，谈人文修养，其实是要回到人这个原点上来，我们一起来想一想做人的道理。

　　我深深感到，人和人之间最重要的差别不是职业，而是精神素质。精神素质相近的人，在一起很容易沟通，职业的不同完全不成为障碍；相反，如果精神素质相差悬殊，即使是同行也是话不投机半句多。

　　作为学者、作家，我的体会是，一个作者无论写什么作品，他的整体精神素质一定会在作品中体现出来，决定了他的作品的总体质量。我相信，这个道理对于企业家也是成立的，企业就是企业家的作品，这个作品的总体质量一定也是由它的作者的整体精神素质决定的。无论在哪个领域，都是整体精神素质决定了成就的大小、品质和高度，最后比的都是整体精神素质。

　　那么，人文修养正是提升整体精神素质的必由之路。我所理解的人文修养，是指一个人通过教育和自我教育，使得人之为人的那些精神禀赋得到很好的生长，成为一个精神上优秀的人。我特别要强调自我教育，现在各种培训班很多，但是我认为，一个人自觉地安排自己的学习，养成自学的习惯，是比上培训班重要得多的。关于人的精神禀赋，可以相对地分为三个东西。一是理性，或者说头脑，人是有认识能力、思维能力的，理性构成了人的智力生活。二是情感，人不仅有认识能力、思维能力，还有感受能力，人是带着情感去认识事物的，情感构成了人的心灵生活。三是道德，人是有精神追求的，精神追求构成了人的灵魂生活。人文修养是围绕这三个东西展开的，一个人拥有智慧的头脑，丰富的心灵，善良、高贵的灵魂，就是一个精神上优秀的人。对应于这三者，我想强调三个方面的人文修养，就是哲学修养、文学艺术修养、道德修养。

哲学修养：拥有智慧的头脑

　　哲学这个词的原义是爱智慧，什么叫爱智慧？就是不愿意糊里糊涂地活，要活得明白，也就是要把人生的道理想明白。"未经思考的人生不值得一过"，苏格拉底的名言说的就是这个意思。当然，所谓想明白是相对的，全想明白了就不只是爱智慧了，而是智慧本身了，在苏格拉底看来，只有神才能达到这个境界。但是你要去想，想和不想大不一样，不想就是不爱智慧。

　　我们每个人平时都是生活在局部之中，身处某个具体的环境，过着具体的日子，做着具体的事情，哲学就是要你从局部中跳出来，看一看世界和人生的全局。我们平时容易纠结于小事情、小问题、小道理，哲学就是要你摆脱这个纠结，去想大事情、大问题、大道理。其实，你越是钻在小事情里面，小事情就越是缠着你，越是难以解决。相反，你站得高一些，去想那些大问题，想明白一些大道理，再回头看那些小事情，就会脉络清楚，解决起来容易多了，或者会发现有些小事情太不重要，根本不值得你花费精力。

对于企业家来说，这一点很重要。你领导一个企业，要有领导的智慧，领导的智慧实际上就是想大事情、大问题、大道理的能力。你不能一头扎在企业的具体事务里面，你要跳出来看全局，不但看企业的全局，还要看国家的全局，社会的全局，世界的全局。你要去想全局性的大问题，不但想经济的问题，还要想政治的、文化的、精神的问题。只有这样，你和你的企业才能取得大的成功。事实上，任何领域真正取得大成功的人，在一定意义上都是哲人亦即爱智慧的人，他们高于常人的不是聪明，而是智慧。聪明和智慧是两回事。聪明是指做具体事情的能力，往往着眼于局部，受制于经验，单凭聪明或许也能成功，但那是小成功。智慧则是要跳出局部和经验，纵览全局，想大问题。这样能使你不但对具体的事情有一个高屋建瓴的正确判断，而且在做具体事情的时候有一个从容的心态，而这两点正是获得大成功的条件。

哲学不只是能使企业家拥有领导的智慧，获得事业的成功，企业家不只是企业的领导，你首先是一个人，作为一个人，通过思考人生的问题，哲学可以使你拥有人生的智慧，成就幸福的人生。世界上没有人不想要幸福，作为一个企业家，你把自己的企业做好了，自己也很富有了，你就满足了吗？我想未必，你一定还想生活得幸福，而你的生活是否幸福，对于你做事业也会有很大的影响。在幸福的问题上，哲学也是要你立足于人生的全局，想明白人生中什么是重要的，什么是不太重要的，对于重要的东西，你要珍惜和抓住，对于不太重要的东西，你要看淡和放下。你得到了人生中重要的东西，同时又不受那些不重要的东西干扰，就可以说你是幸福的。我本人认为，人生中最重要的东西，一个是生命的单纯，一个是精神的丰富，有了这两个东西，就可称幸福。当然，每个人会有自己的看法，我想说的是，什么东西对于你的幸福是重要的，你一定要自己想明白，不要盲目地跟着时代的潮流走，也不要被动地受你的遭遇支配。

我总是强调，活在这个世界上，一个人应该和自己的外部遭遇拉开距离。这有两层意思。一层意思是说你要保持内心的自主，不要受你既有的遭遇支配。过去的遭遇未必就决定了你未来的走向，你始终拥有选择的自由，而你的选择是受你的价值观支配的。所以价值观非常重要，在价值观上你一定要自己做主。另一层意思是说你要保持内心的宁静，对外在的遭遇持超脱的态度。超脱也是哲学带给人的宝贵智慧，人生中必定会有不如意的时候，这时候你必须超脱。哲学让你看人生的全局，其中也包括人生的界限，人终有一死，所以，用终极的眼光看，一切祸福得失都是过眼烟云，不用太在乎。对于中国企业家来说，具备这种超脱的智慧尤其重要，理由我就不说了，你们都明白。

文学艺术修养：拥有丰富的心灵

人的精神禀赋中，情感也是一个重要方面。我们活在世界上，不但要凭借自己的才智做事，而且要有情感的享受，才会感到幸福。一个人拥有丰富的心灵，就是在自己身上拥有了快乐的源泉。一个心灵贫乏的人，他的生活一定是无趣的，和这样的人相处也一定是无趣的。所以，对于企业家来说，心灵的丰富不但关系到人生的幸福，而且关系到作为领导者的魅力。领导者的魅力不只是领导技巧的问题，你首先是一个人性丰满的人，具备人格的魅力，你在员工面前才会展现出领导者的魅力。如果你只是一架工作机器，员工也许会服从你，但是不可能亲近你、喜欢你。老板不爱文化、没有文化，所谓的企业文化就只能是表面文章。

要拥有丰富的心灵，主要途径是文学艺术的熏陶，包括文学作品和人文书籍的阅读，艺术品的欣赏，等等。我还建议你们养成写作的习惯，不一定要发表，为自己写。企业家的生活内容应该是比较丰富的，会有很多经历，包括成功和挫折，与各种人打交道，你把这些经历以及你在这些经历中的感受和思考记录下来，实际上就是把它们变成了你的心灵的财富。据我观察，有阅读和写作这两个爱好的企业家往往活得比较洒脱，并且在事业上也相当成功。

我很欣赏美国 19 世纪的钢铁大王卡耐基，他是美国民间公益事业的创始人，他成为这个创始人不是偶然的。我看过他的自传，他平生最大的爱好就是阅读和写作。其实他家境贫困，13 岁当小邮差，但是他说在这个时候他一生中最重要的事情发生了，一个退伍上校用自己收藏的四百本文学名著办了一个小小的图书馆，向穷孩子们开放。卡耐基从此爱上了读书，他说他永远感激上校，上校的慷慨使他发现了世界文学宝库，从而改变了他一生的道路。如果没有上校的善举，他说他日后凭自己的聪明也能发财，但是会活得很平庸。他还说，哪怕拿全世界的财富来和他换13岁时的那个经历，他也不换。卡耐基不但爱读书，而且还写书，周游世界的时候，每天都认真写札记，然后整理成册，拿给一个出版商看，出版商说他写得太好了，文学水平非常高。我没有看过他的文学作品，不知道好不好，但是看过他写的《财富的福音》这篇文章，是美国民间公益事业的经典文献，文字的确上乘。我从他的例子也看到，一个人不管是做企业还是做别的事情，如果养成了阅读和写作的习惯，生活格调就会不一样，而这一定会影响到他的事业，赋予他一种大的气象。

道德修养：拥有善良、高贵的灵魂

不论谈幸福还是道德，我都是从人性出发，抓住人身上最宝贵的两个东西，一个是生命，一个是精神。谈幸福，我强调的是生命的单纯和心灵的丰富。现在谈道德，我强调的是生命的善良和灵魂的高贵。最重要的道德品质，第一是作为生命，对他人的生命要有同情心，做一个善良的人；第二是作为灵魂在，要有做人的尊严，并且尊重他人的灵魂，做一个高贵的人。

幸福和道德都涉及价值观的问题，人文修养说到底也是要解决价值观的问题。对于企业家来说，财富观可以说是价值观的一个焦点，聚集了一个企业家对幸福的理解和对道德的态度，所以有必要谈一谈。

无可否认，在一定时间内，比如在创业阶段，企业家和企业必定是以财富为主要目的的。我想强调的是，从人生和人类的整体格局来说，财富只是手段，人生的幸福和人类的幸福才是目的。因此，在拥有财富之后，就会面临一个怎样让财富真正增进幸福的问题。你们都很清楚，个人生活所需要的财富是十分有限的，富到了一定程度，更多的财富不再能增进个人的幸福，幸福的增进就只能靠精神需要来满足了。但是，关键是你必须有精神需要，如果没有，发了财以后真的会很迷茫，人生的路不知道该怎么走下去了。富裕以后有没有精神上的目标，最能显示一个人精神素质的高低。其实，这个精神上的目标并不难找，就是用你的财富去增进人类的幸福，而当你这样做的时候，你自己会获得精神上的满足，因此同时也是在增进你个人的人生幸福。在我看来，这就是卡耐基所找到的一条双赢的路。从卡耐基开始，美国富豪们基本上延续了这个传统，前半生努力地赚钱，后半生有意义地花钱。也许可以说，赚钱体现了一个人的智商，头脑聪明不聪明，花钱则分两种情况：一个是为自己花钱，就是你的消费品位，这体现了你的情商，心灵丰富还是贫乏；一个是为人类、为社会花钱，就是公益事业，这体现了一个人的灵魂是不是高贵，我生造一个词，就叫魂商吧。

在美国的富豪中，我还很欣赏索罗斯，他是一个哲学家，一生最自豪的事情就是做过奥地利大哲学家波普的学生，我认为他没有白学。他小时候很穷，当过乞丐和小偷，那时候他觉得钱是世界上最重要的东西，我一定要有钱，后来真的有钱了。到50岁的时候，他的财富超过三千万美元，就成立了一个基金会，叫开放社会基金会，主要赞助世界各地的文化事业。大家知道，他是一个金融天才，曾经搞垮英格兰银行，还曾经掀起亚洲金融风暴，也搞垮了很多银行。所以，在一次访谈中，记者就问他有没有罪恶感，他回答说没有，他说我是按照规则来做事情的，我赚的钱是我应得的，但是赚了钱以后怎么花，就有一个道德的问题了，不做一个有道德的人，你是活不下去的。我们从中可以看出，这些美国富豪做公益事业不只是在尽社会责任，或者说，这个社会责任不是从外部强加给他们的，不是因为有外来的压力，而是出自内在的精神需要，是要满足自己的道德感，他们会觉得这是做人的成功，而做人的成功是人生的最高幸福。

最后，我借用索罗斯的话来作一个小结，我们可以把人文修养归结为这样一种觉悟，就是不做一个人性意义上优秀的人，你是活不下去的。

（此内容的讲座举行过多次，题目略有差异，时间地点为：2007年2月8日国资委职业经理培训中心；11月15日广州移动；12月14日云南移动；2008年1月9日广州中行智峰对话；2009年9月7日温州市委党校；2010年11月14日中国企业文化研究会年度峰会。根据备课提纲和中国企业文化研究会年度峰会录音稿整理，内容作了删节和修订。）

在空军讲人文精神

今天和空军这么多高级军官进行交流，而且我知道许司令员、王副政委也在座，我非常荣幸、非常感动，同时也诚惶诚恐。我首先想趁这个机会表达我对中国空军的深深的敬意。据我了解，改革开放三十年来，你们实现了作战能力的质的飞跃，同时我也看到，在国内历次重大的救灾中，你们发挥了关键作用，我相信全国人民和我一样，对中国空军怀着深深的感激。我是一个普通的学者，我自己感到很惭愧，何德何能，会惊动各位大驾。作为一个人文学者，我只是对人文精神的问题可能思考得比较多，所以我想我就抱这样一个态度，就是诚实地谈我自己的真实想法，以此诚恳地向首长们求教。

让我讲的题目是《人文精神的哲学思考》，多年前我曾经在国防大学讲过这个题目，那次讲得比较宏观。今天我想换一个角度，着重讲一讲个人的人文修养，这实际上是一次谈心。我是学哲学的，学了几十年哲学，我的体会是哲学其实就是谈心，也就是不管我们是什么身份、什么职业的，都回到人这个原点上，作为人一起来探讨一下人生的那些大问题、大道理，尽量把它们想明白，我认为这就是哲学的作用。

当然先要说一说人文精神这个概念，在西文里是 humanism，我们也翻译成人文主义、人本主义、人道主义，直译应该是人主义。它的涵义其实很简单，就是以人为本，要尊重人的价值，把人放在最重要的位置上。涵义很简单，问题是怎么样真正做到，贯彻到我们的生活中去。

怎样才算是尊重人的价值？这要看人身上最宝贵的东西是什么，尊重人的价值就体现在尊重这最宝贵的东西上面。我想是两个东西。一个是生命，生命是最基本的价值，是所有其他价值的前提，没有生命什么也谈不上。另一个是精神，人不仅仅是生命，人和其他生命的根本区别在于人是有精神的，是一种精神性的存在。所以，尊重人的价值，就是要尊重生命的价值，尊重精神的价值。

这可以从个人和社会两个角度来讲。从个人来说，就是要在自己的人生中，真正实现生命的价值，实现精神的价值。所以我说，老天给了我们每个人一条命、一颗心，人生的使命就是要把这条命照看好，把这颗心安顿好，这样人生就是圆满的。从社会来说，尊重生命的价值，就是要建立真正保障生命权利的社会秩序，也就是法治；尊重精神的价值，就是要鼓励和引导人们有自觉的精神追求，也就是信仰。衡量一个社会有没有人文精神，最主要的就是看它有没有法治和信仰。最近温总理谈到，要给人民以安全感和尊严感，我觉得安全感和尊严感的提法很好，实际上点明了在国家的发展中怎样贯彻人文精神，一个民族有法治才有安全感，有信仰才有尊严感。

我们可以看到，人文精神的核心是价值观，就是在个人的人生中，在国家的发展中，什么东西是最重要的，是最应该追求和实现的。对于个人来说，人文精神实际上就是人生观，在人生中最看重什么，这决定了一个人做人的境界、人生的境界。对于国家来说，人文精神实际上就是发展观，在发展中最看重什么，这决定了一个国家文明的程度。你不讲人文精神，当然也可以发展，也会富强，但是你未必是一个文明国家。一个国家是不是文明国家，不看你GDP有多高，经济有多发达，而是看你在发展的过程中是不是贯彻人文精神，是不是尊重人的价值。

今天我着重从人生的角度来谈。对于生命和精神的尊重，我觉得有两个层次，一个是幸福的层次，另一个是道德的层次。从幸福的层次来说，尊重生命就是要让你的生命单纯，尊重精神就是要让你的心灵丰富，做到了这两点，就是幸福的。从道德的层次来说，尊重生命就是对生命要有同情心，要做一个善良的人，尊重精神就是要懂得灵魂的尊严，要做一个高贵的人，做到了这两点，就是有道德的。我考虑人生问题，有两个基本的出发点，一个是生命，一个是精神，这是人的两个最宝贵的东西，要让它们有好的品质、好的状态。从幸福来说，就是生命（生活）要单纯，精神（心灵）要丰富，从道德来说，就是生命（心地）要善良，精神（灵魂）要高贵。

尊重生命的价值

1. 对自己：生活要单纯

现在的人活得太复杂了，但是并不幸福，我认为原因在于价值观的迷误。最大的迷误是把生命本身的需要与物欲混为一谈，正是失控的物欲把人的生活弄得太复杂的。其实生命本身的需要是很单纯的，是由大自然规定的，其中最主要的是对良好自然环境的需要，对安全和健康的需要，对爱情、亲情、家庭等自然情感的需要。

作为地球上的生命，人是自然之子，良好的自然环境是人类根本的、永恒的需要。现在我们这方面的问题很大，在全国性的开发热潮中，自然环境被严重破坏，大气和水被污染，水灾和旱灾频繁，土地在日益缩小乃至渐渐消失。最近这种情况尤为严重，大量强征农民土地，强拆农民房子，把农业用地用来开发房地产。这完全是颠倒的，在财富和自然两者中间，哪个重要？当然自然重要得多，为了财富去损害自然，是在斩断我们的生命之根，后患无穷。（以下关于安全、健康、亲情等内容省略）

我们要回归生命的单纯，珍惜平凡的生活。平凡生活是人类生活的永恒核心，人类千百万年来能够延续下来，靠的就是平凡生活的延续，包括生儿育女这种最平凡的事情，平凡生活能够延续，人类就有希望。衡量一个社会的状态好不好用什么标准？终极标准还是平凡生活，就是老百姓能够安居乐业。军队的终极使命也在这里，就是保卫和平，让老百姓能够安居乐业。

我们这个时代，国家和个人都把财富和金钱看得太重要。金钱当然不是坏东西，你有了钱以后，生活的可能性更大了，如果你是有理想的，金钱还能帮助你实现那些需要经济支持的理想。但是，有一点要清醒，金钱只是手段，不应该成为人生的目的。对于国家也是这样，财富不应该是国家治理的目的，而只是手段，目的是要让人民过上幸福生活。

对于个人的幸福来说，财富到底发生好作用还是坏作用，取决于这个人的精神素质。在精神素质好的人身上，财富能增长他的幸福，满足他更多精神上的需要，去做更多有益的事情。在精神素质差的人身上，财富甚至可能造成祸害，把他毁掉。我说的精神素质，不只是道德品质的问题，里面也有一个人生智慧的问题。很多贪官未必就是坏人，往往是没有想明白人生的道理，把不重要的东西看得太重，反而把重要的东西丢掉了。其实你想想，拿了不义之财，你是整天坐在一个火山上，不知道哪天就爆发了，心里能安宁吗？为了金钱，事未发丢掉了安全感，事发丢掉了自由乃至性命，总之是为了金钱丢掉了幸福。所以佛教里说，人之所以犯错误是因为无明，心中没有光明，没有想明白人生的道理。这么看来，学哲学是很必要的，哲学就是要让你想明白人生的道理，分清什么东西重要，什么东西不重要，这个道理真的不是空的，是会在你的人生中发生重大作用的。

2. 对他人：心地要善良

同情心是社会道德的最重要的基础。什么是同情心？就是人与人之间作为生命与生命互相对待，你是一条命，是爱自己的生命的，别人也是一条命，也是爱自己的生命的，你要将心比心，对别人的生命感觉有敏锐的感应，这就是同情心。一个有同情心的人就是一个善良的人，善良是人应当具备的最基本的道德品质。一个人不善良，我认为在道德上就应该基本否定他了，用孟子的话说，这样的人已经不是人，和禽兽差不多了。我的看法是比禽兽还坏，禽兽的残暴只是生存本能，不会去做超出生存所需的坏事，人残酷起来是没有边的，完全和生存无关，什么坏事都能做。只有人类才发明出了各种酷刑，才有法西斯主义。一个社会如果普遍没有同情心，它就不是适合人居住的地方，不是人待的地方。社会应该是人的家园，生命的家园。

现在我们社会中这个问题其实挺严重的，同情心普遍缺失，对生命冷漠甚至冷酷的事例比比皆是。人从本性上来说都有同情心，都有善良的种子，为什么不能很好地生长？有的人说是因为市场经济，大家都向钱看了，为了钱就不顾惜生命了。我认为不能归咎于市场经济，按照我的分析，主要的原因有两个。

一个是我们应该反省一下我们的文化传统，我认为我们的传统里是缺少尊重个体生命价值这样一个观念的。在西方传统里面，伦理学的核心观念是个人主义，而我们对个人主义一直是批判的。他们说的个人主义，是强调每一个人的生命都是独一无二、不可重复的，都有不可取代的价值，都必须得到尊重。社会与个人的关系，从终极的意义上说，社会是手段，个人是目的，社会是为个人服务的。人们之所以要组成社会，是为了使所有的个人得以生存和发展。所以，看一个社会好不好，要看绝大多数个人生活得好不好。当然，个人也要为社会服务，在某些情况下还要为了社会的利益牺牲自己的利益乃至生命，军人在正义的战争中就是这样，这是一个辩证的关系，这样做的最终目的仍然是为了所有的个人，最后总要落实到个人，个人是具体的，不落实到个人，社会就成了抽象的东西。我们的传统里缺这个观念，总是强调个人要为家族的利益、国家的利益做牺牲。

正是在尊重个体生命价值这样一个价值观基础上，西方社会形成了以保护个人生命权利为基本原则的法治传统。这就涉及我想说的另一个原因，就是我们的法治建设还不健全，使得同情心的发扬缺乏一个良好的社会环境。法治社会在保护个人生命权利的同时，事实上也保护了同情心。在法治社会中，每个人都可以追求个人的合理利益。什么叫合理？就是你在追求你的利益的时候，不能对别人的利益造成损害，如果造成损害，那就是不合理，就要制止和惩罚。通俗地说，法治就是保护利己，惩罚损人。利己是允许的，损人是不允许的。我们常常把利己和损人放在一起说，成了一个成语，叫损人利己，这是不对的。损人和利己是两回事，一个人完全可以利己而不损人，甚至利己而利他。法治社会就是要达到这个效果，利己受到保护，人人心情舒畅，损人受到惩罚，人人服从规则，在这样的环境里，同情心当然容易生长。

由此可见，要使同情心得到发扬，最重要的条件是健全法治。我们正在经历社会的转型，在经济上是计划经济向市场经济转型，这个转型必须有配套的社会秩序转型才能成功，和计划经济配套的是人治，和市场经济配套的只能是法治。所以，政治体制改革势在必行。现在市场经济往前推进遇到了极大的阻力，这个阻力就是在政治体制上。我个人认为，政治体制改革最重要的是要建立和健全法治秩序。

尊重精神的价值

人有两个身份。一个是自然之子，作为生命的存在，我们要当好这个自然之子，要保护自然环境，要过合乎自然的生活。另一个身份是万物之灵，作为精神性的存在，我们要当好这个万物之灵，把老天给我们的精神属性用好、发展好。我在网上看到许司令员有一句名言：比大地更辽阔的是海洋，比海洋更辽阔的是天空，比天空更辽阔的是飞行员的胸怀和眼光。按照我的理解，胸怀和眼光讲的就是人的精神属性，胸怀可以说是灵魂，是一种精神追求和境界，眼光可以说是头脑，是一种理性能力和智慧。

人的精神属性大致可以分为三个方面，就是智力（头脑）、情感（心灵）和道德（灵魂）。我想谈一谈和这三个方面相对应的三种人文修养，和头脑相对应的是科学修养，和心灵相对应的是文学艺术修养，和灵魂相对应的是道德修养。我前面谈到，从精神层面上说，幸福在于心灵要丰富，道德在于灵魂要高贵，那么，前两种修养可以说与幸福有关，道德修养谈的当然就是道德了。

1. 科学修养

科学修养不只是科学家的事情，每个文明人都应该有科学修养。所谓科学修养主要不在于获得一些科学知识，这不是最重要的，最重要的是养成智力活动的习惯，对知识充满兴趣，爱学习，爱动脑子。看一个人聪明不聪明，我首先看他有没有好奇心。好奇心有一个最大的敌人，就是功利心，对什么都要问有没有用，没有用的问题就不去想。当年爱因斯坦思考和发现相对论的时候，他知道相对论有什么用啊？根本没有用。一个民族仅仅从实用出发去搞科学研究，一定是走不远的。对于个人来说也是这样，不管你从事什么工作，如果你对它没有真正的兴趣，只为了利益去做，一定做不出多大的成就。任何领域里有大成就的人，一定是对这个领域有强烈兴趣的人。一个人最可悲的是对什么都没有兴趣，无论做什么工作都是外力加在他身上的，这样的人既不可能优秀，也不可能幸福。

当然，不能光有好奇心，有了好奇心还必须用自己的头脑去思考，具备独立思考的能力。无论什么理论，什么意见，你都应该去追问它的根据，在没有经过透彻思考之前要存疑。即使是一个正确的东西，你是盲目地接受它，还是真正想明白了去接受它，结果是完全不一样的。爱因斯坦把独立思考的能力称为内在的自由，就是说有了这个能力，你就不会盲目地被外在的力量包括权力、舆论、利益等等支配了，你真正成为你自己头脑的主人了。

在知识的问题上，我们要破除狭隘的功利眼光，尊重精神生活本身的价值，智力活动本身的价值。近代以来，西方在科学和文化上大师辈出，肯定是和尊重精神本身的价值这个传统有关的。一个民族有一大批真正对精神领域感兴趣的人，就最容易出大师。中国要在经济上崛起是容易的，GDP 现在已经是世界第二了，但是真正要在文化上崛起，前提就是要改变文化的实用品格，要对纯粹的精神活动给予鼓励和支持，否则在世界上建再多的孔子学院也没有用。

爱因斯坦说，因为知识本身的价值而尊重知识，这是欧洲的伟大传统。其实马克思也是属于这个传统的，我们长期以来对马克思有片面的理解，它不是孤立的，而是欧洲人文精神传统的一个环节、一个发展。马克思理想中的社会是共产主义社会，这是一个什么样的社会呢？我觉得说得最清楚的是《资本论》第三卷里的一段话，把共产主义社会称为真正的自由王国，说真正的自由王国存在于物质生产领域的彼岸，那就是作为目的本身的人的能力的发展。

这段话是什么意思呢？我解释一下。马克思有一个一贯的思想，就是人和动物的根本区别在于人有精神能力，动物没有。所以，动物的活动是不自由的，只是为了满足生存的需要，人的活动是自由的，不只是为了满足生存的需要，更是为了发展人的精神能力。如果人仍然只是为了物质的需要去活动，人就还没有真正从动物界脱离出来，还是处在必然王国里面。只有当人类从物质生产领域里解放出来了，只需要用很少的时间去生产物质资料，活动的主要目的是享受和发展老天特别赋予人的精神能力，包括智力、想象力、创造力等等，只有到了那个时候，人类才真正进入了自由王国，那才是一个理想的社会。

谈到共产主义社会，我们往往从经济方面去定义，比如物质财富的极大丰富，消灭私有制和分工，按照我的理解，在马克思看来，这些都是手段，不是目的。马克思认为，资本主义的生产力已经很先进了，可以让人们自由地发展自己的能力了，但是因为私有制，大多数人还不得不为谋生而劳动，所以必须废除私有制，我觉得他的思路是这样的。他的出发点是人性，是尊重人的精神能力的价值，这个出发点非常重要，我们不可忽略。

个人也应该是这样，要把精神价值看得比物质价值更重要。贫困的时候，你不得不为了生存而工作，这是没有办法的。但是，一旦生存的问题基本解决了，就应该逐渐把发展自己的能力作为人生的主要目的，其实这样也一定会使你对人类的贡献更大。当然，这个界限划在哪里是相对的，很难说什么时候物质的问题完全解决了，但是要有这个信念，就是根据你的客观条件逐步扩大自由活动在你的生活中的比例。

2. 文学艺术修养

我讲的文学艺术修养是广义的，不是指会搞点文学创作，会吹拉弹唱，会画画，会这些技艺性的东西。如果说科学修养是要有一个自由、智慧的头脑的话，那么艺术修养就是要有一个丰富的心灵，要有丰富的内心生活。一个人心灵丰富还是贫乏，他实际上看到的世界是不一样的。两个人即使外部的生活差不多，所处的环境差不多，但是如果心灵有很大的差别，他们所过的生活在本质上是不同的。对于一个领导者来说，有没有丰富的内心生活，有没有广义的文学艺术修养，决定了他有没有人格的魅力。

那么，怎么样让自己的心灵丰富呢？我强调两点。第一是阅读，养成阅读人文书籍的习惯，通过阅读去和活在书籍中的那些伟大灵魂进行交谈，去占有人类所创造的最重要的精神财富。我说的阅读也可以把欣赏艺术作品包括在内，看画、看电影、听音乐其实也是一种阅读方式。第二是写作，通过写作与自己的灵魂交谈，把自己的经历转变成心灵的财富。我一直强调，写作不只是作家的事情，凡是有一定文化的人都应该养成写作的习惯，经常为自己写点东西，把自己觉得有意义的经历记录下来，把自己的感受和思考记录下来。对于每一个人来说，这是你最宝贵的财富。

事实上，在我们老一辈政治家、军人之中，许多人是有阅读和写作的习惯的。大家知道，毛泽东就是一个爱读书的人，中国古书读得相当多，遗憾的是西方的书读得少了一点，如果也读得比较多，他思考中国和世界的问题的角度可能会更全面一点。他的诗词写作是很有成就的，朱德、陈毅也是写诗写得很不错的人。国民党那一边，蒋介石一生认真写日记，现在大陆也在出版。我还很佩服英国的一个伟大的政治家和军人，就是丘吉尔，他是很了不起的，同时也是画家和作家，还是一个演说家，他得诺贝尔文学奖就是因为他的演说非常精彩。丘吉尔著作很多，生前出版的文集就有 45 卷，据说是二十世纪得稿费最多的人。所以我想，阅读和写作真不是职业性的，你愿意做一个心灵丰富、全面发展的人，就都应该有这两个习惯。

3. 道德修养

道德修养也不在于遵守某些规范性的东西，而是要做一个心地善良、灵魂高贵的人。我在前面已经谈了善良，现在谈一谈高贵。作为精神性的存在，人不但要活，而且要活得有意义，是有精神追求的，在这个意义上，我们可以说人是有灵魂的。灵魂是人之为人的尊严之所在，而做人的尊严是道德的另一个重要的基础。人和人之间不但要作为生命互相对待，有同情心，而且要作为灵魂互相对待，自尊并且尊重他人。自尊和尊重他人是统一的，自尊尤其体现在对他人的尊重上。一个人不把别人当人，实际上暴露了他没有把自己当人，正因为他自己对做人的尊严毫无感受，所以才会无视他人的尊严。真正自尊的人一定是尊重他人的，尤其是尊重地位比自己低的人，在这种平等的态度中有一种真正的高贵。

不懂得灵魂的高贵的人，他们往往用外在的东西比如权力和财产给自己估价，也给别人估价。现在有一些富二代，自以为天下最牛，胡作非为，飙车，撞死了人也无所谓。我觉得他们很可怜，非常浅薄的优越感，对做人的尊严完全没有概念。你看美国的那些富豪，比你有钱多了，但是对子女要求非常严格，把财富主要用来做公益事业，而不是让子女胡花。他们品尝过创造财富和获取财富的快乐，但是最后都发现，最大的快乐还是做人的快乐，做一个有道德的人，一个灵魂高贵的人，这个快乐是任何外在成功的快乐不能比拟的。

强调人是精神性的存在，是有灵魂的，实际上就涉及信仰问题。现在许多人说我们这个时代没有信仰，信仰空白，信仰危机，我说一说我的看法。信仰有两个层次，一个是社会的层次，就是意识形态，我们以前在这个层次上可以说是有信仰的，就是信仰马克思主义、毛泽东思想，要为共产主义奋斗。但是，信仰还有一个层次，可以说是人生的层次，哲学的层次，就是对人生意义的思考和信念。我们以前对这个层次想得很少，往往用意识形态来代替了。现在问题出现了，用意识形态指导人生好像不太灵了，那么怎么办呢？我认为应该把两个层次分清楚，意识形态是指导社会的，而在人生这个层次上，应该是每个人自己去思考，去寻找自己的信仰，最后找到什么是因人而异的。

在今天的时代，关于人生层次上的信仰，我强调两点，一个是自觉，一个是多元。有的人还想制造一元的信仰，譬如说用儒家思想、孔子文化来统一人民的思想，我觉得不可能，儒家思想在现代社会里不具备这样的功能。应该鼓励每个人自觉地去寻求自己的人生信仰，一个人只要对人生的意义是认真的，把精神生活看得比物质生活更重要，把灵魂生活看得比世俗生活更重要，并且有做人的原则，在道德上能够自律，我认为做到了这两点，就是一个有信仰的人。

好，时间到了，我就讲到这里。今天我讲的只是我个人的一些体会，我非常欢迎各位首长指导批评。

（举行此讲座的时间地点：2010 年 9 月 9 日总政直属机关；11月 24 日空军司令部。根据空军录音稿、参考总政直属机关录音稿整理，因为内容与其他讲座有重合，作了大量删节。空军司令部的讲座，现场 200 人出席，空军所属军以上单位设分会场，3400 人收看视频。许其亮司令员始终在座，结束后握着我的手说：讲得很好，语无惊人，入木三分。）